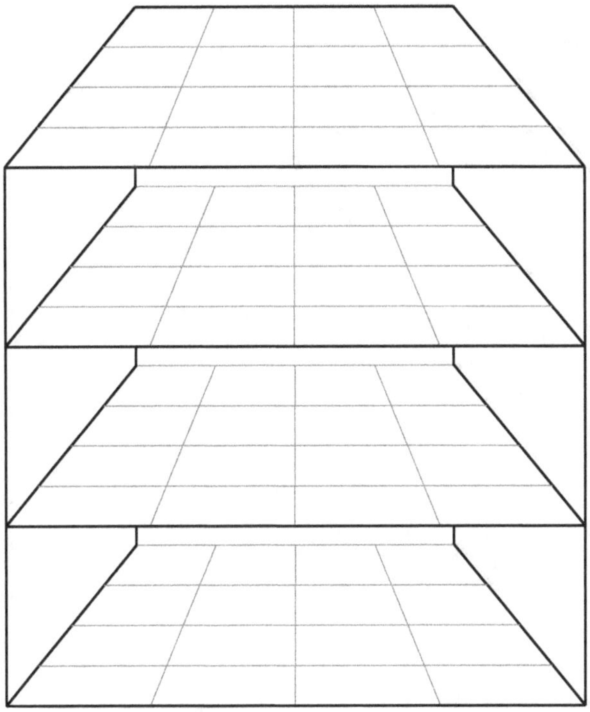

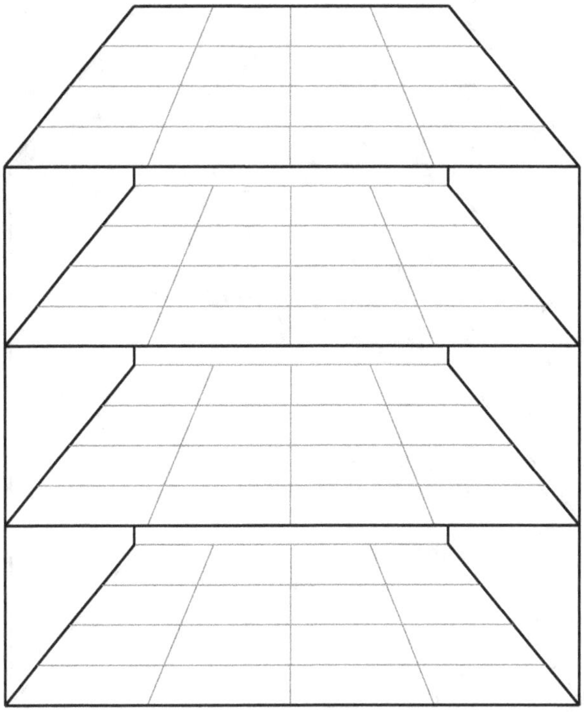

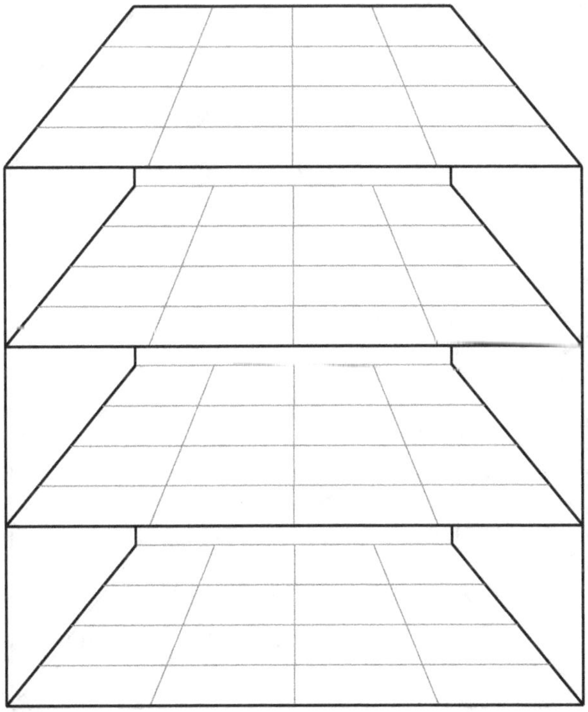

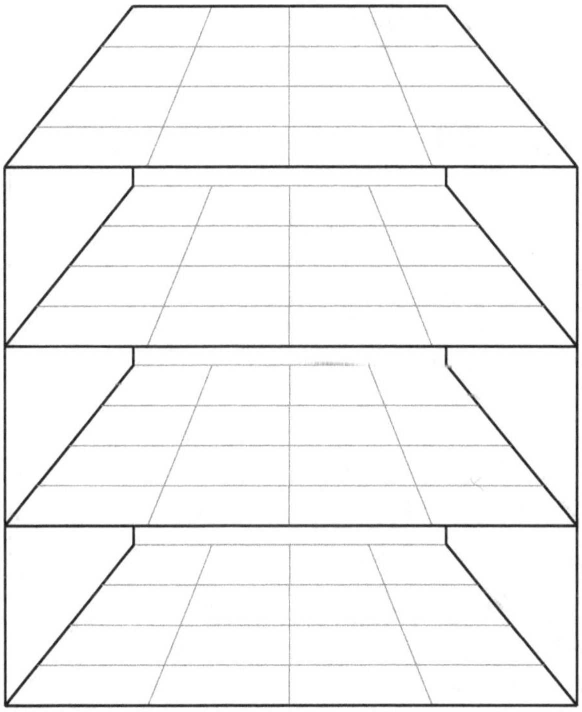

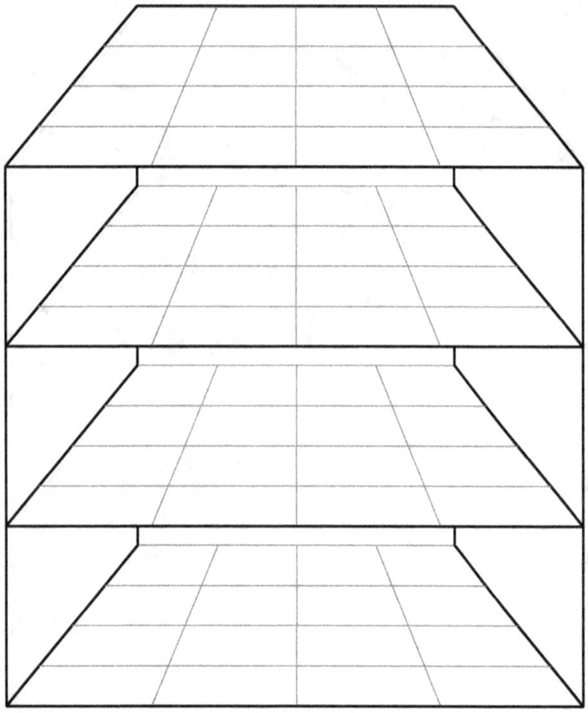
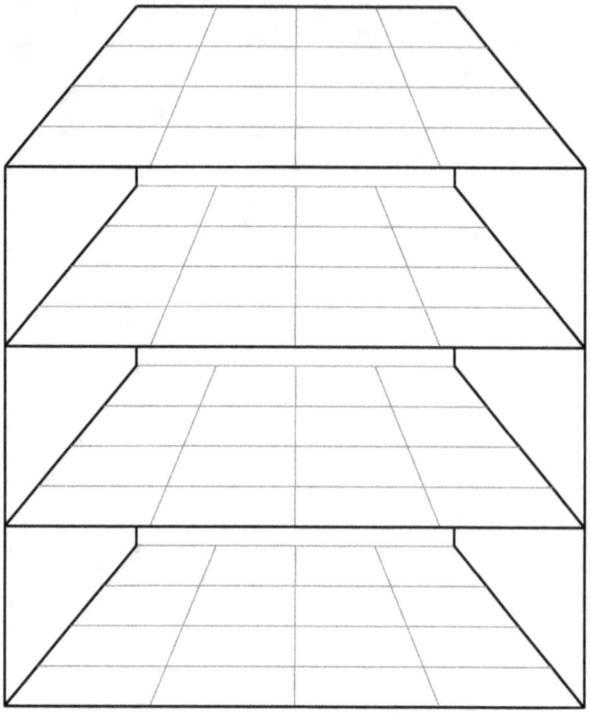
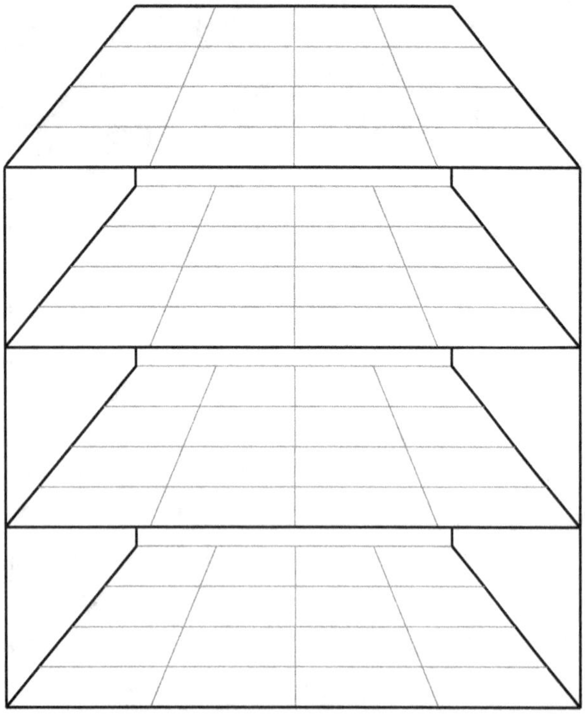
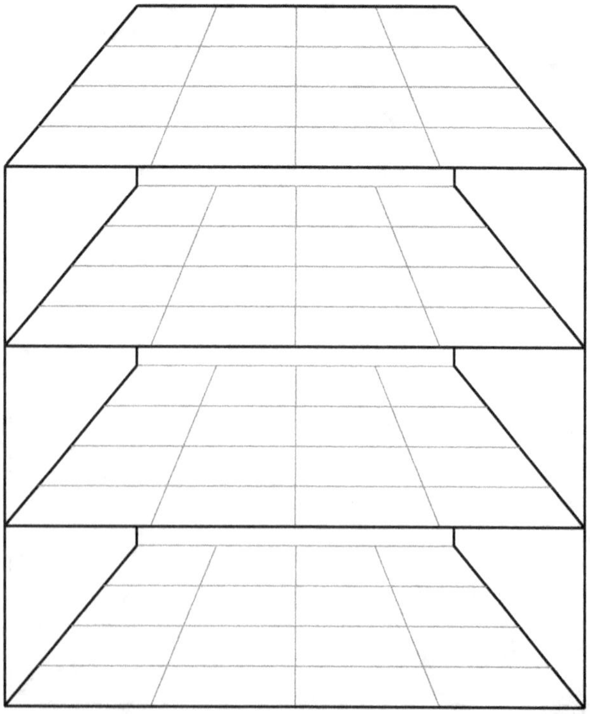

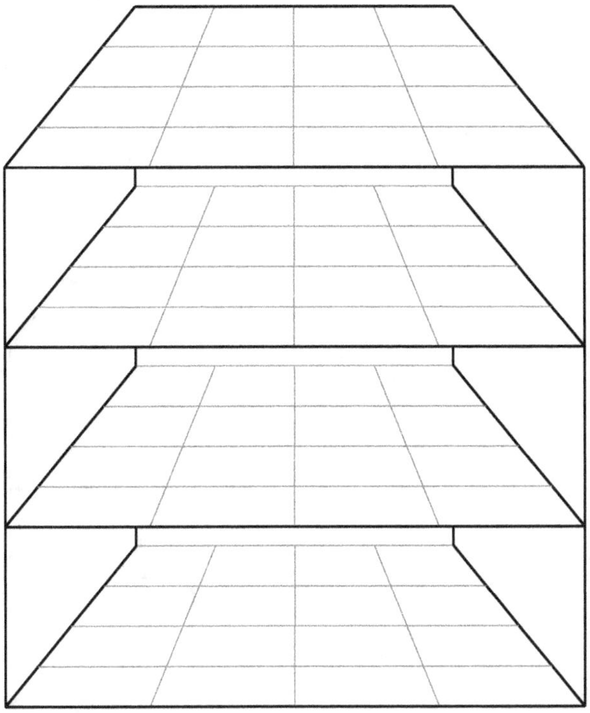

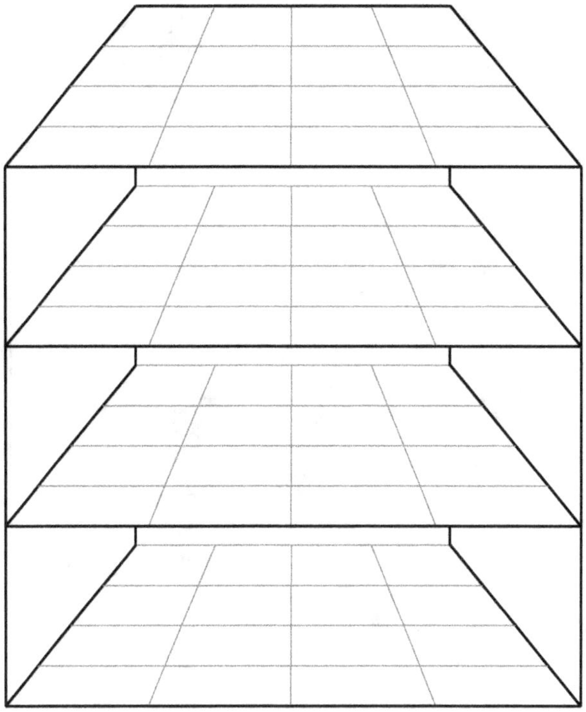

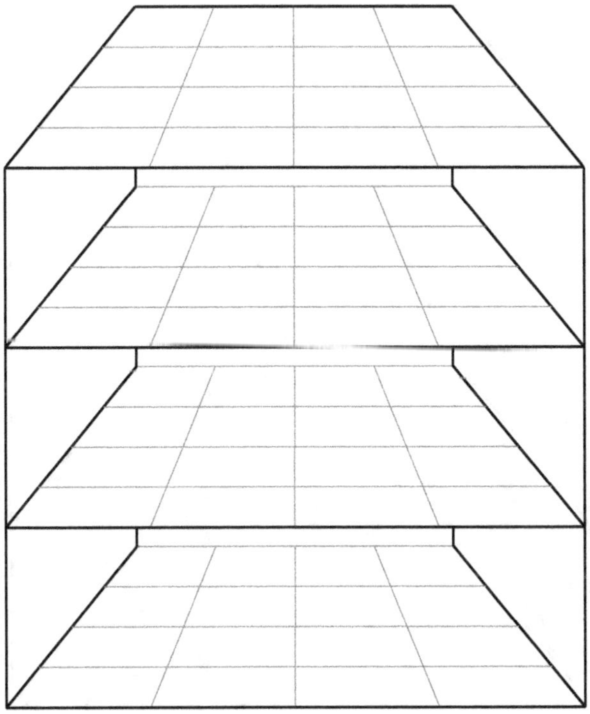

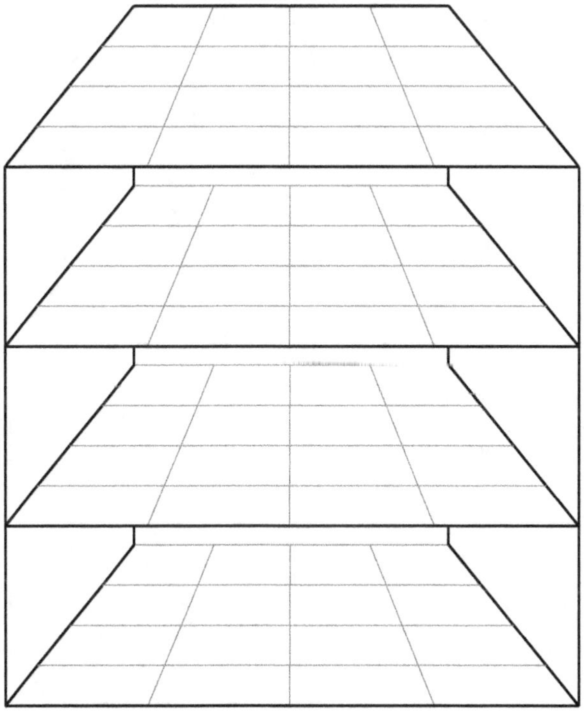

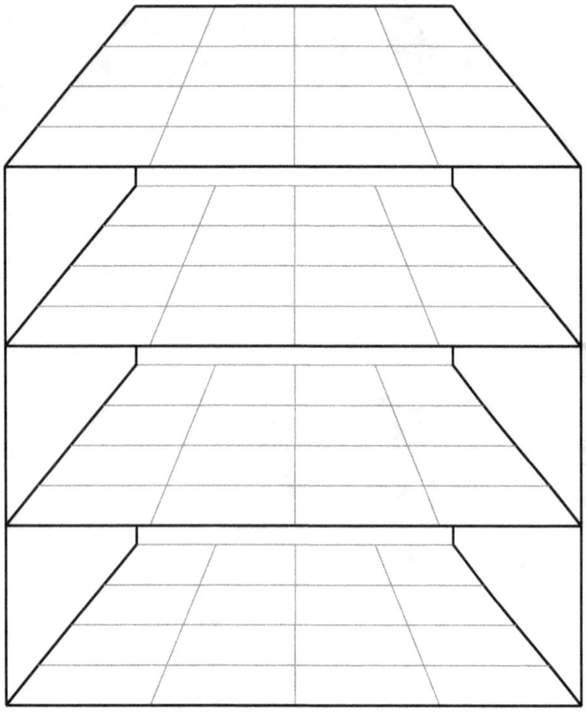
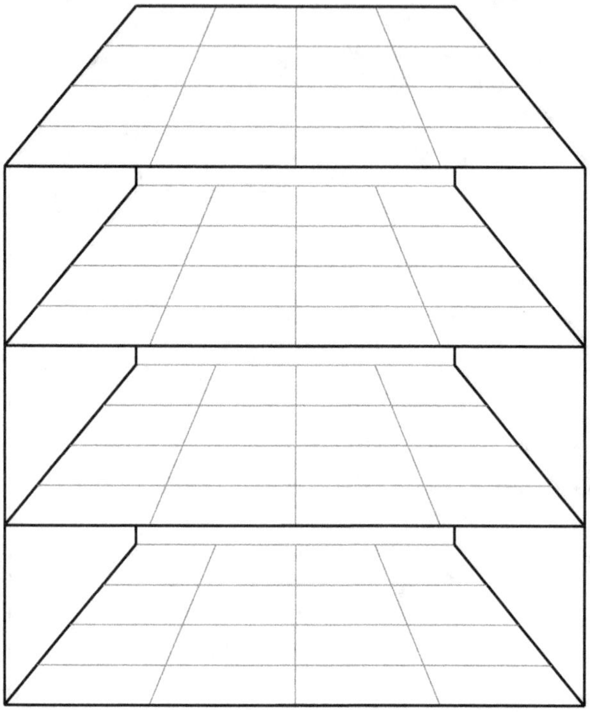
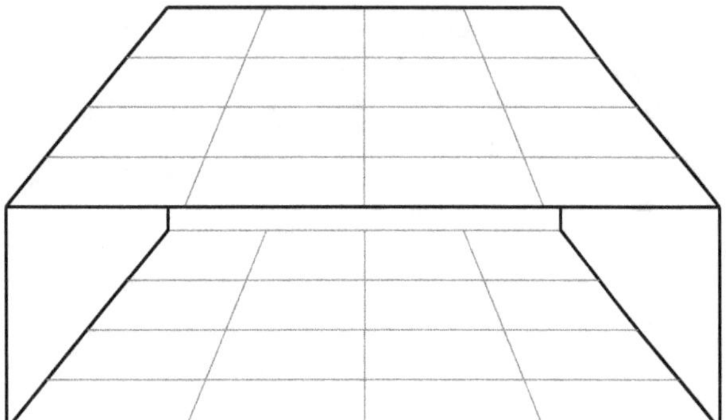
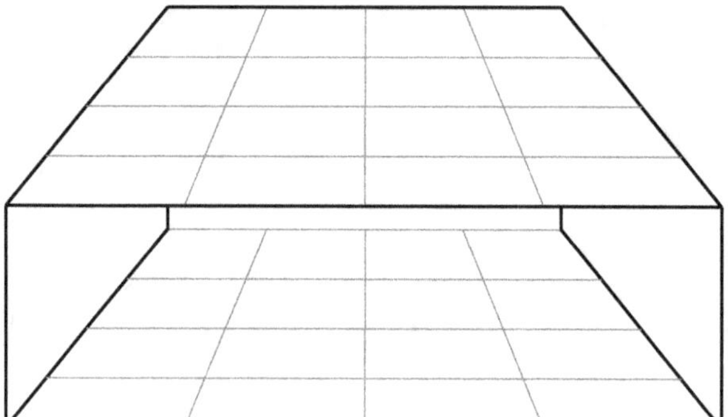

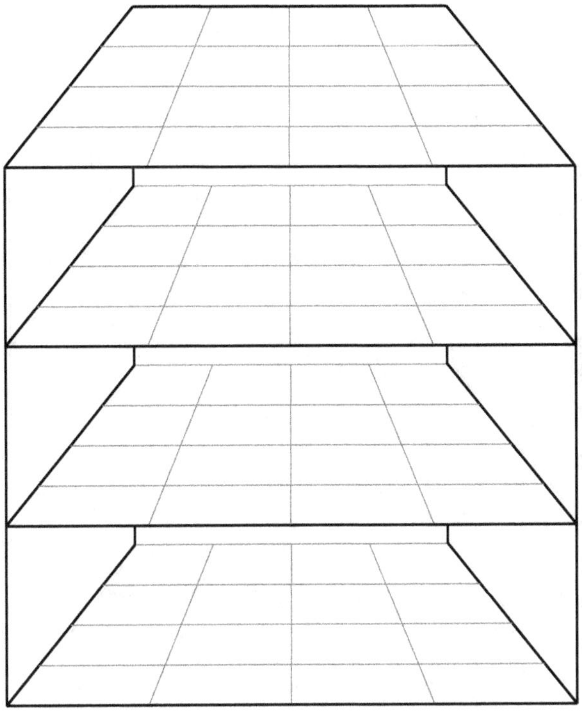
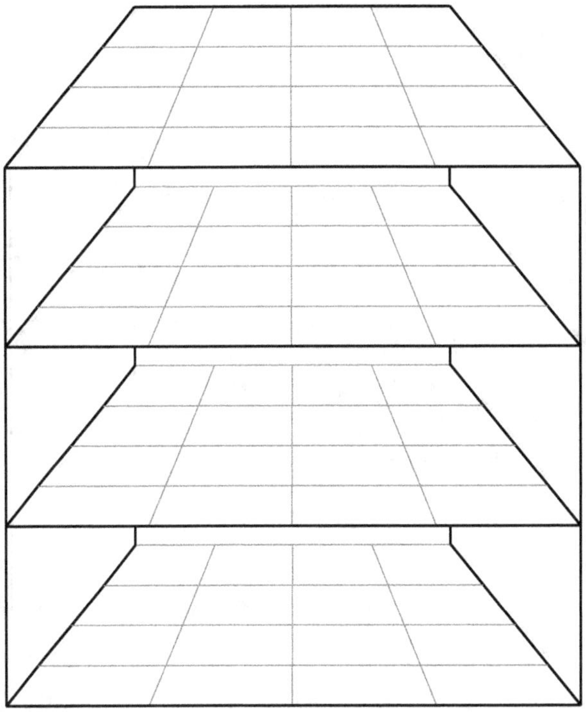
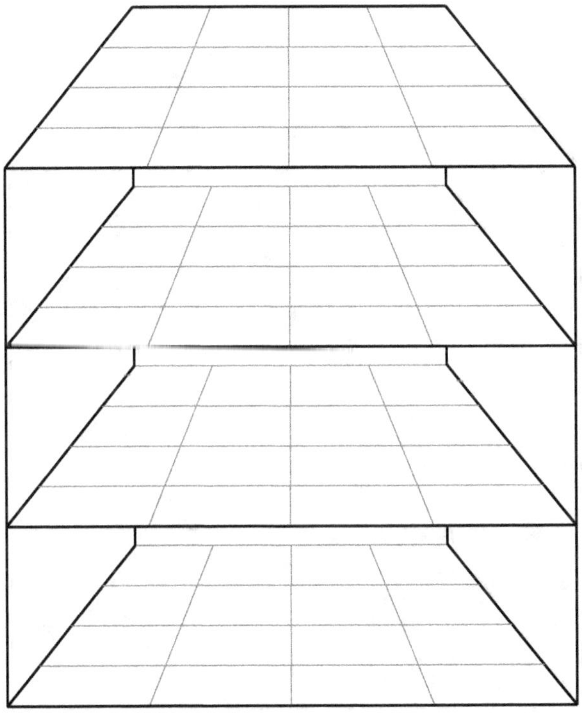
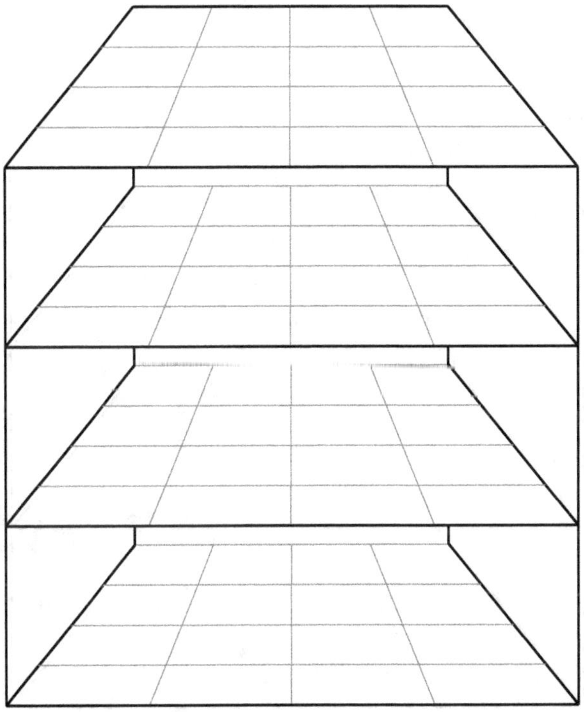

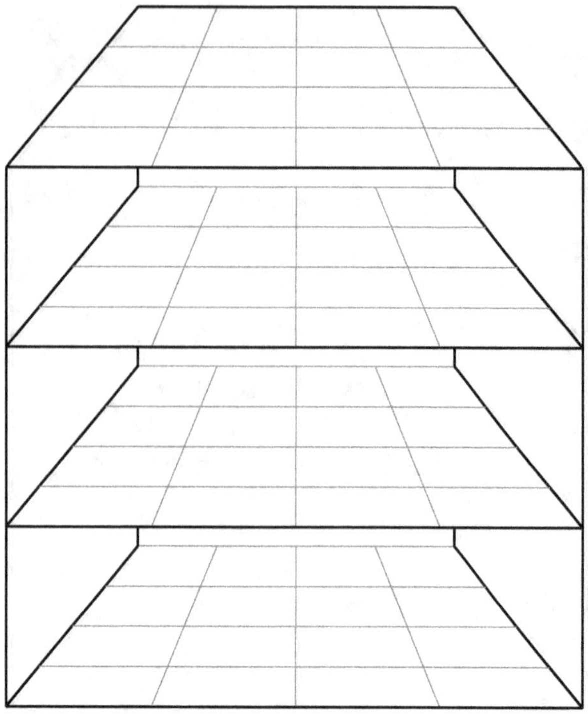

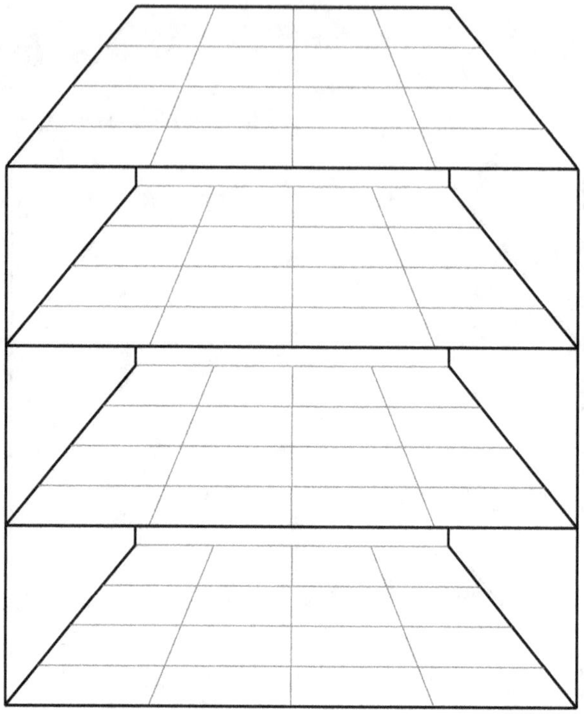

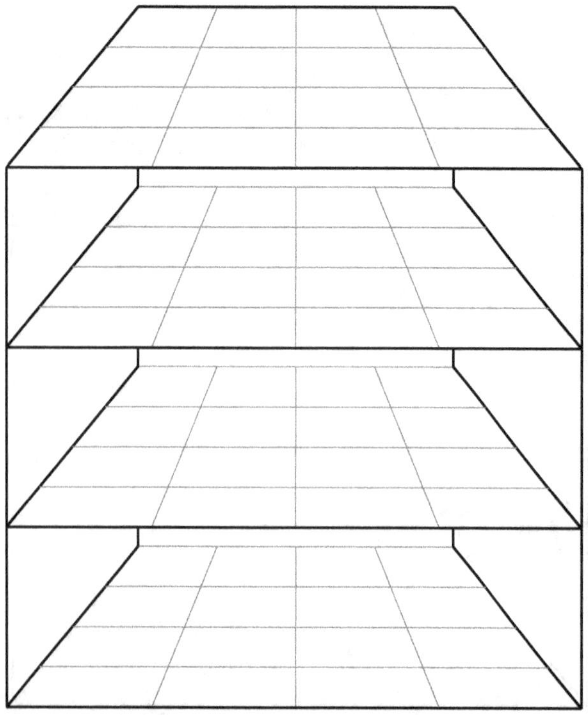

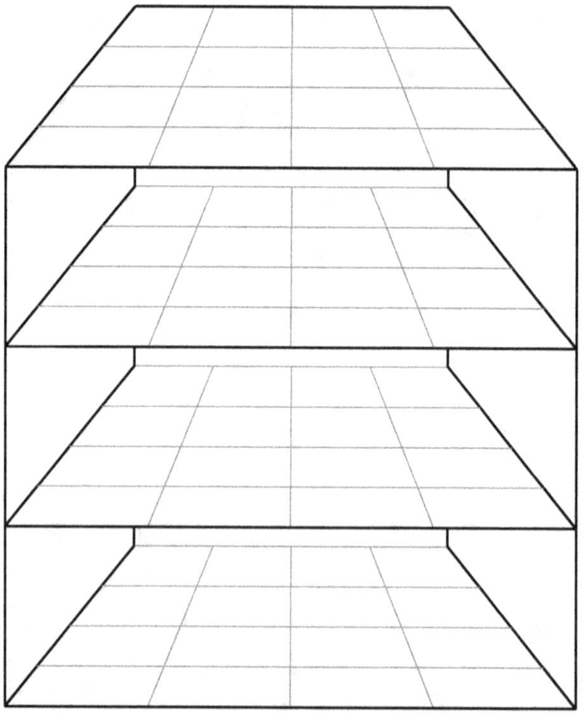

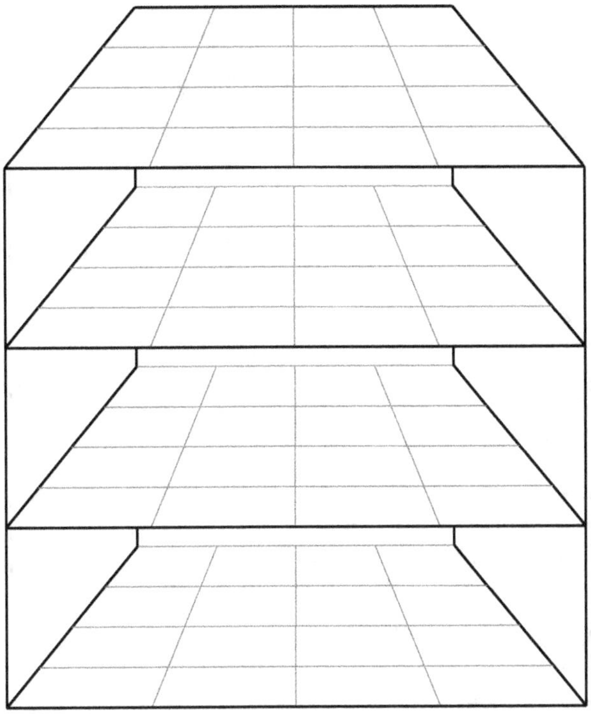

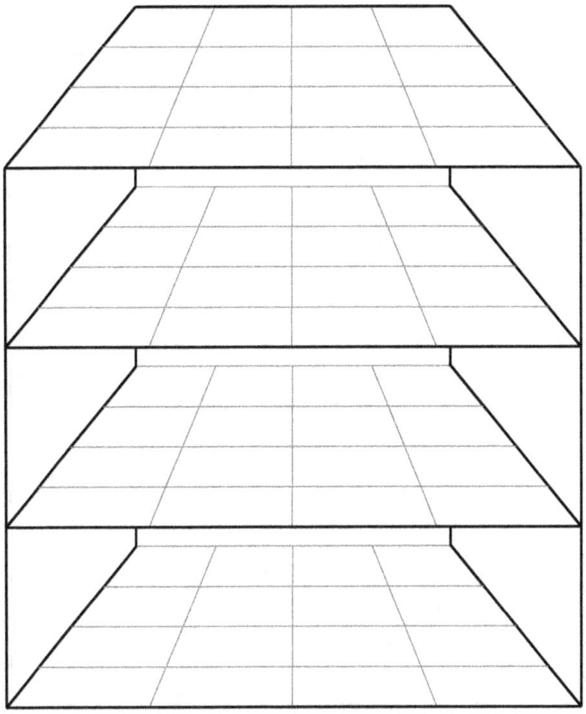

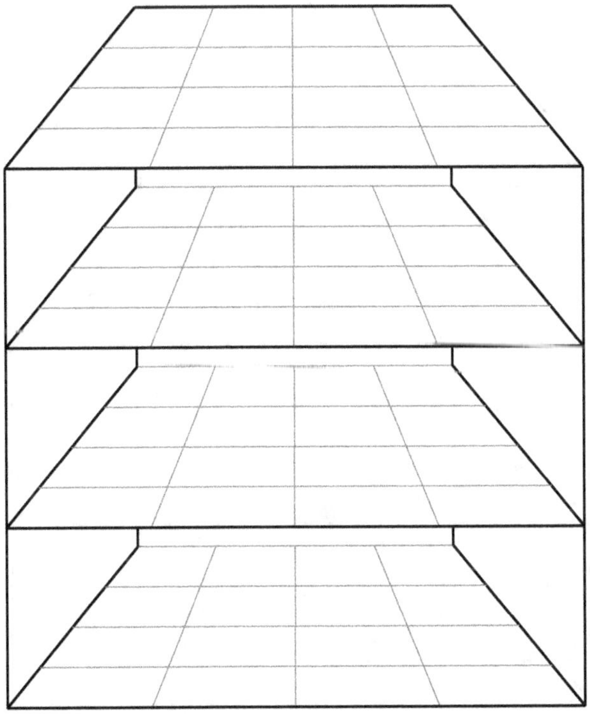

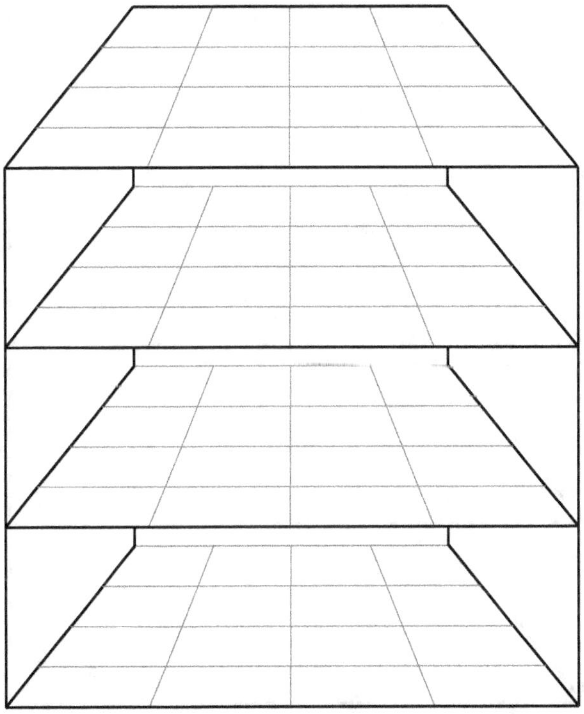

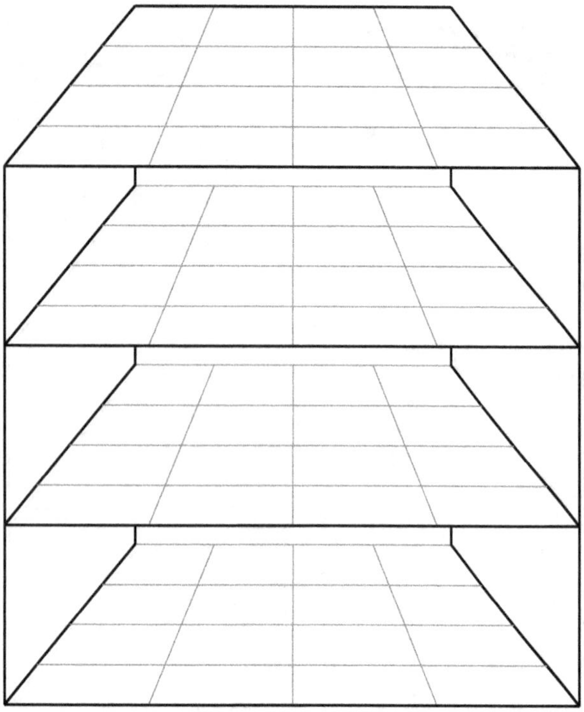

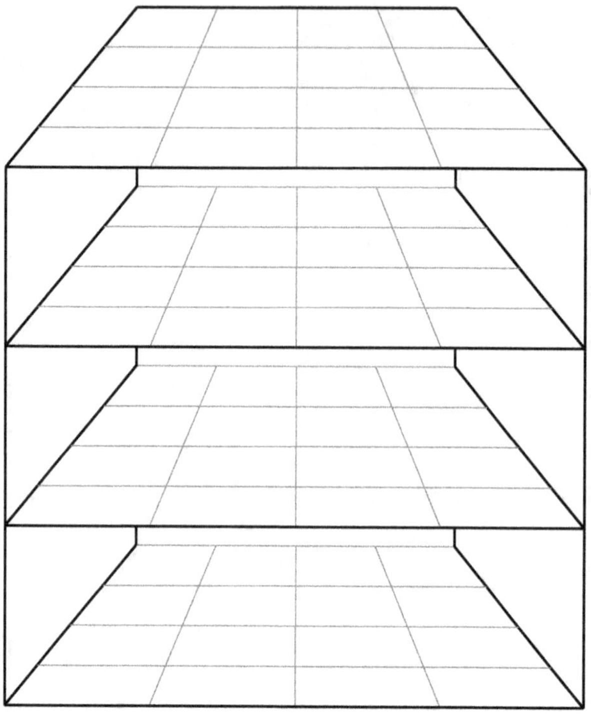

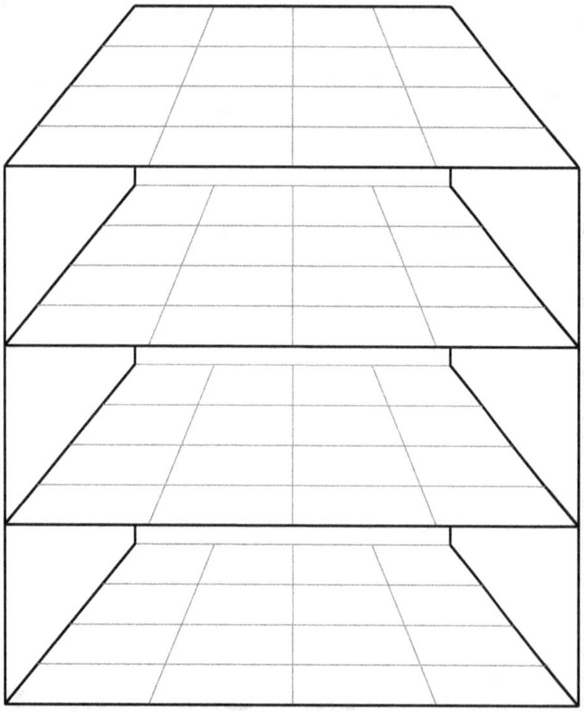

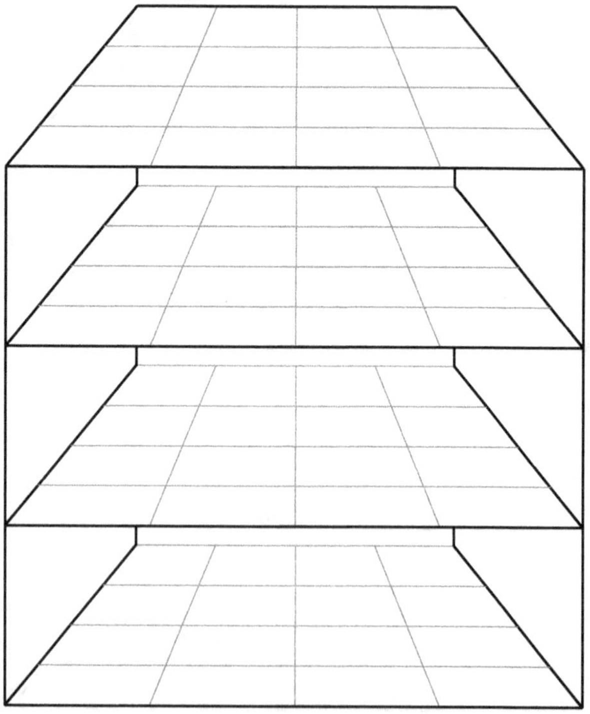

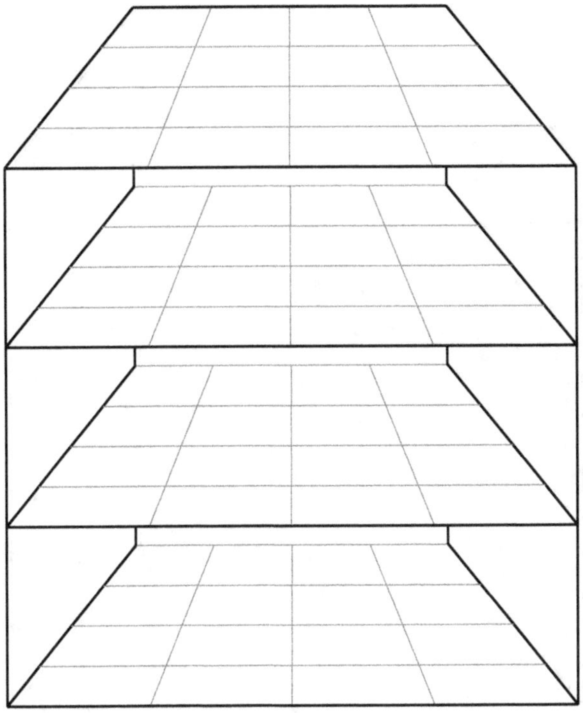
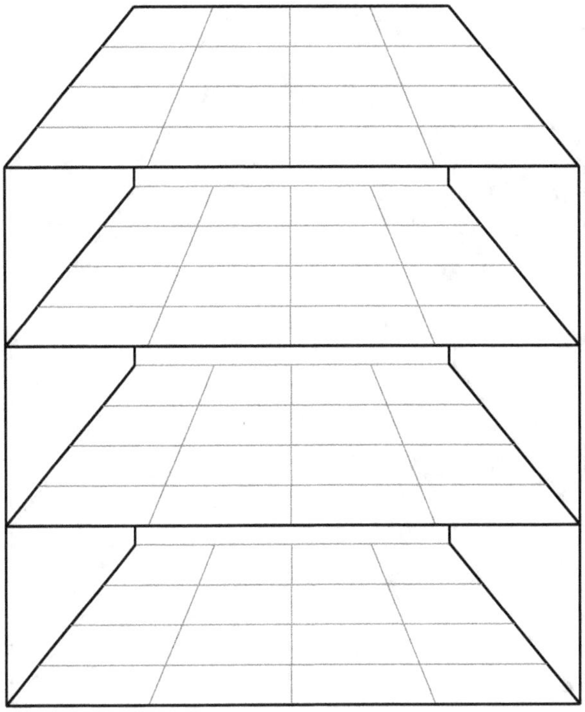
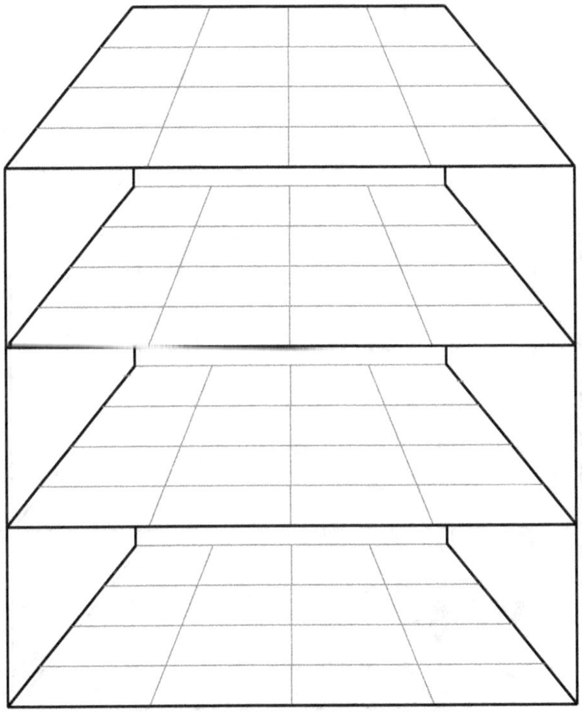
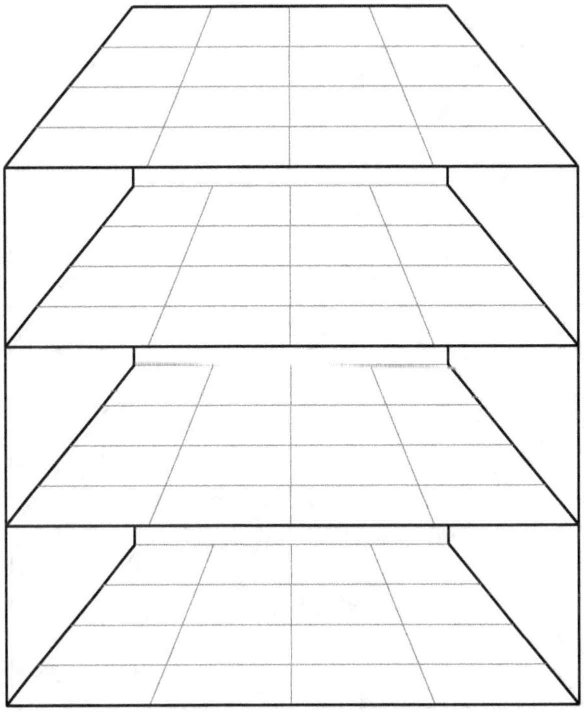

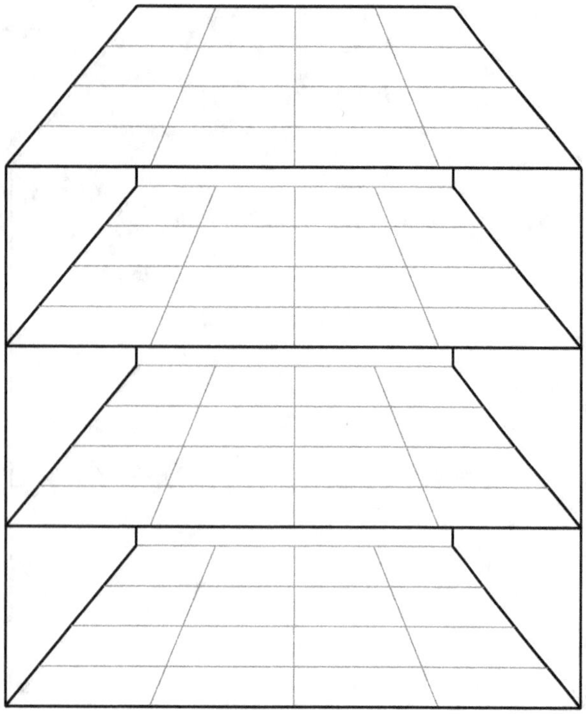

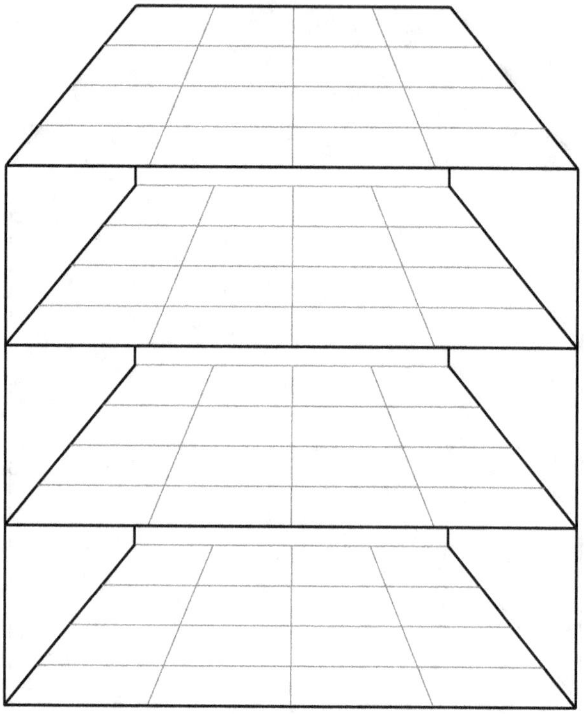

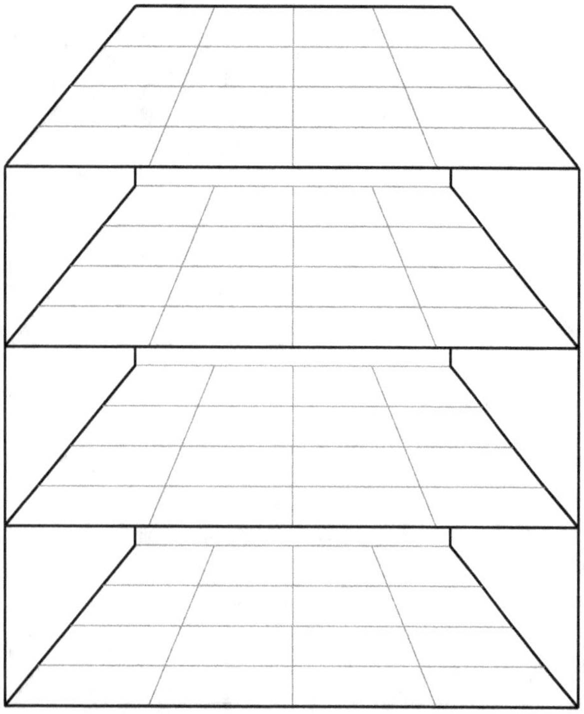

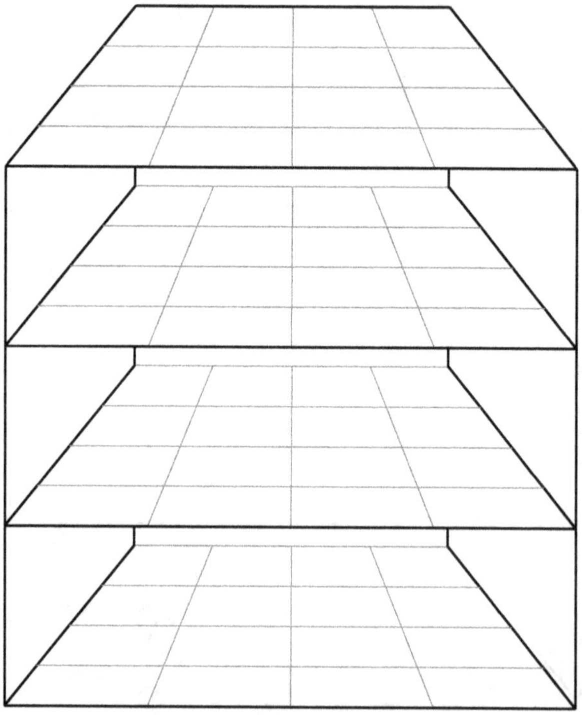

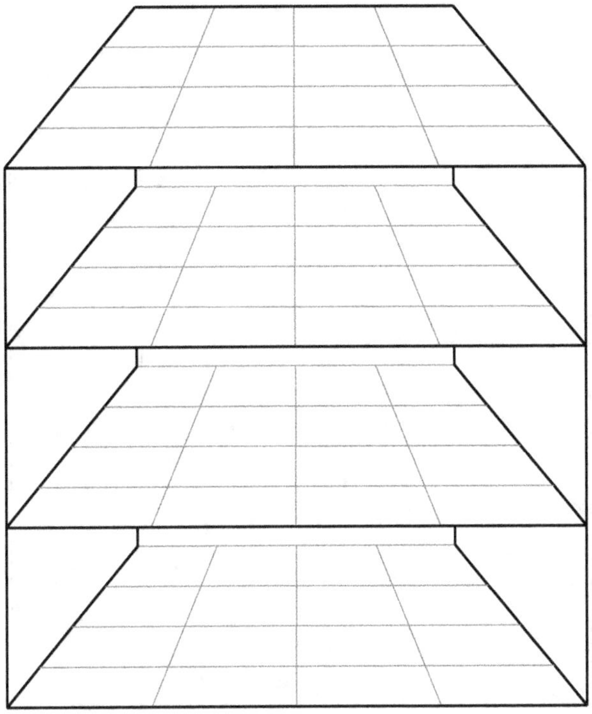

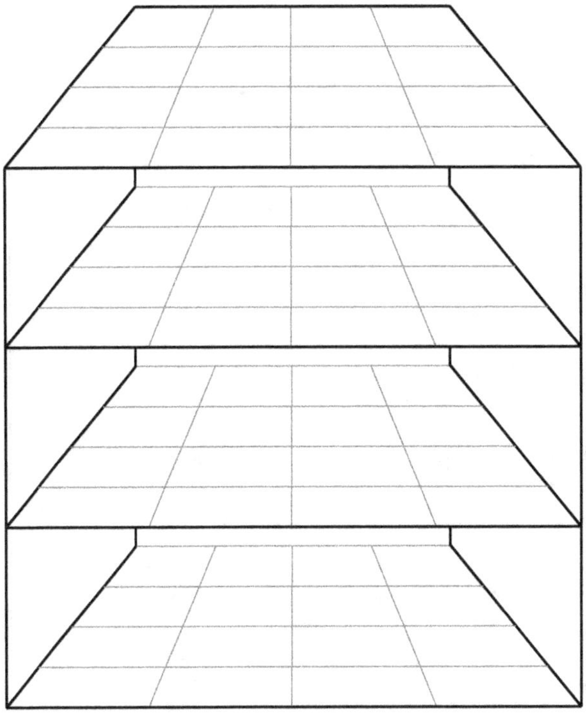

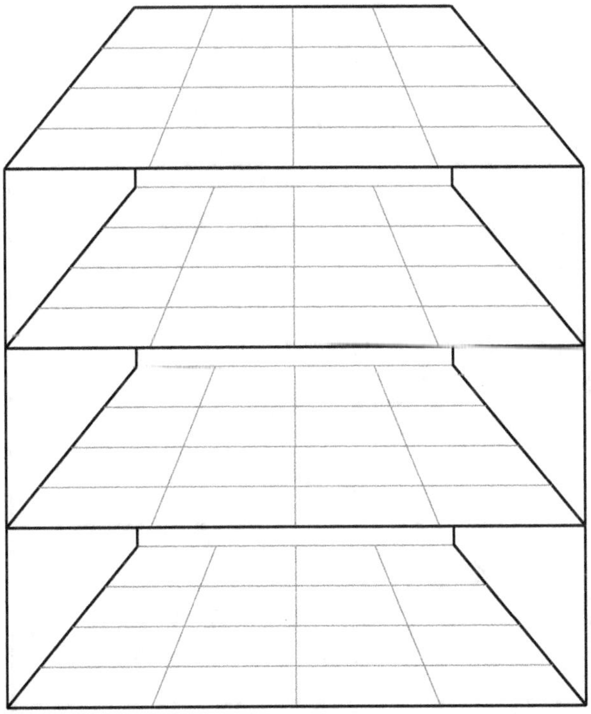

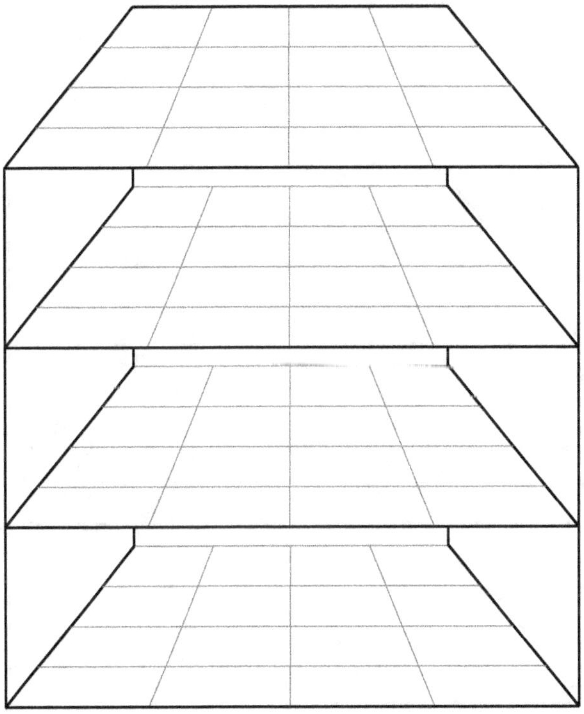

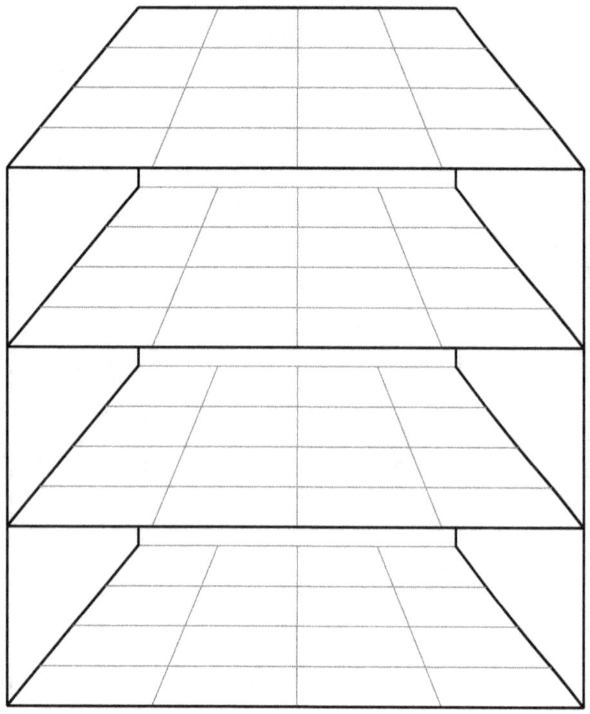
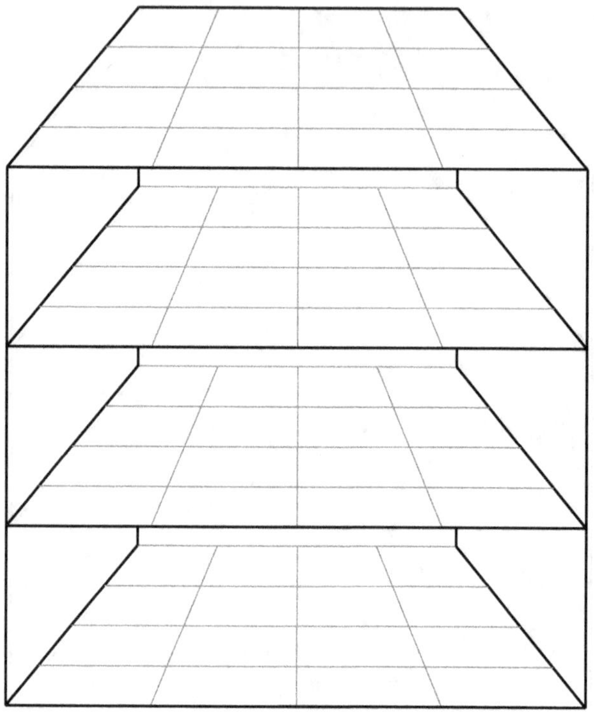
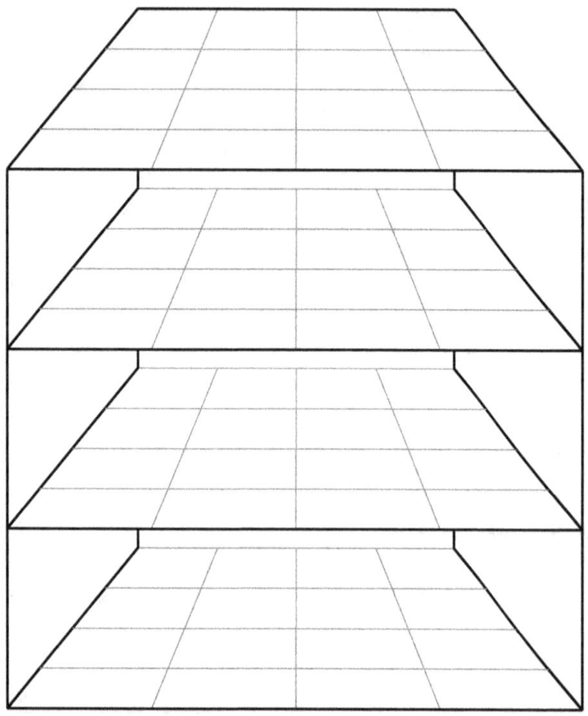
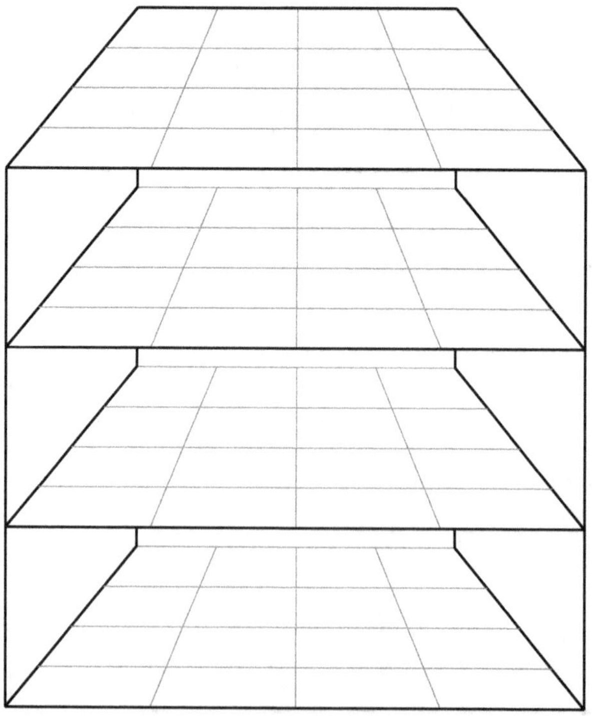

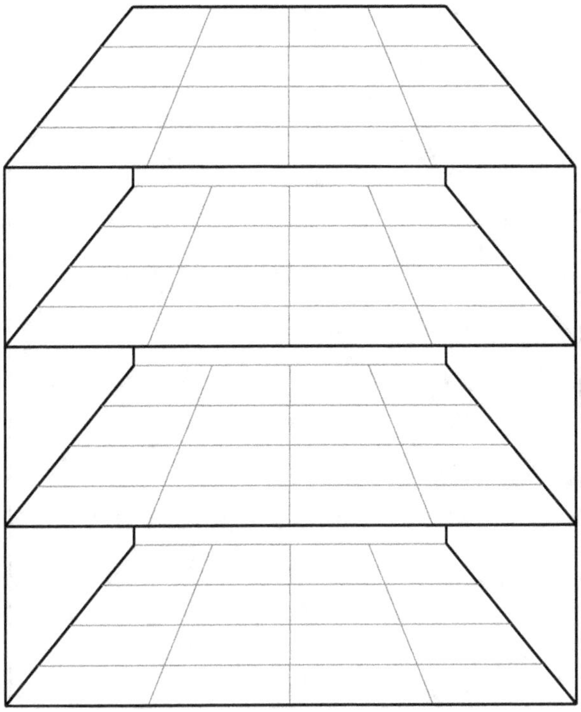

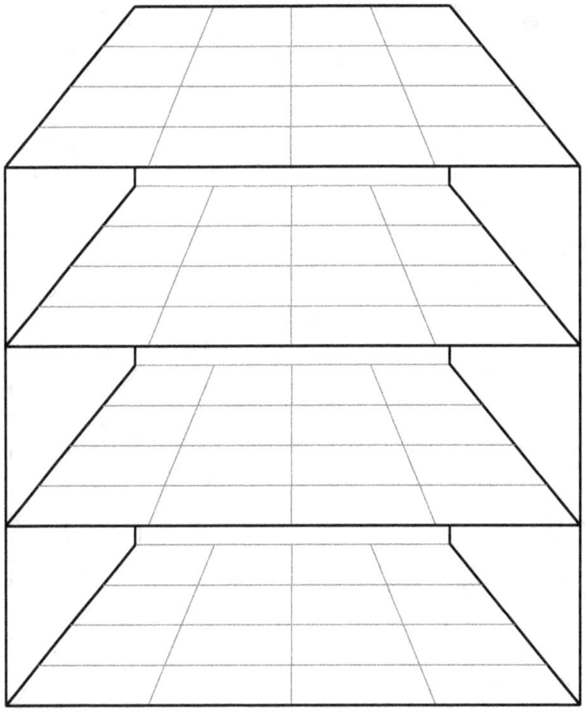

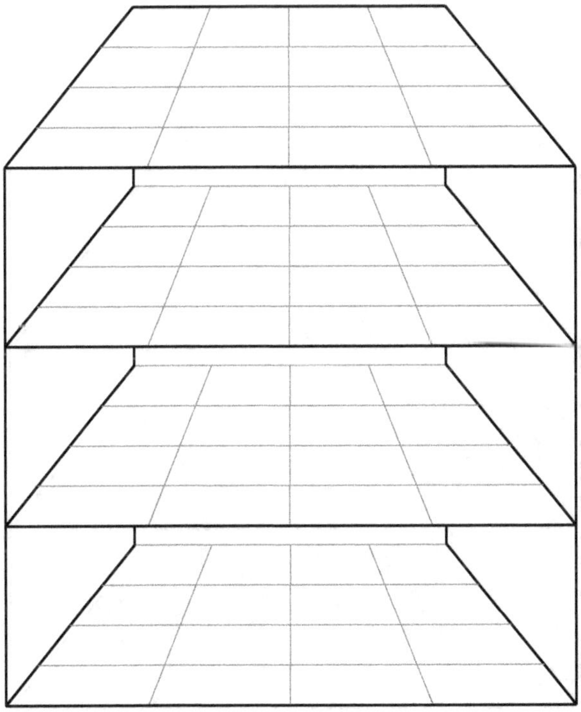

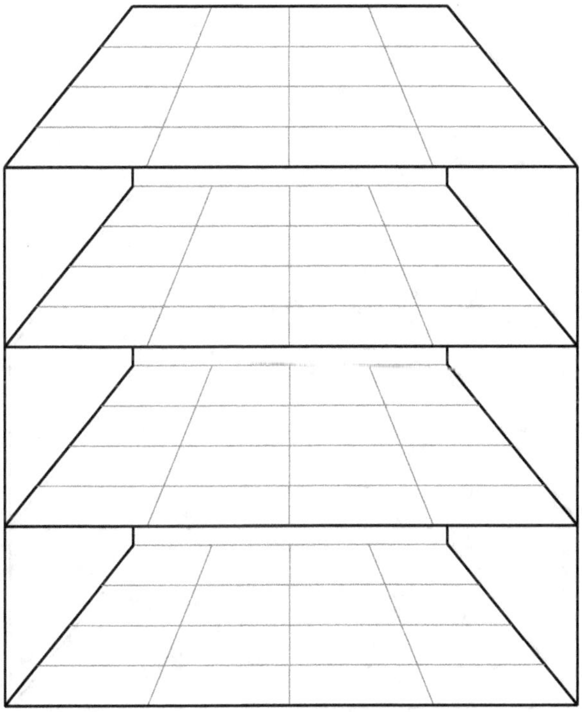

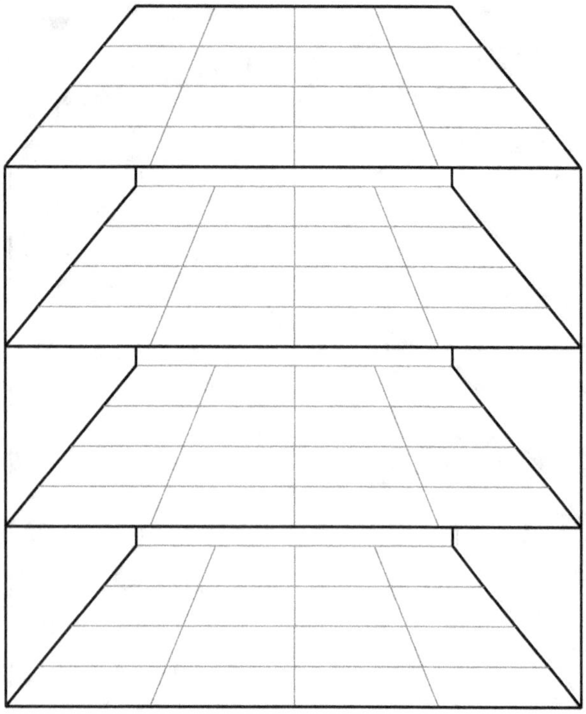

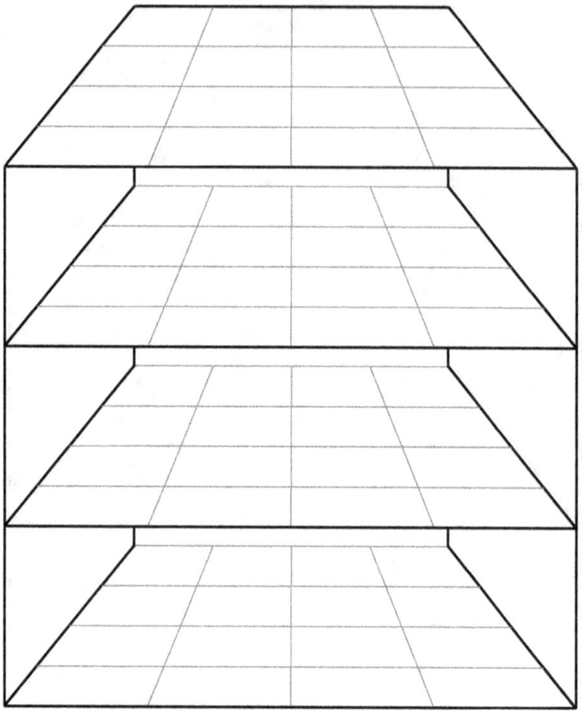

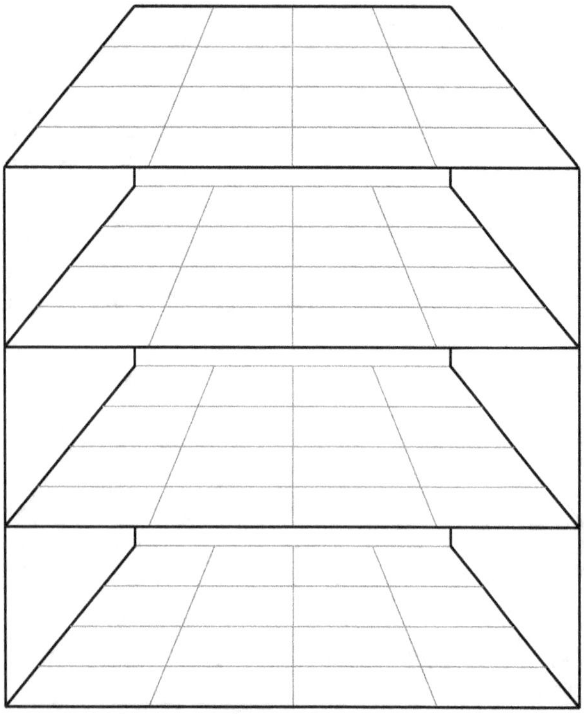

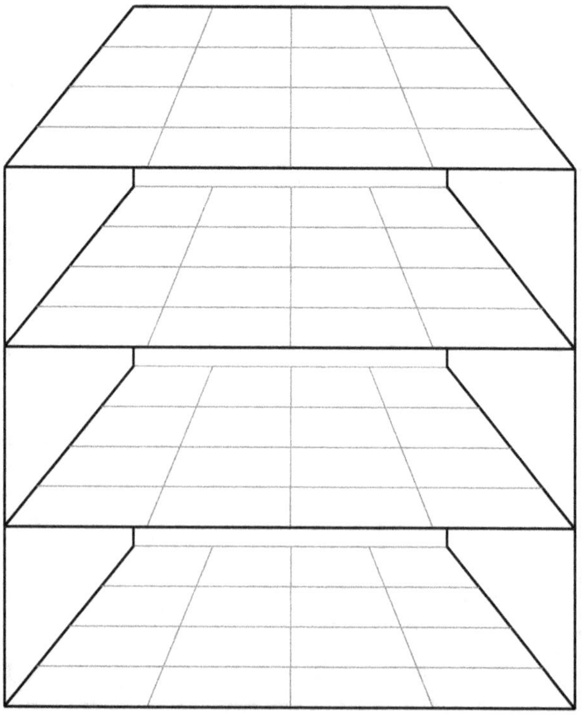

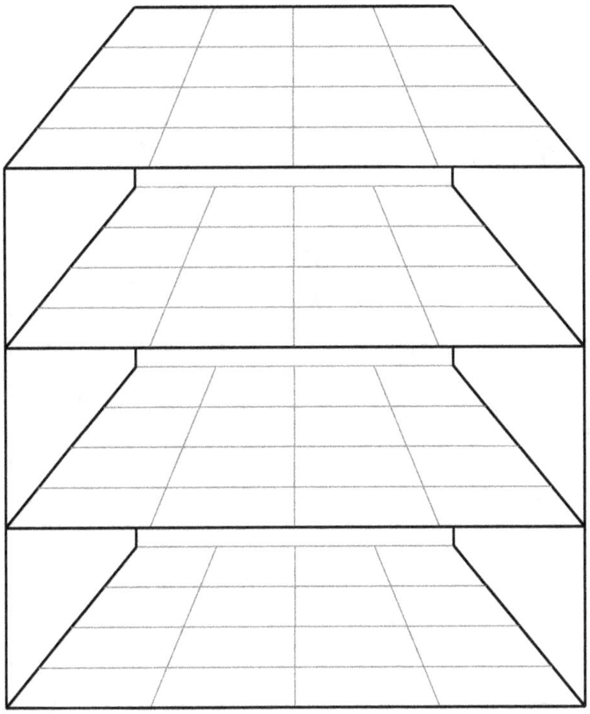
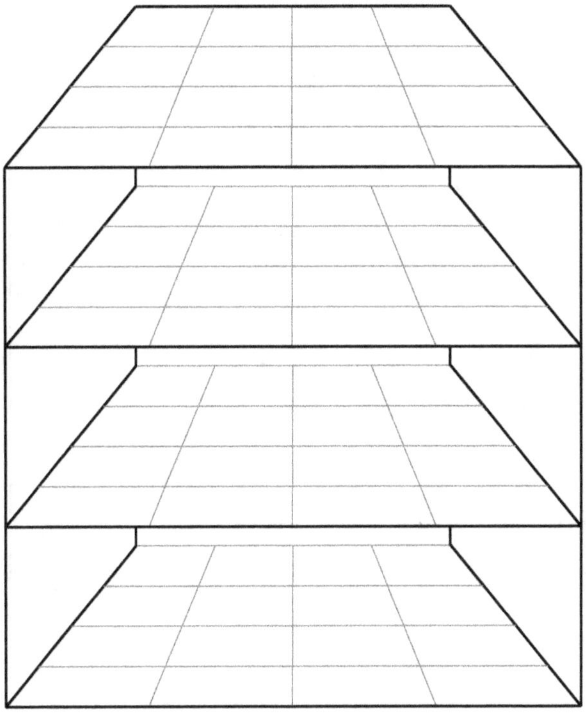
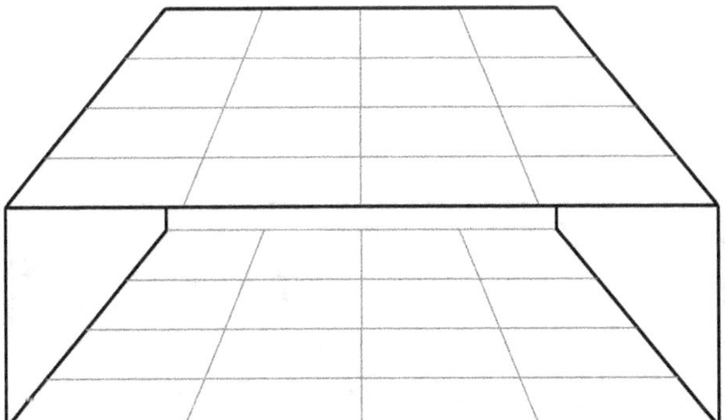
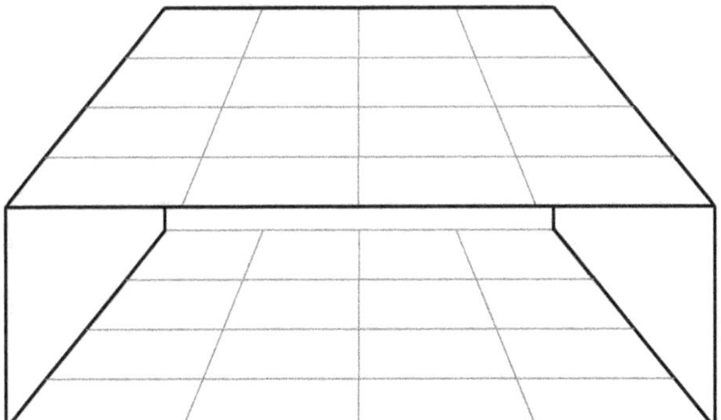

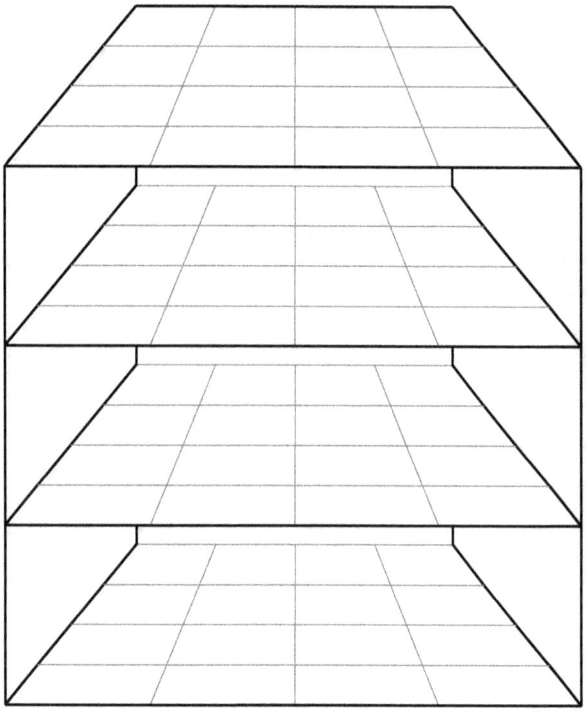
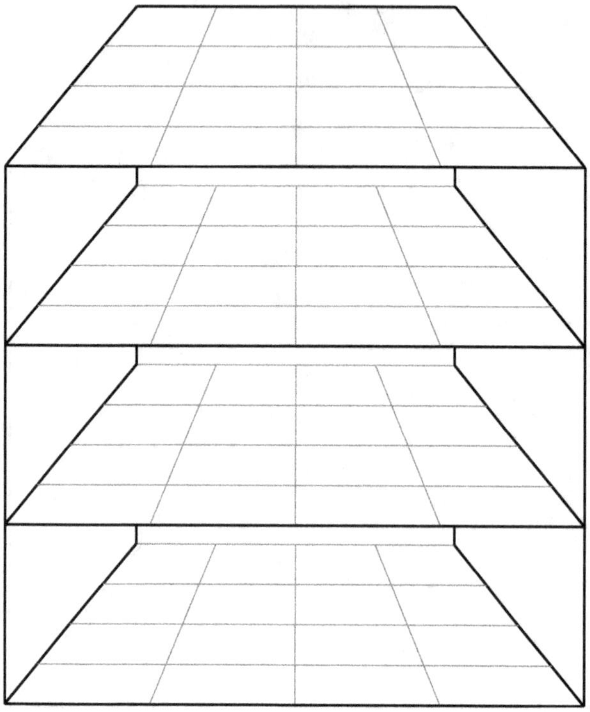
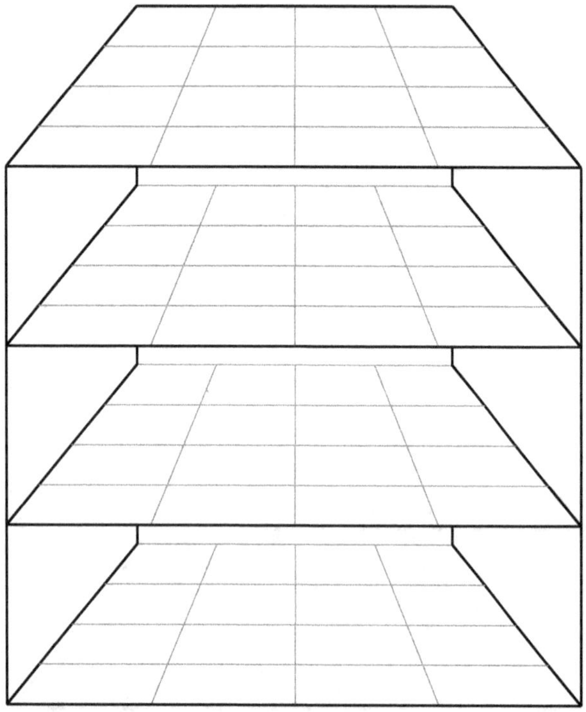
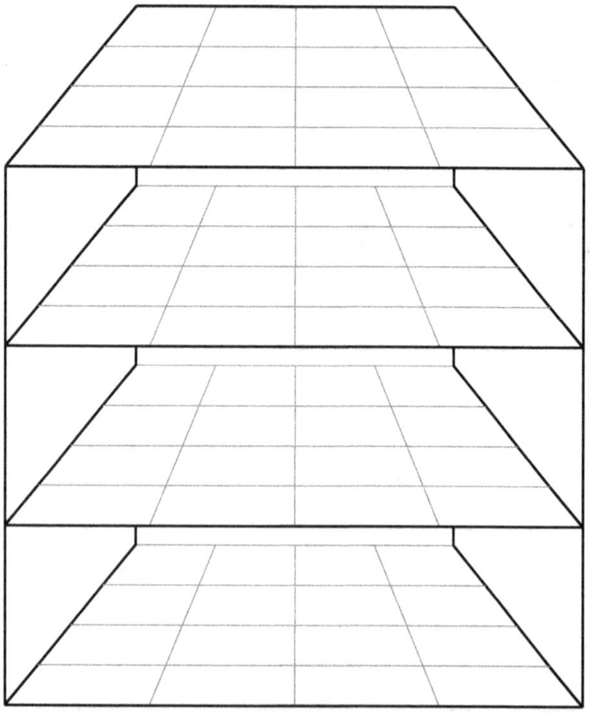

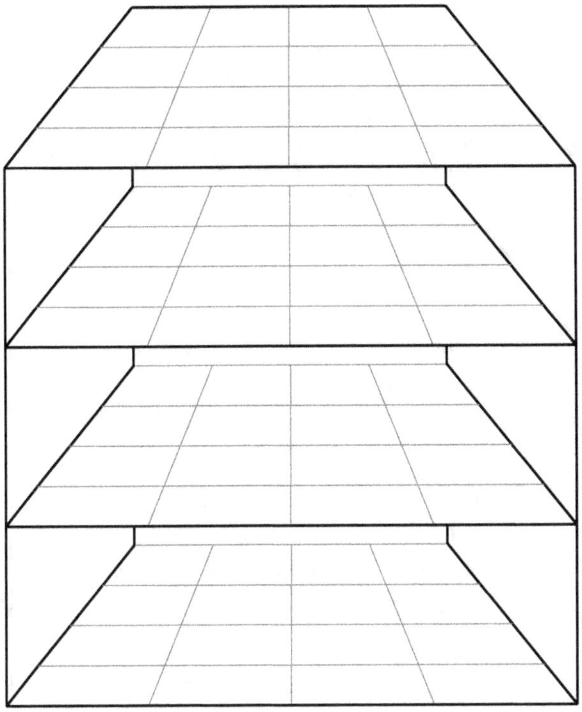

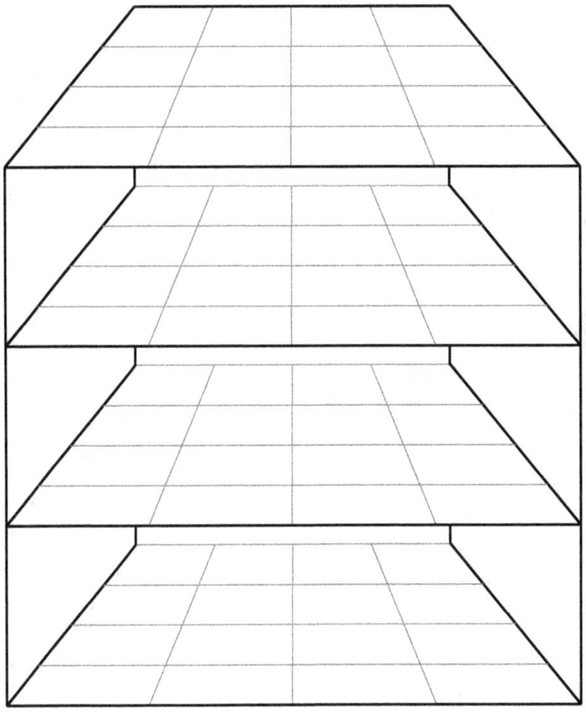

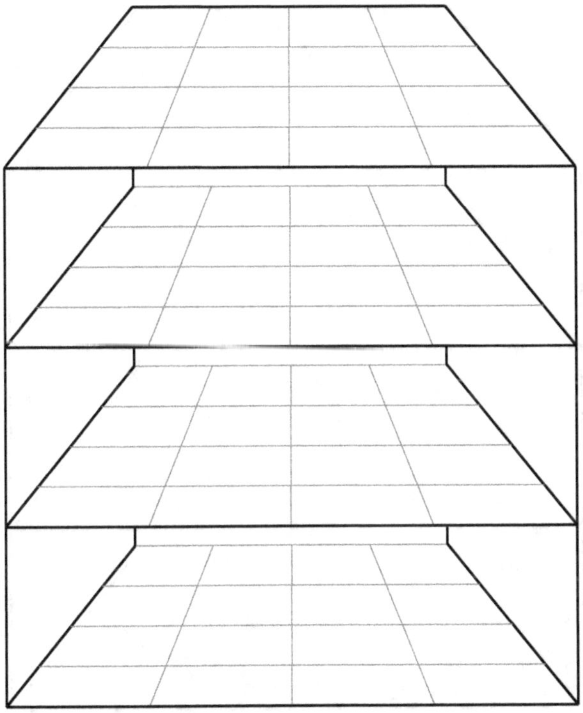

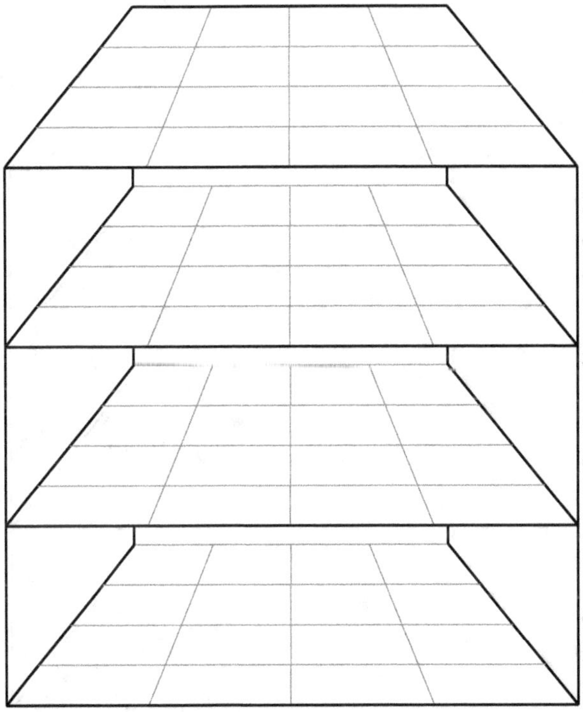

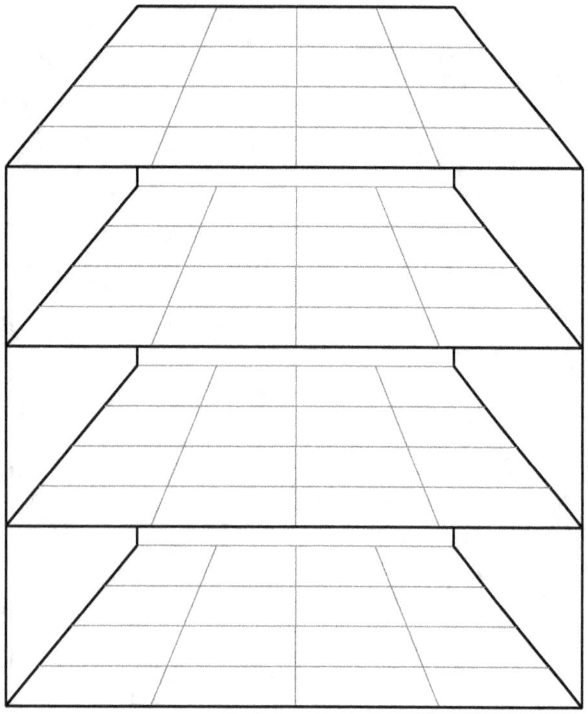
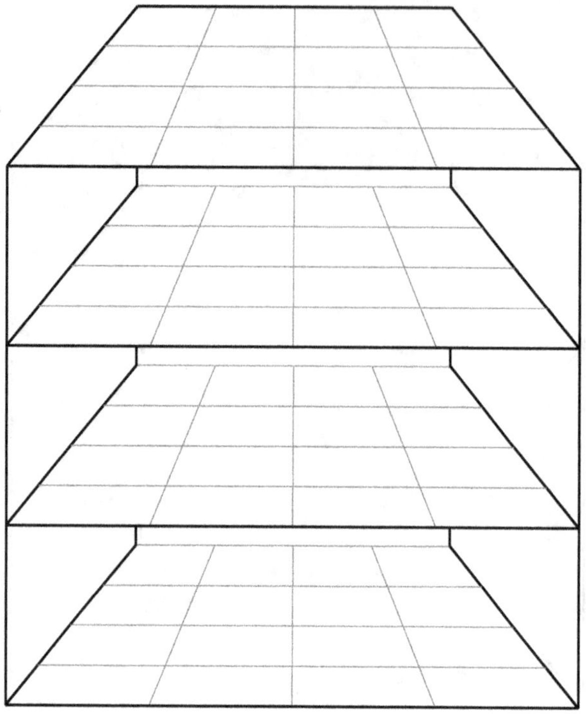
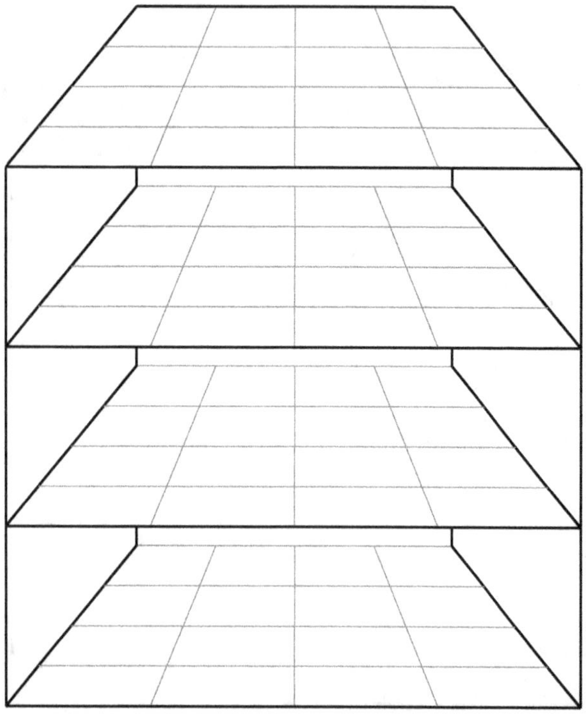
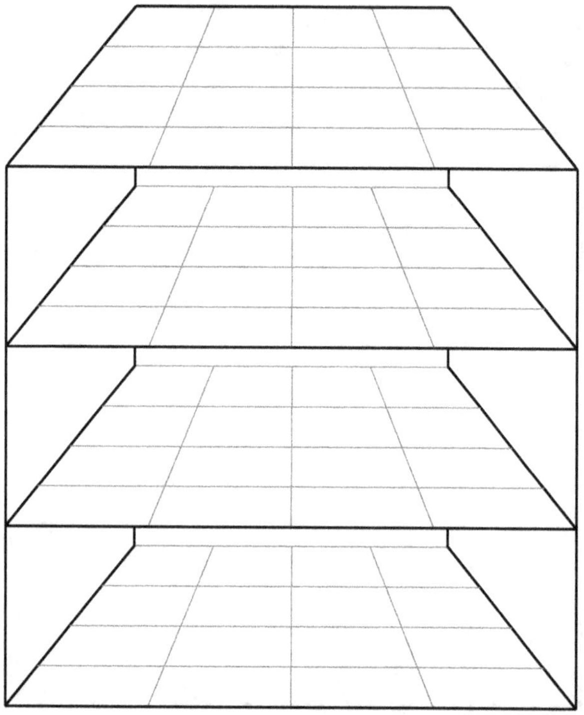

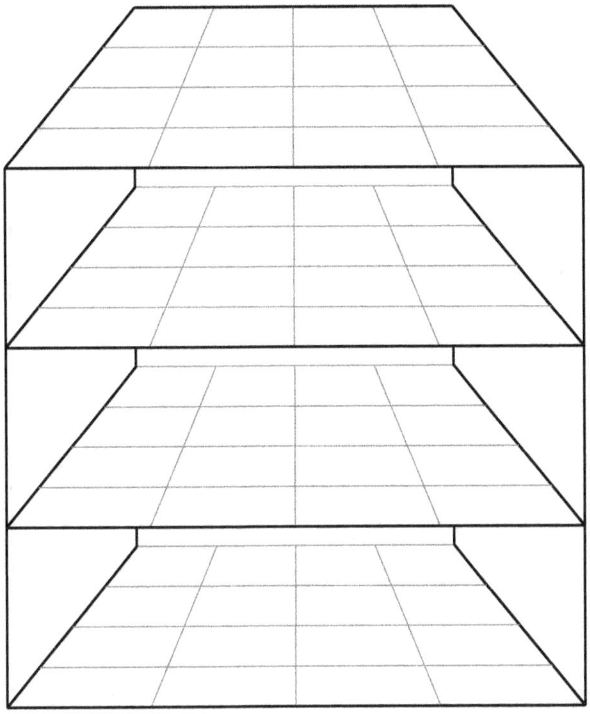
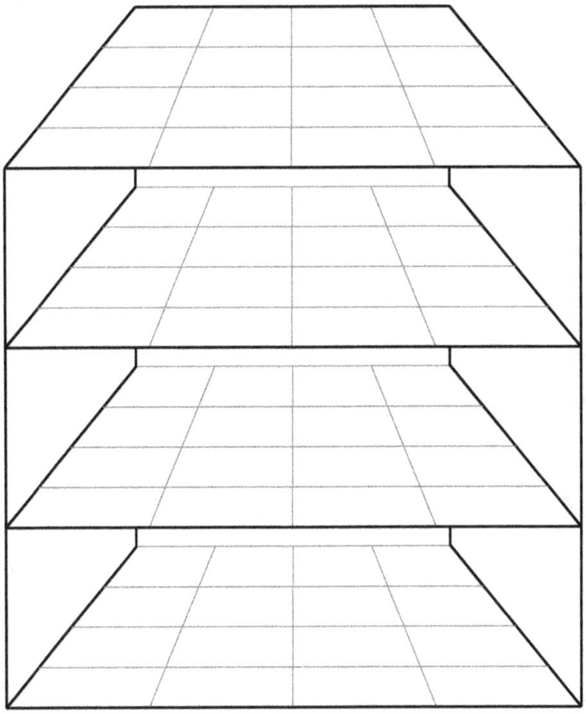
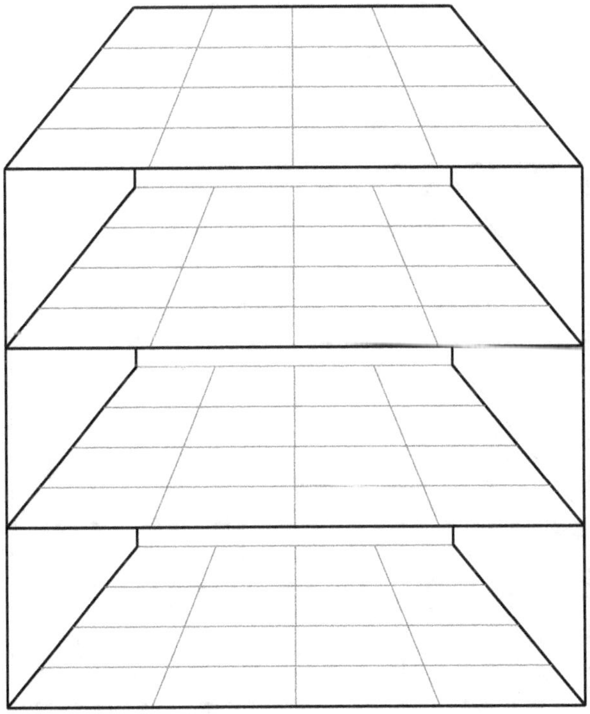
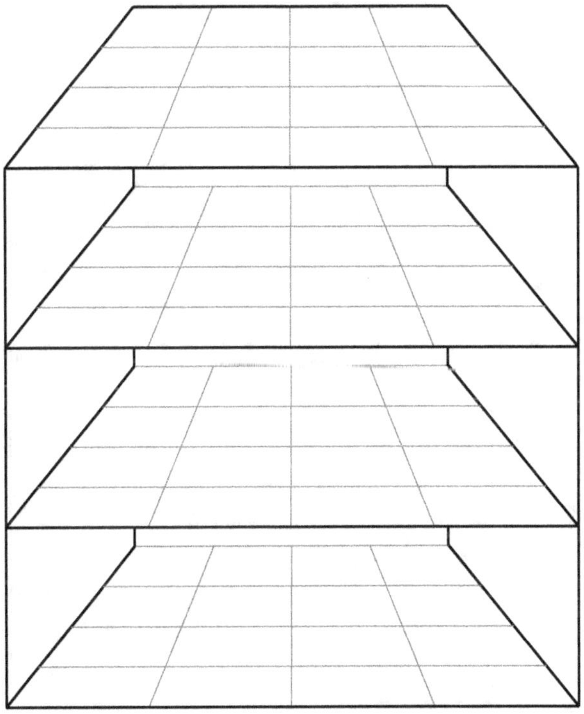

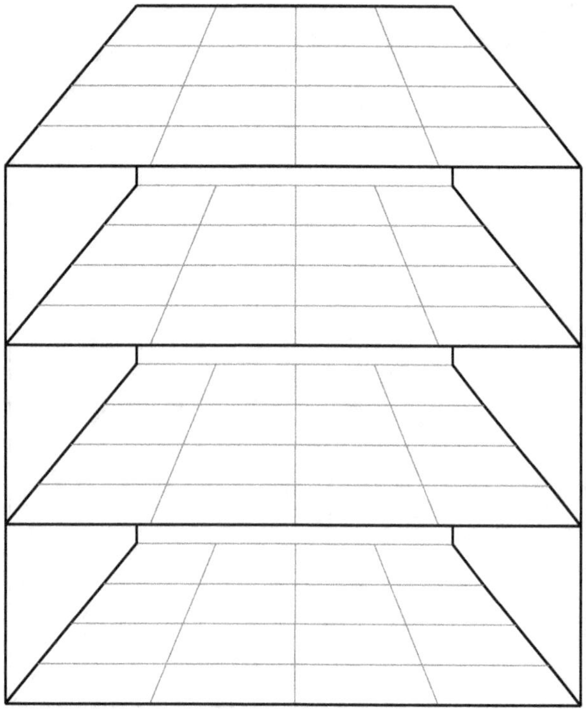
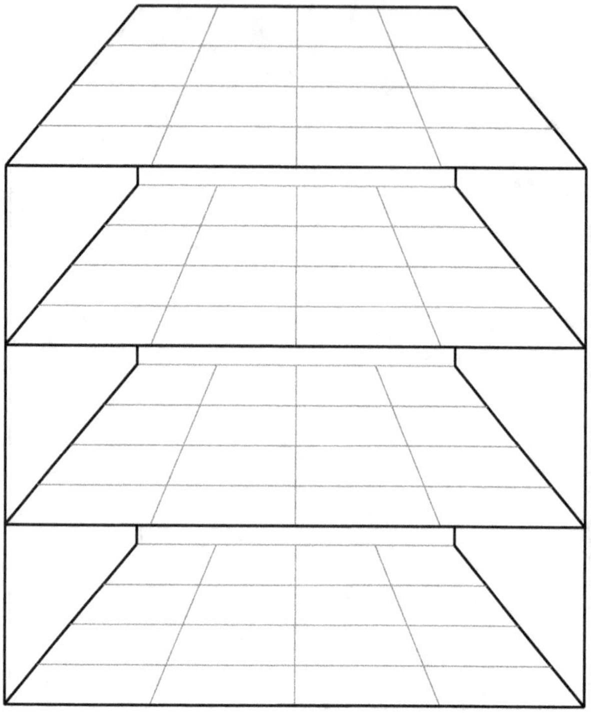
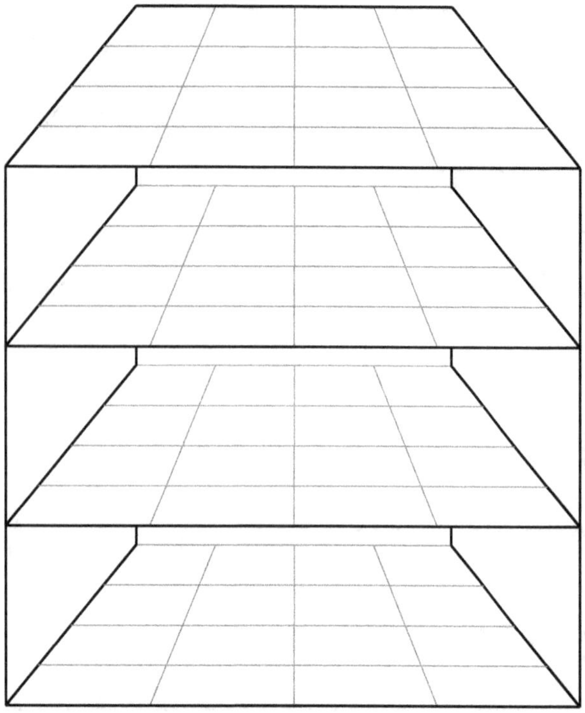
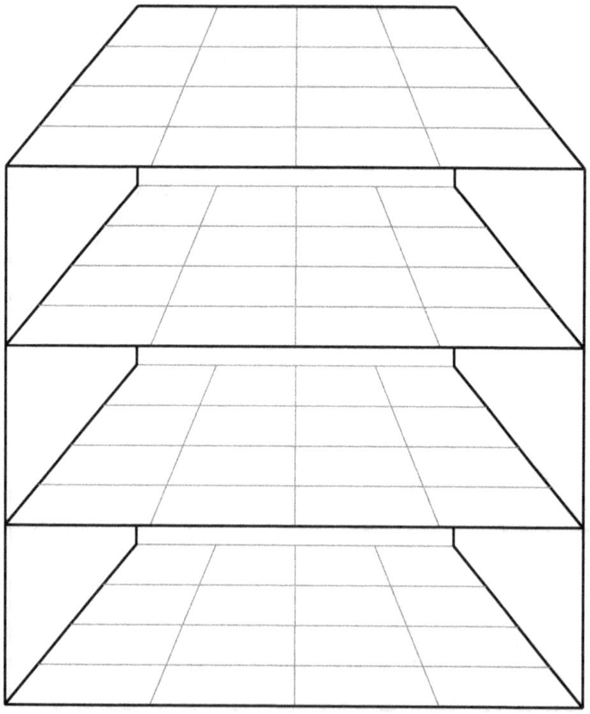

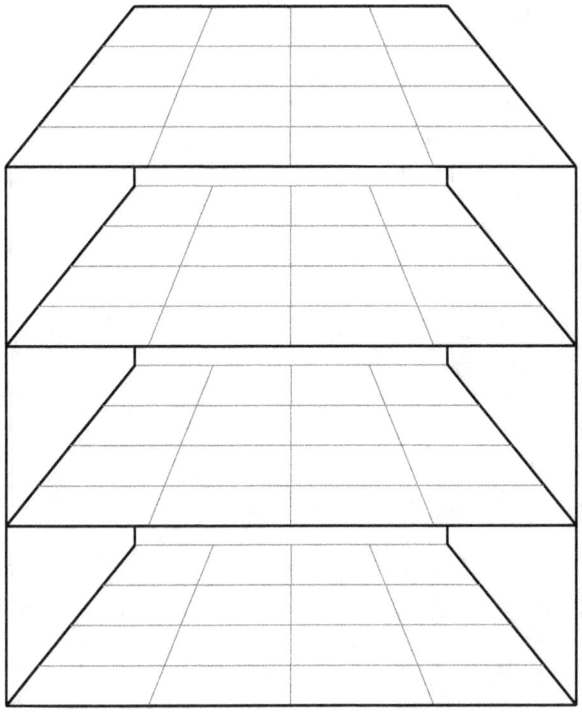
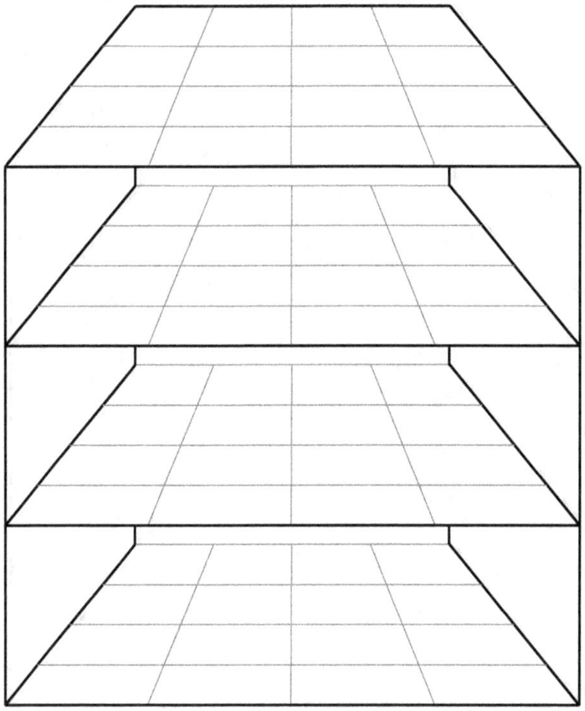
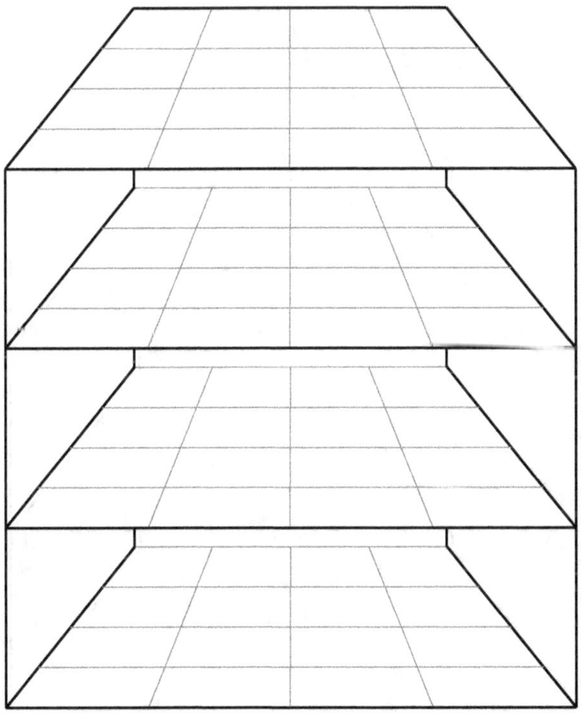
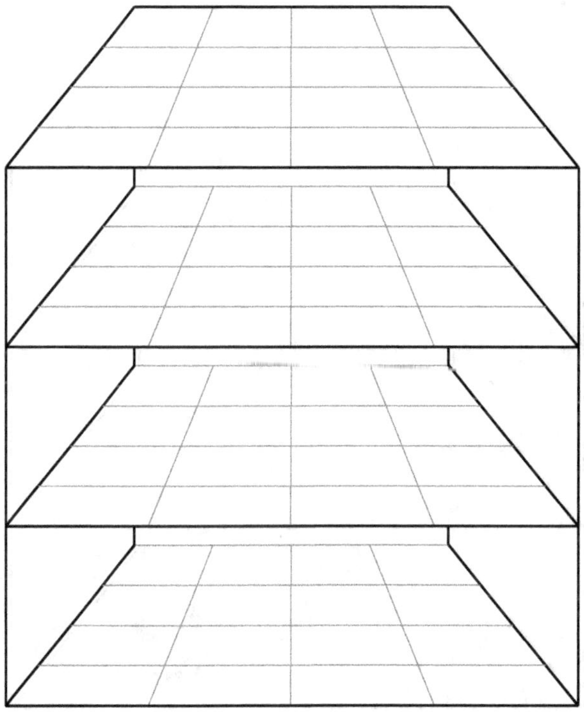

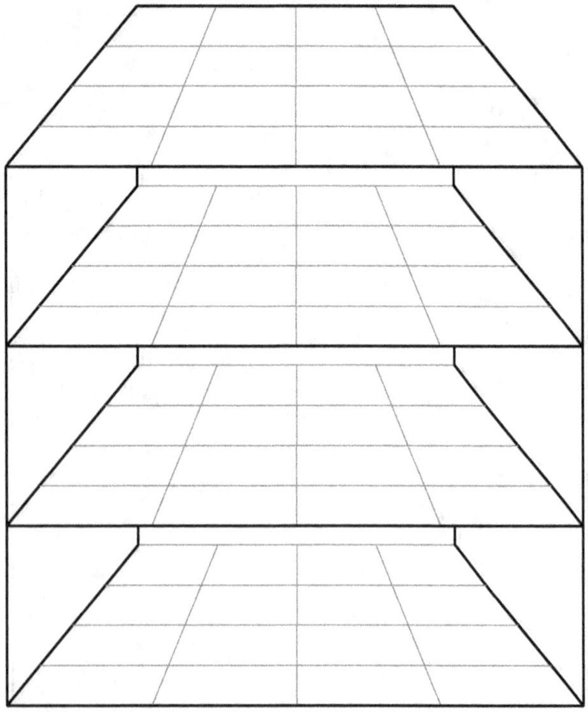
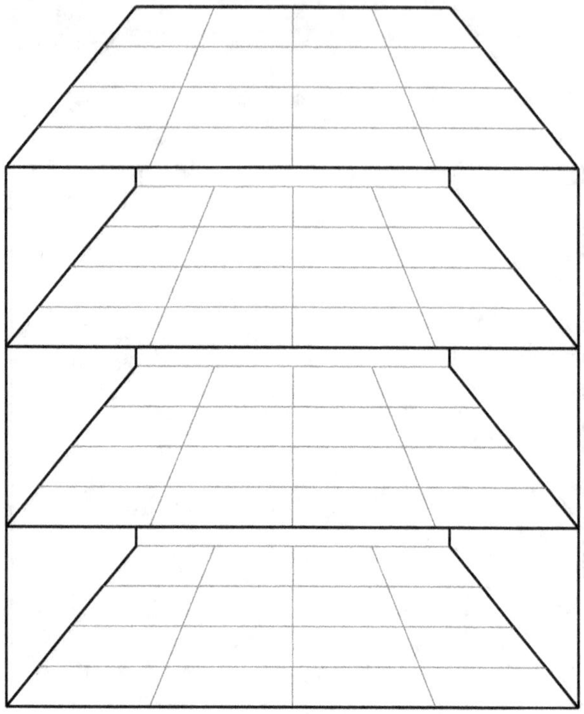
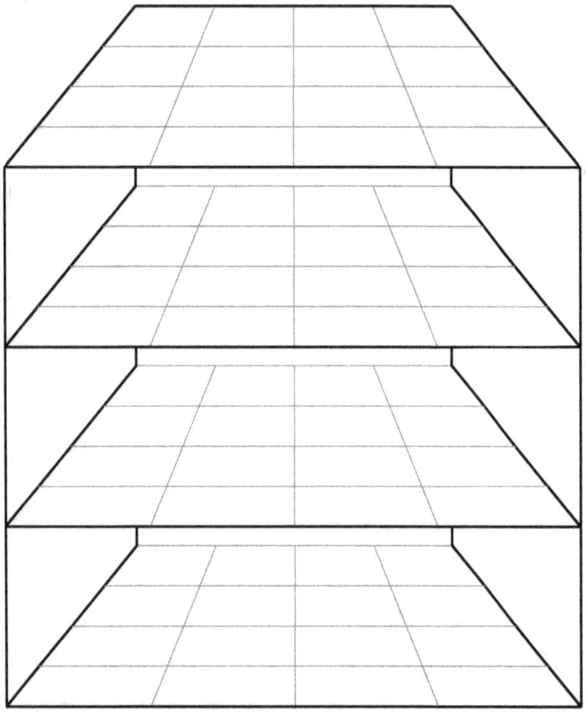
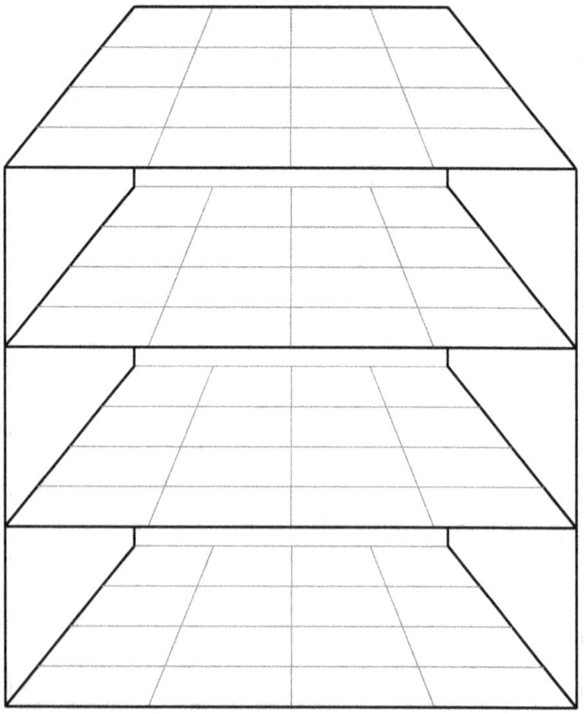

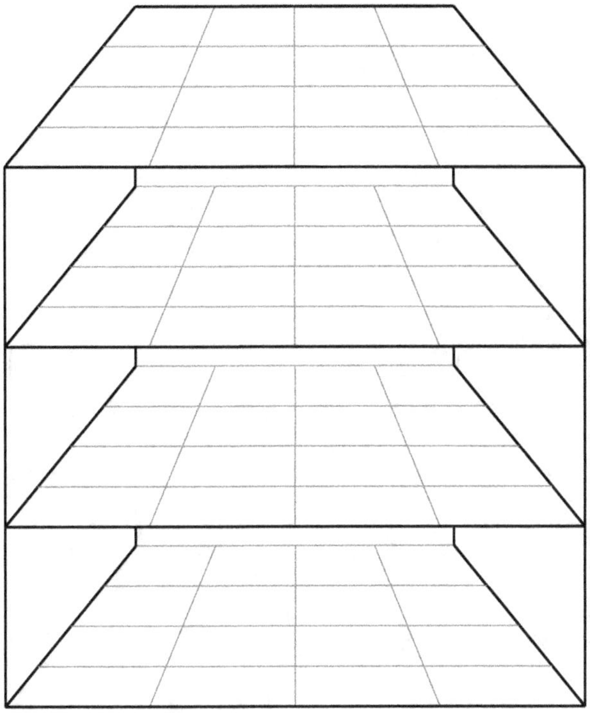

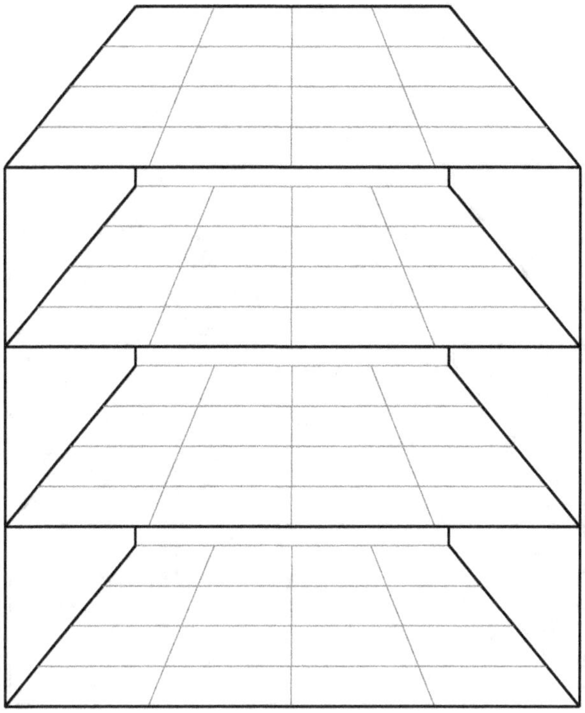

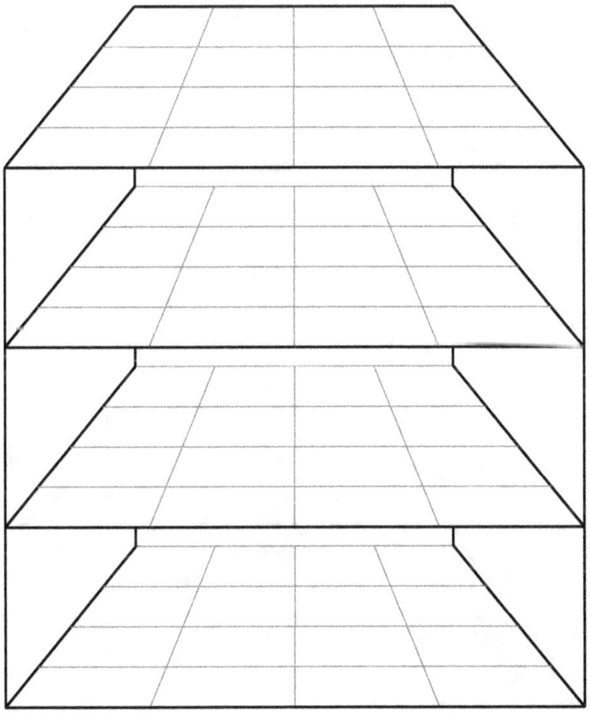

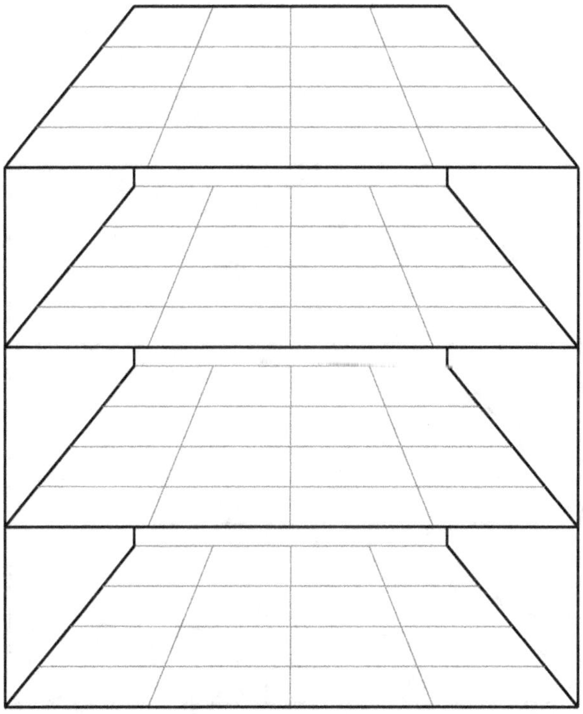

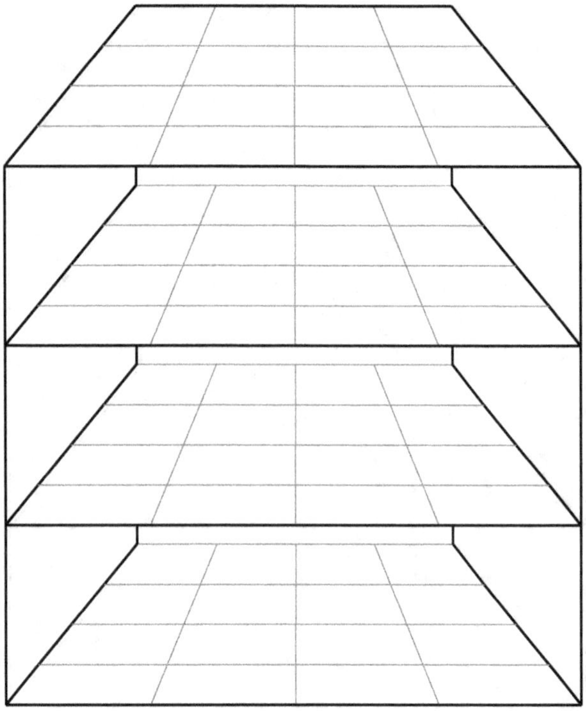
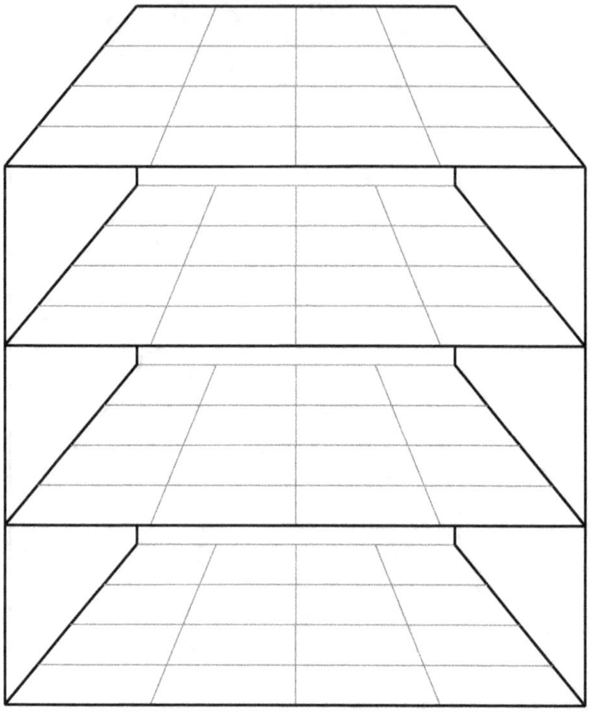
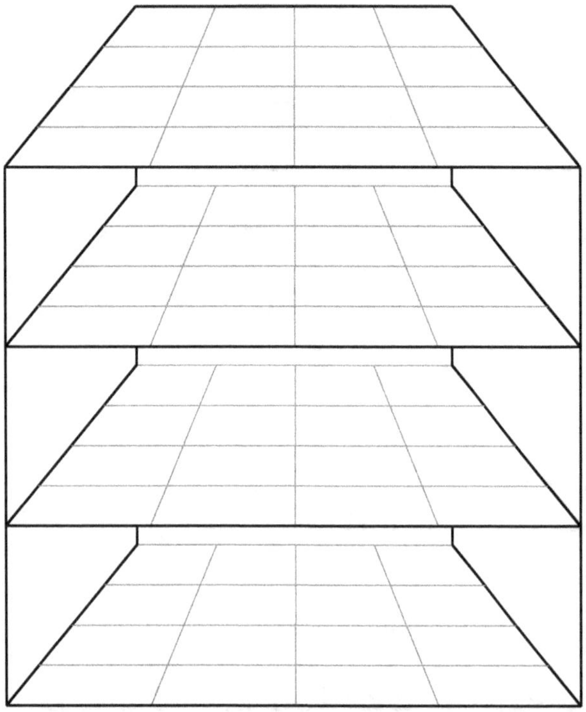
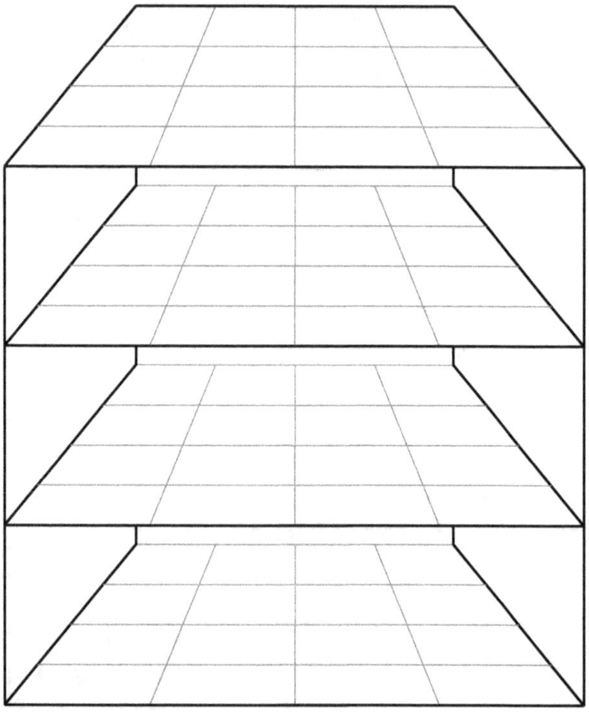

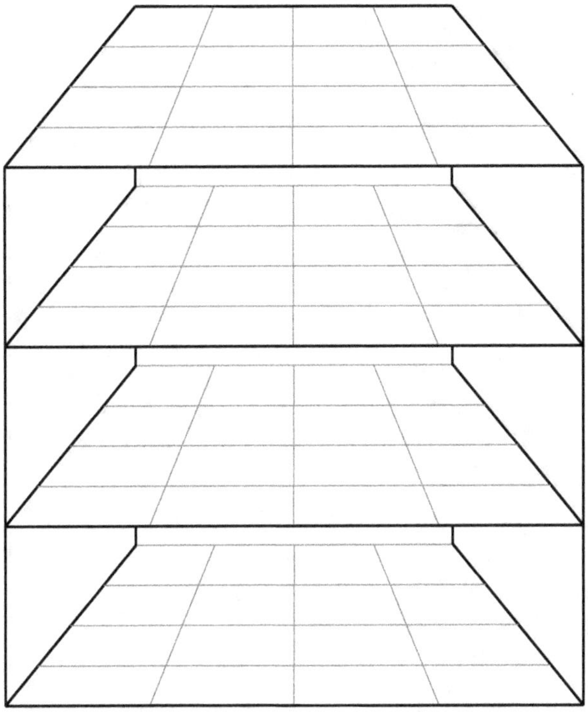
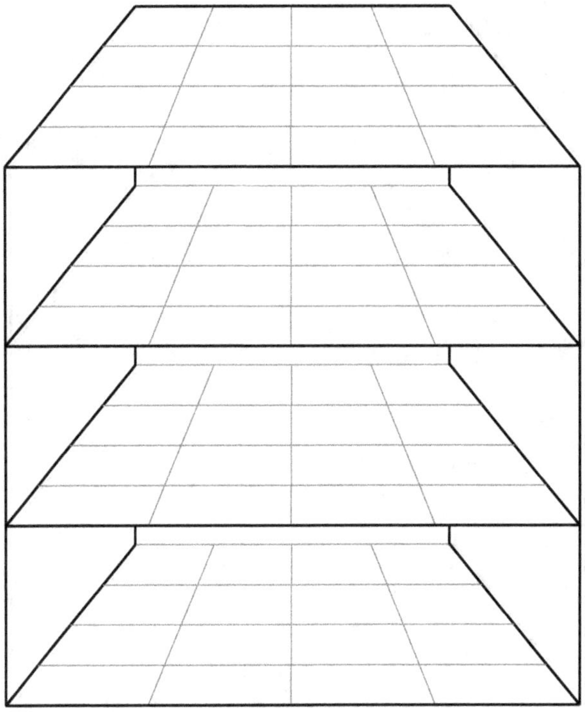
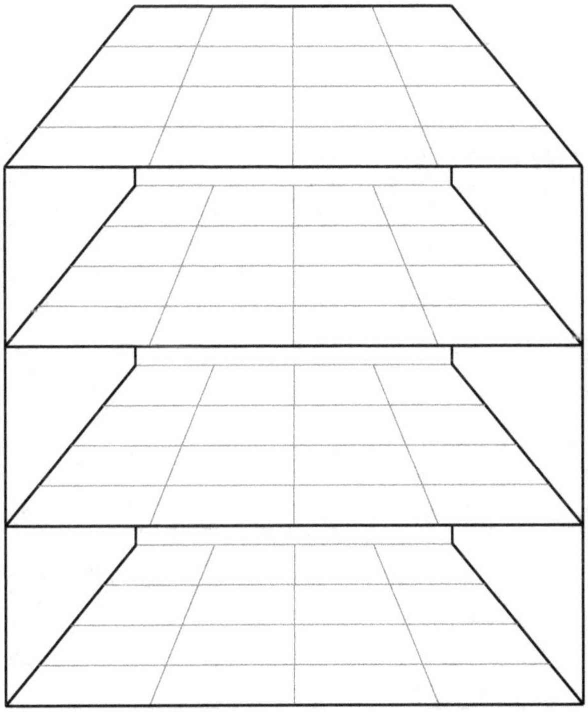
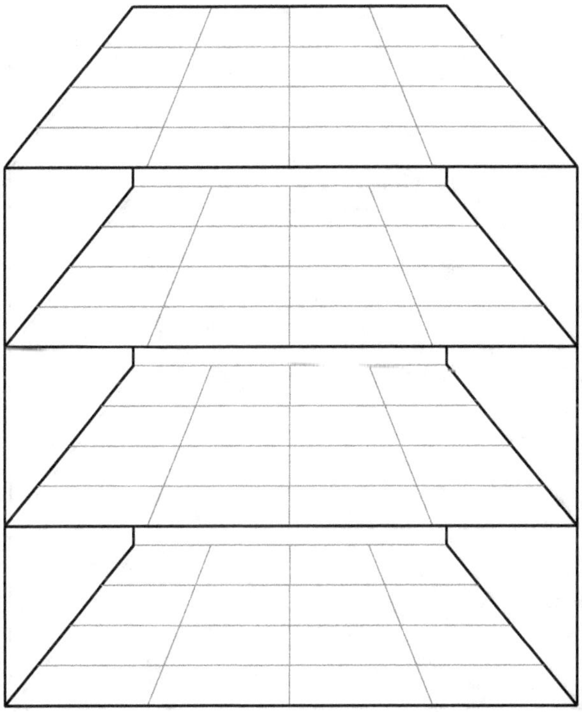

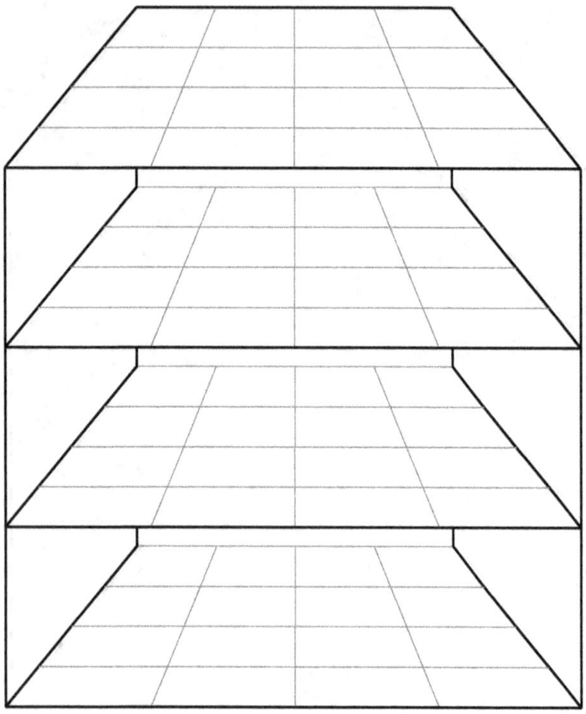
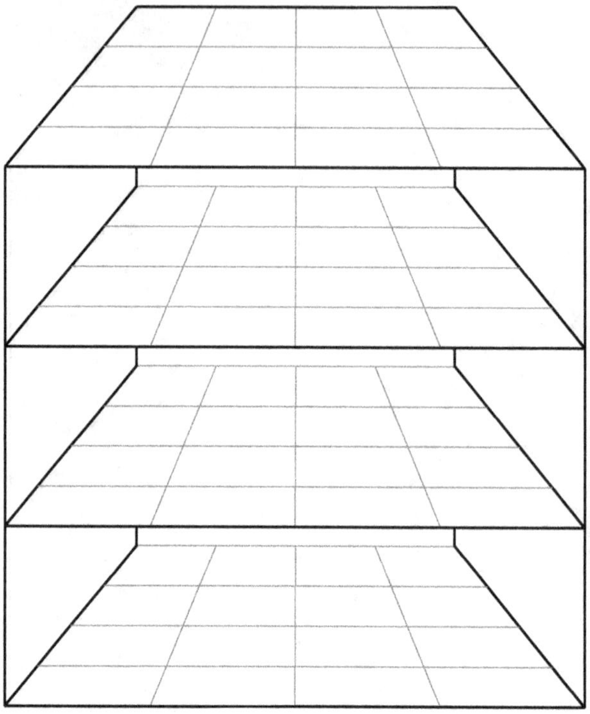
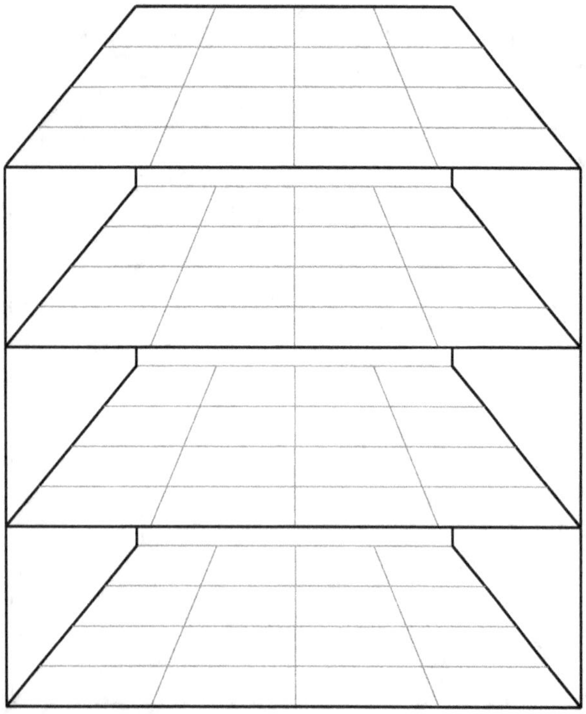
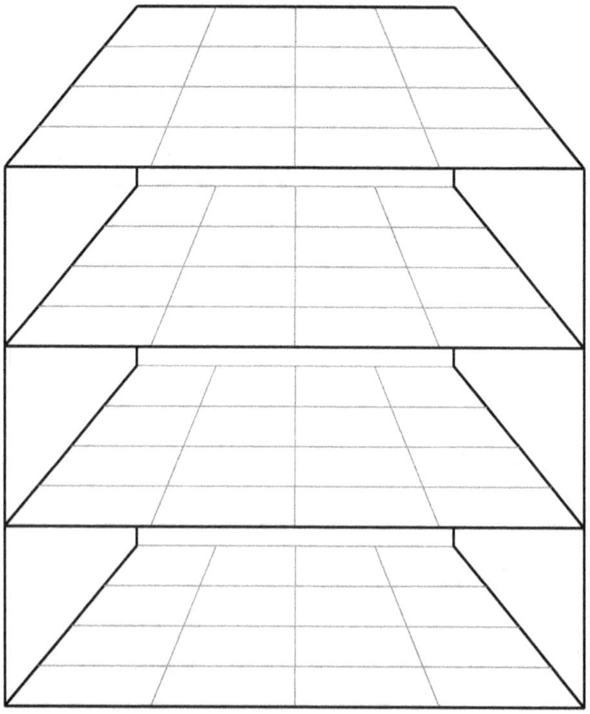

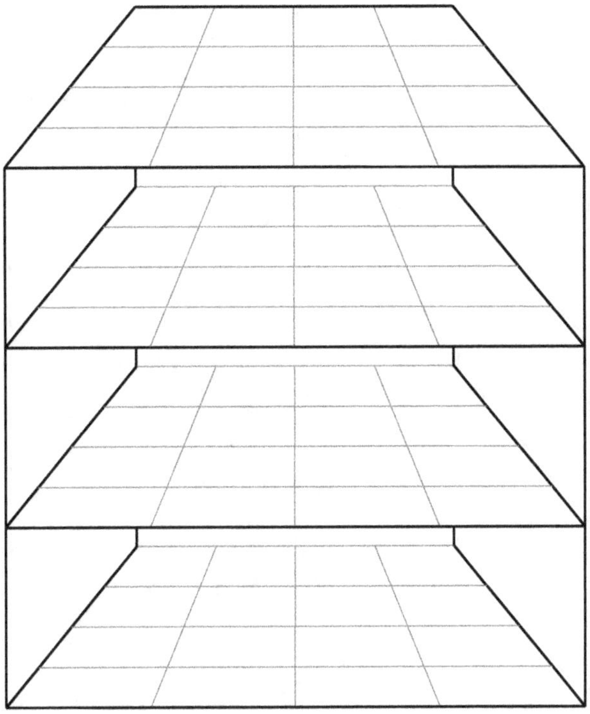
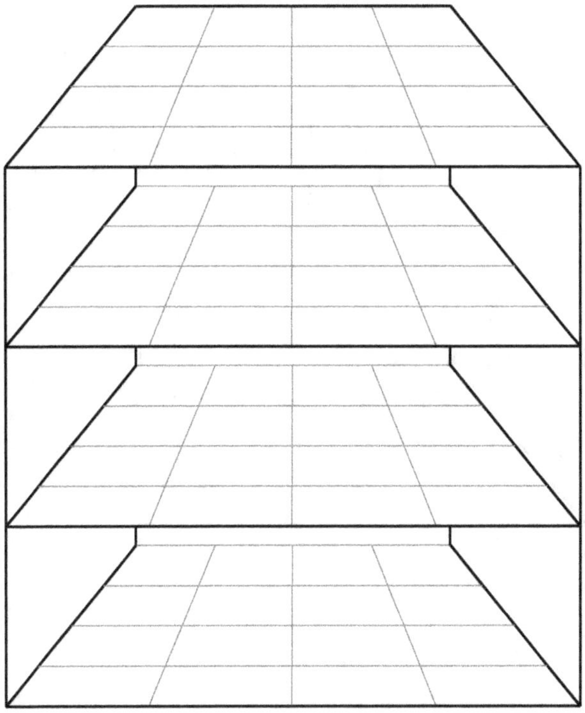
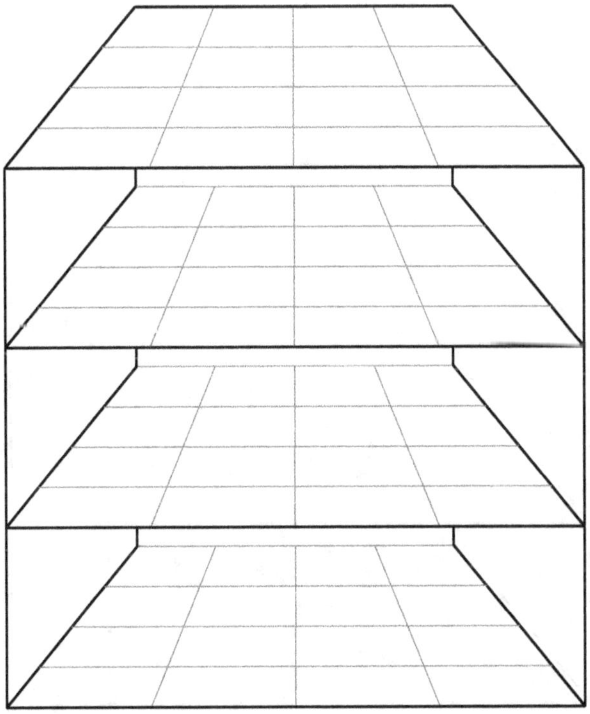
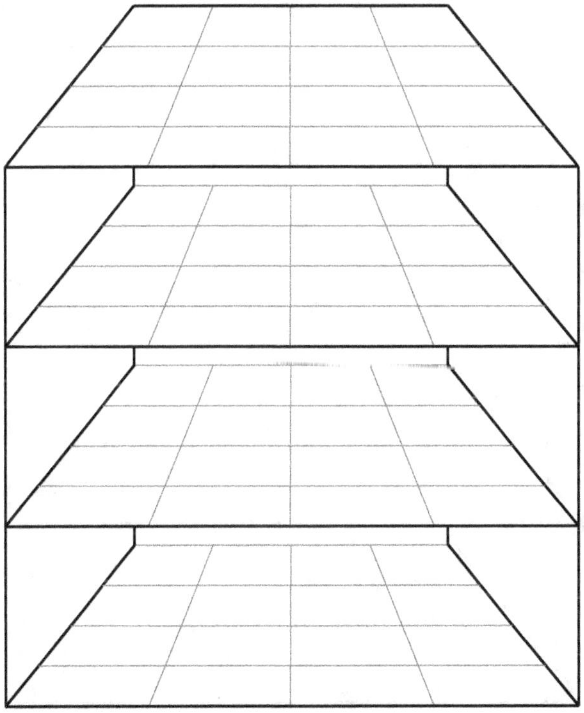

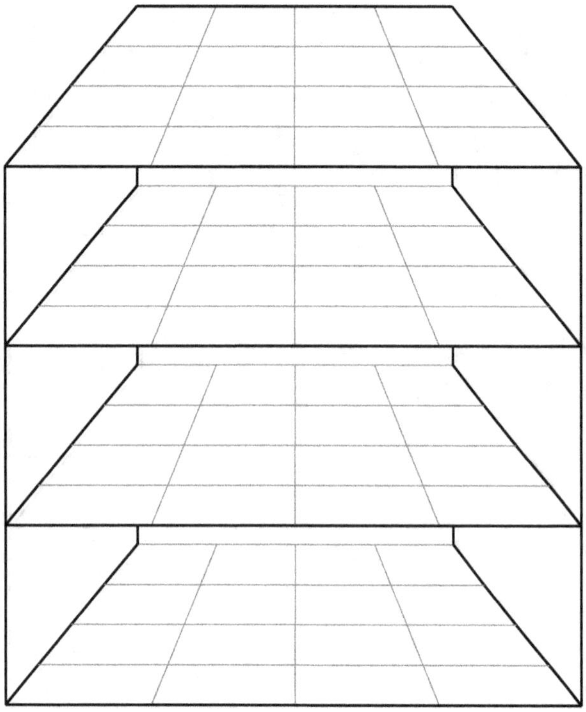
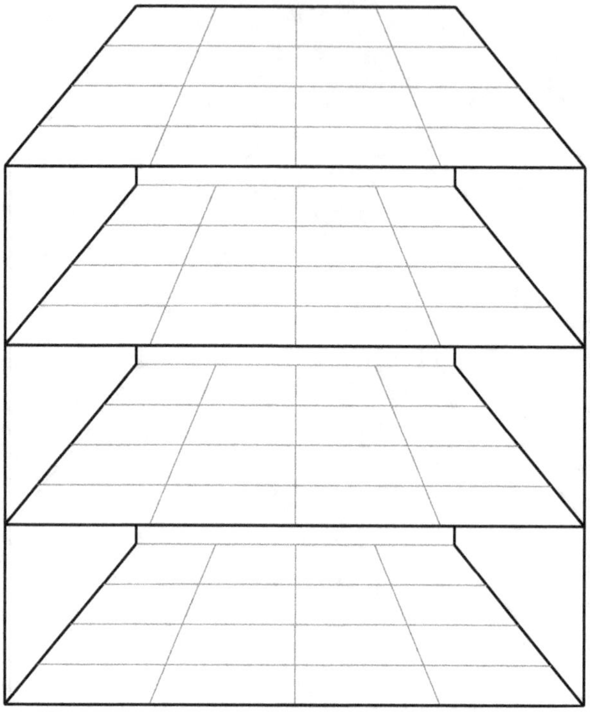
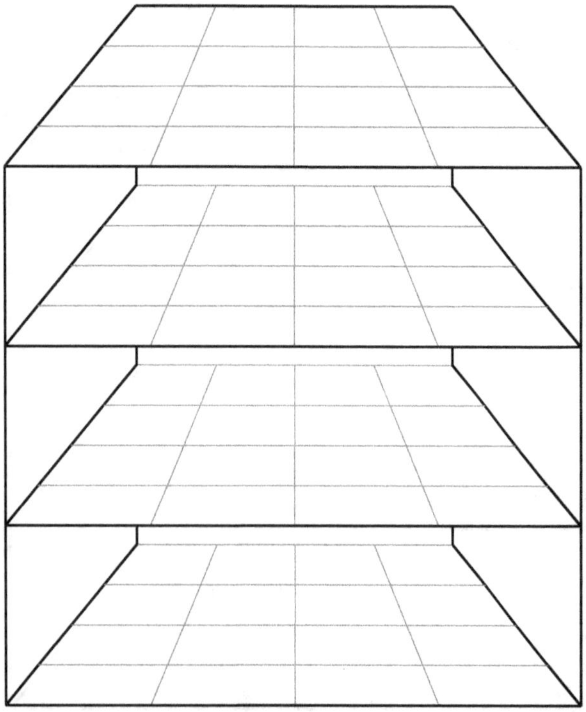
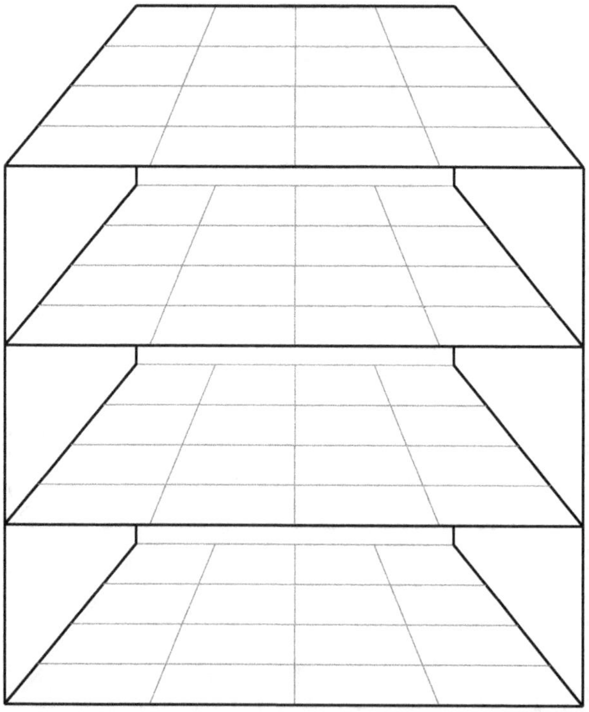

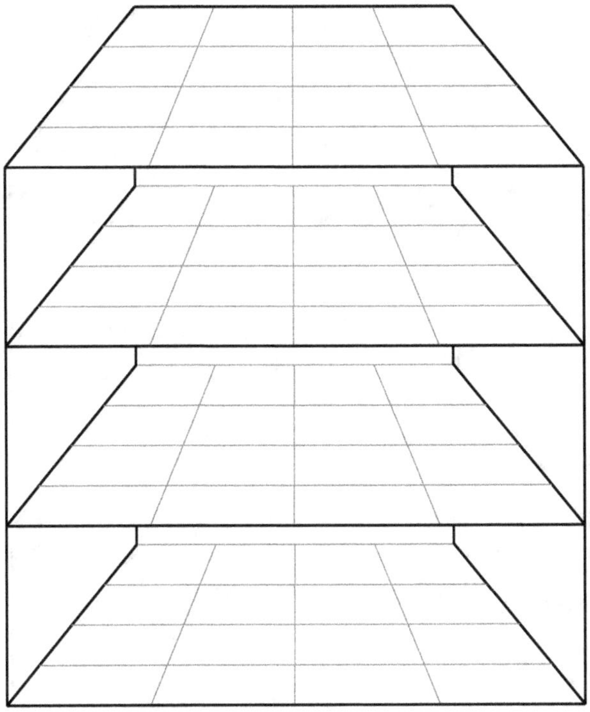

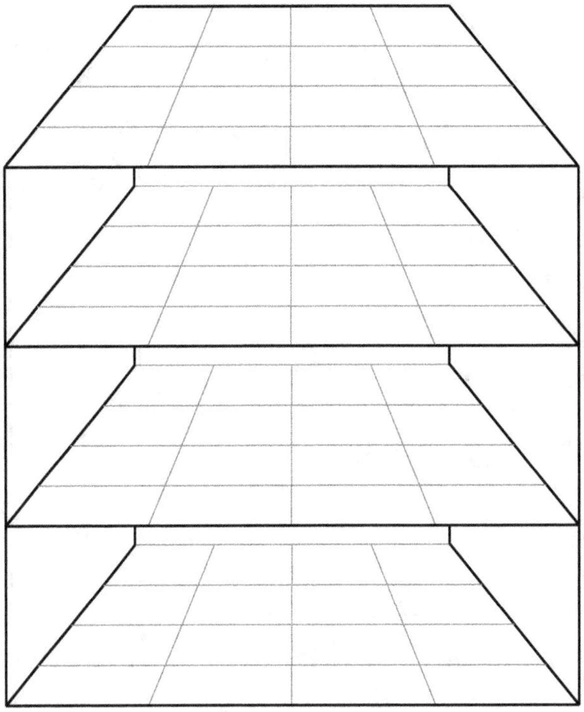

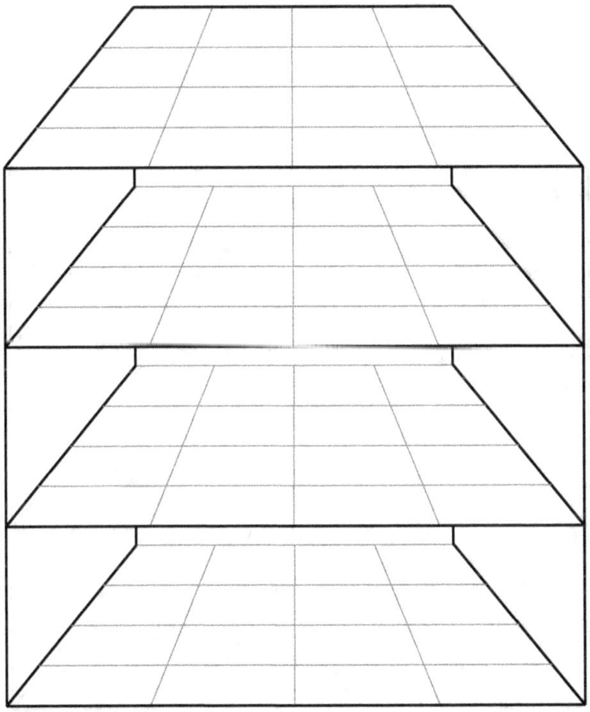

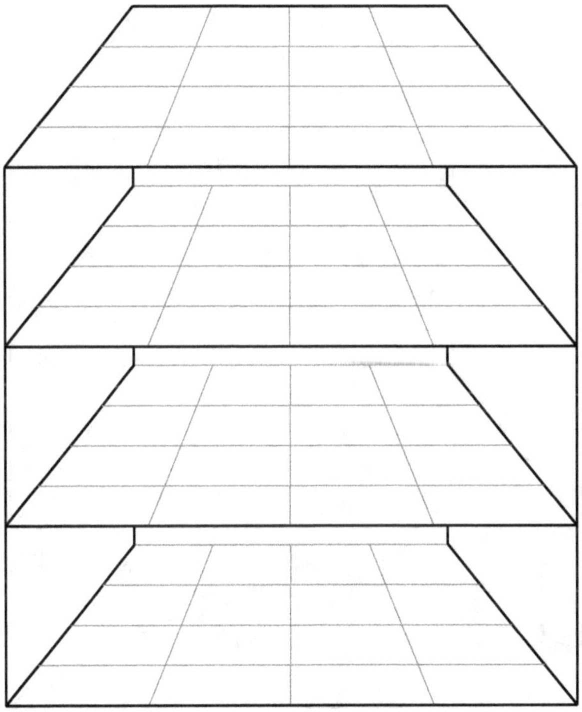

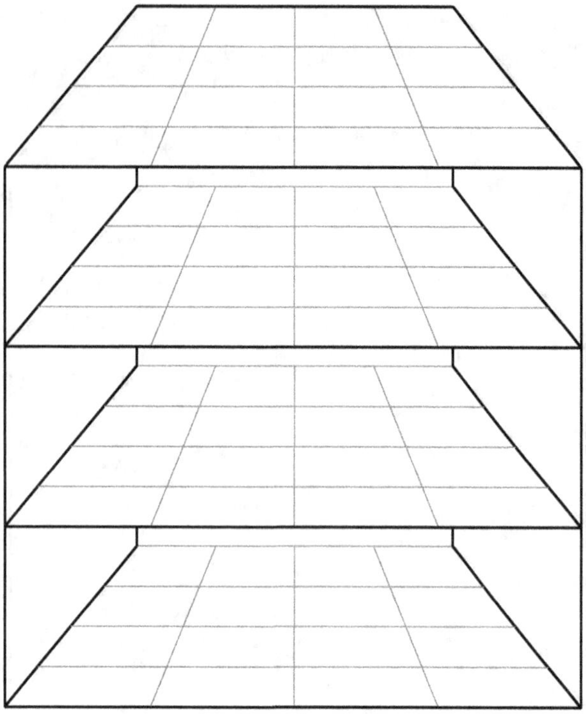

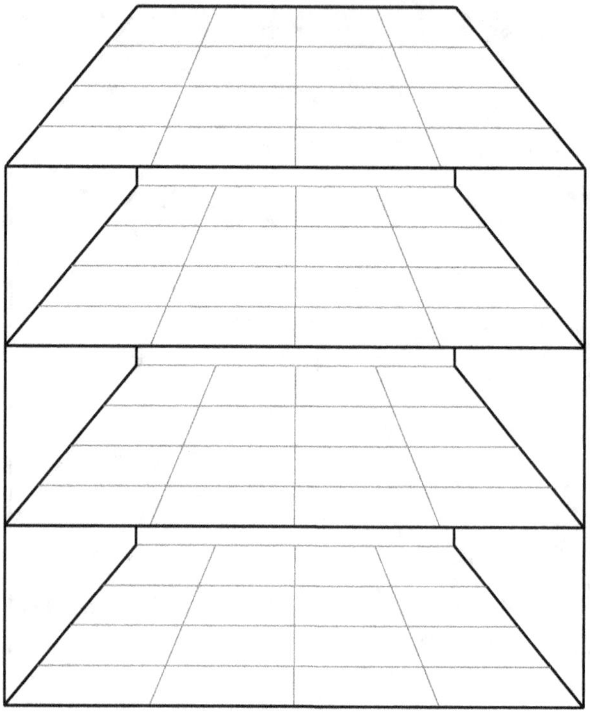

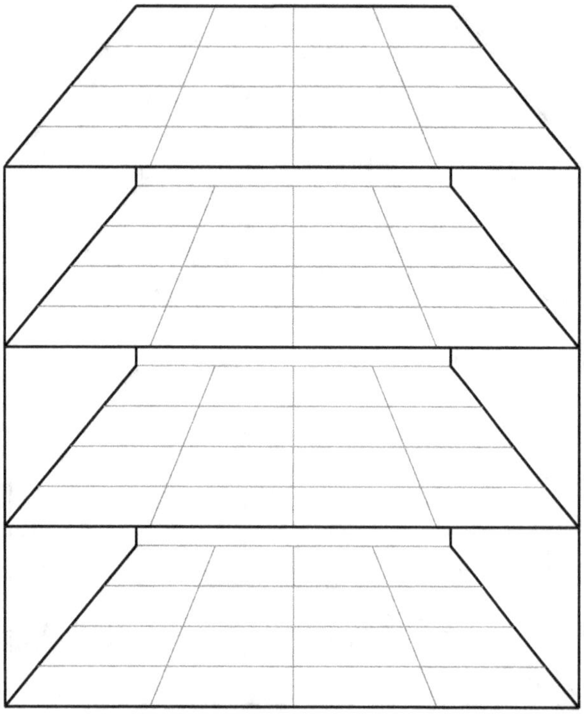

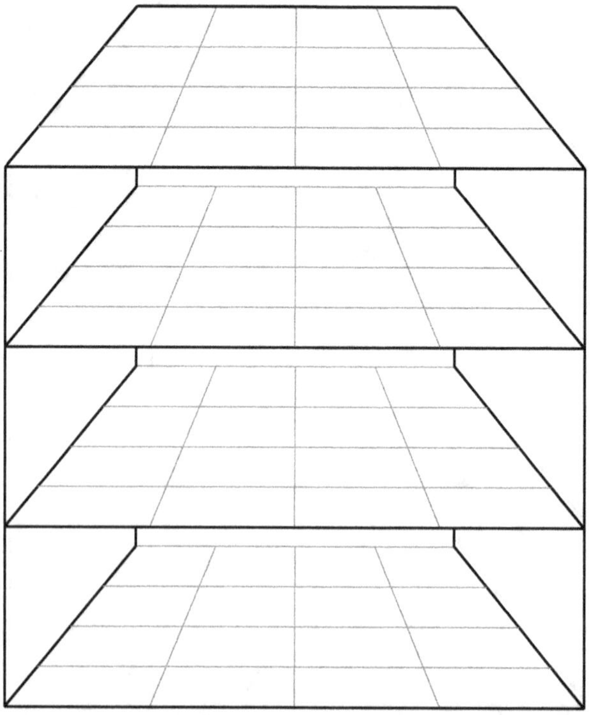

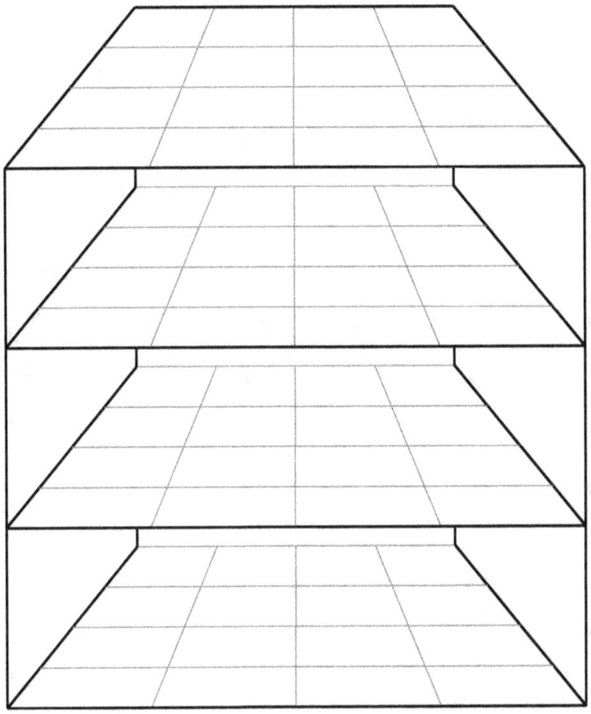
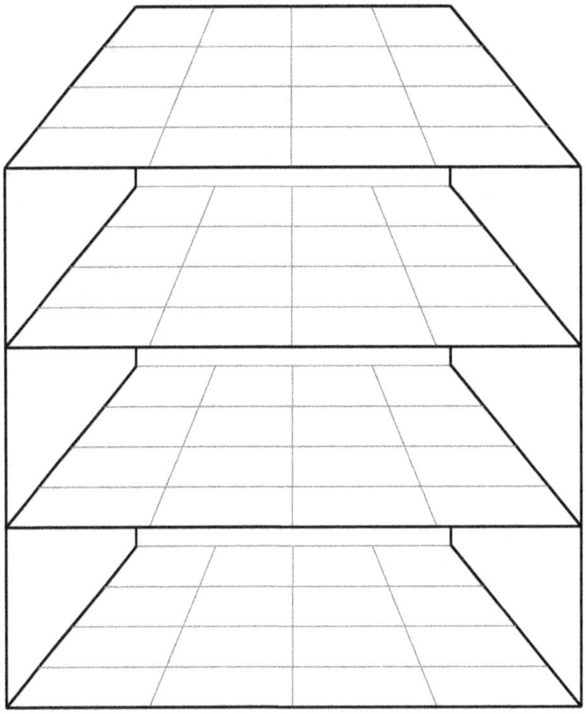
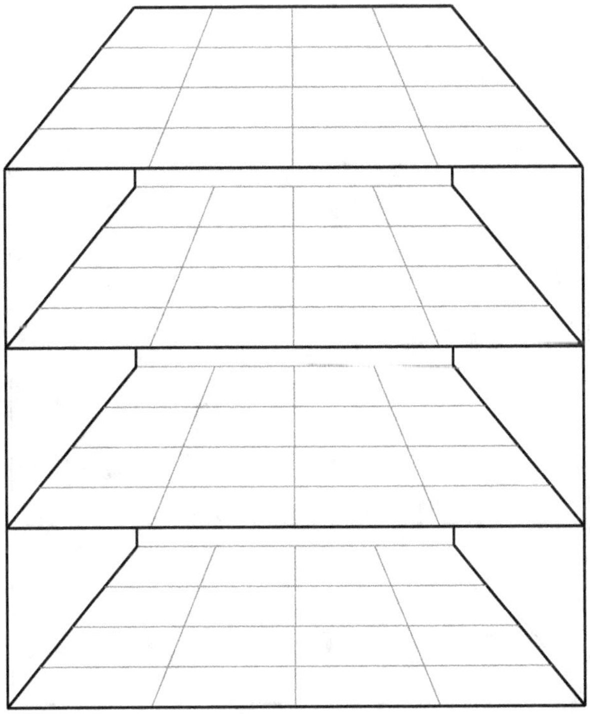
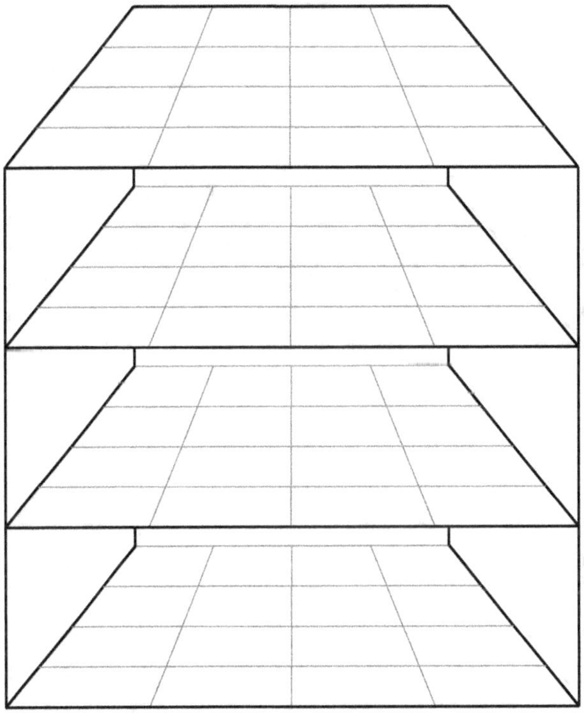

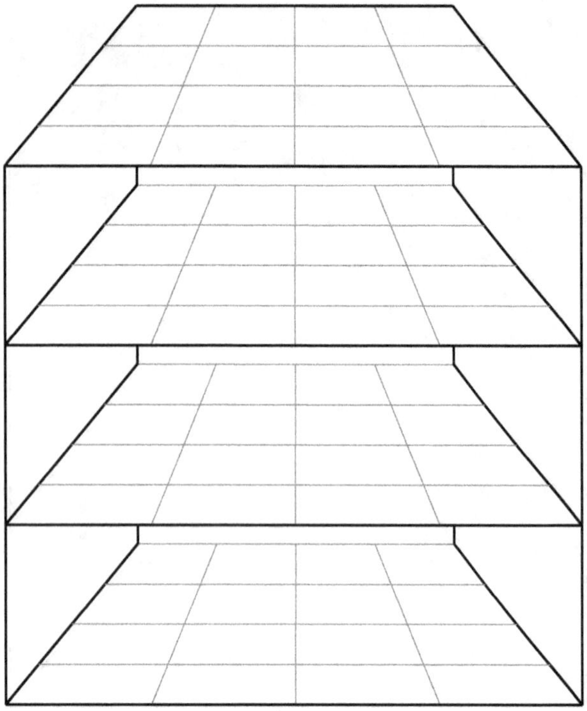
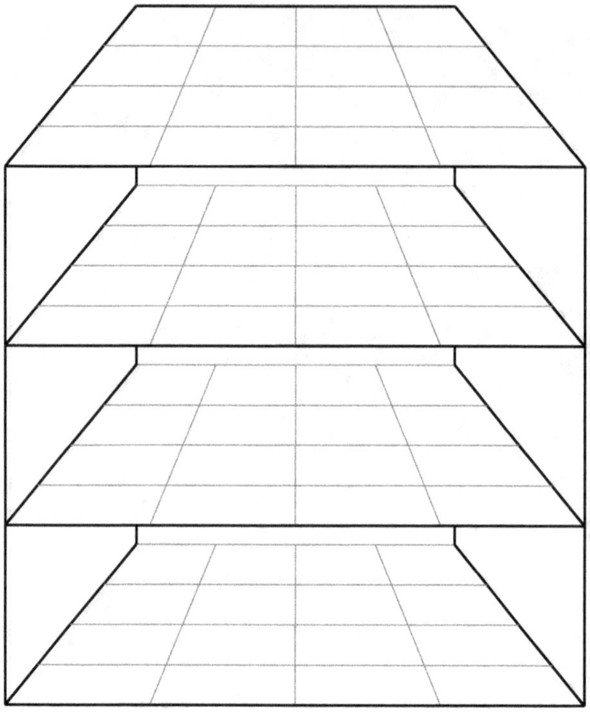
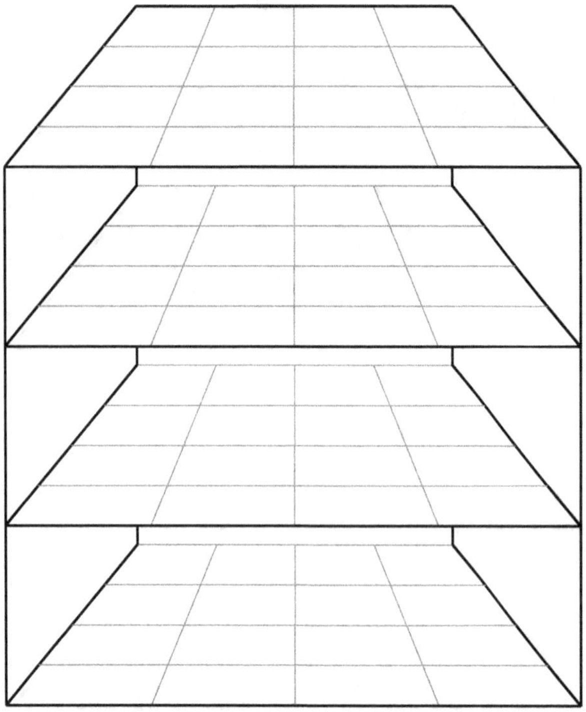
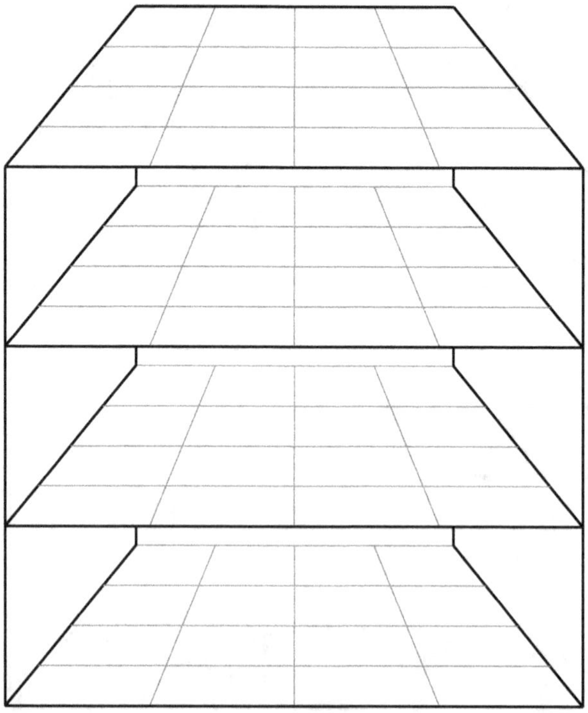

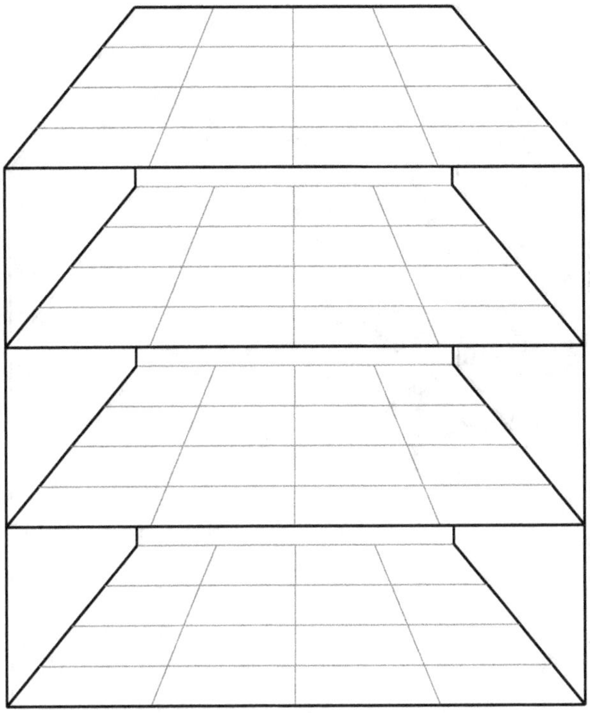
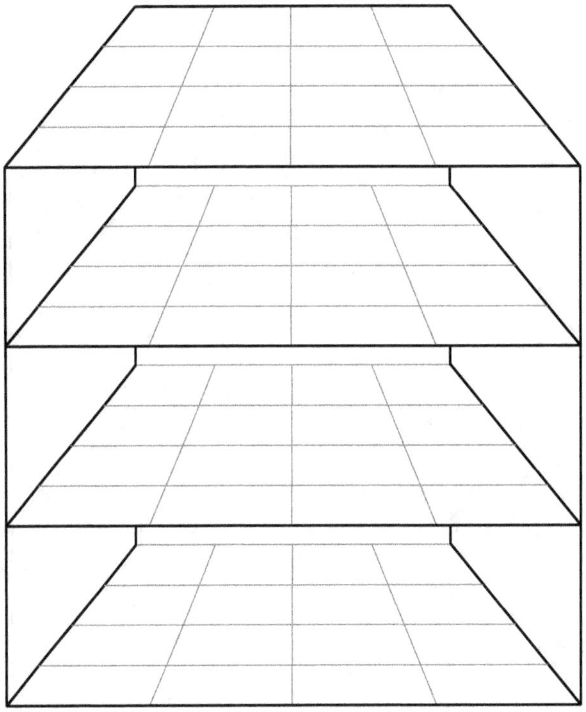
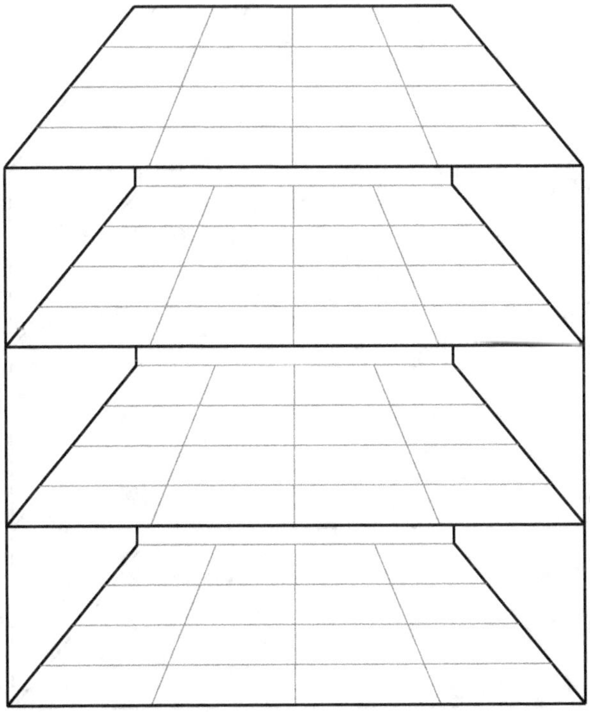
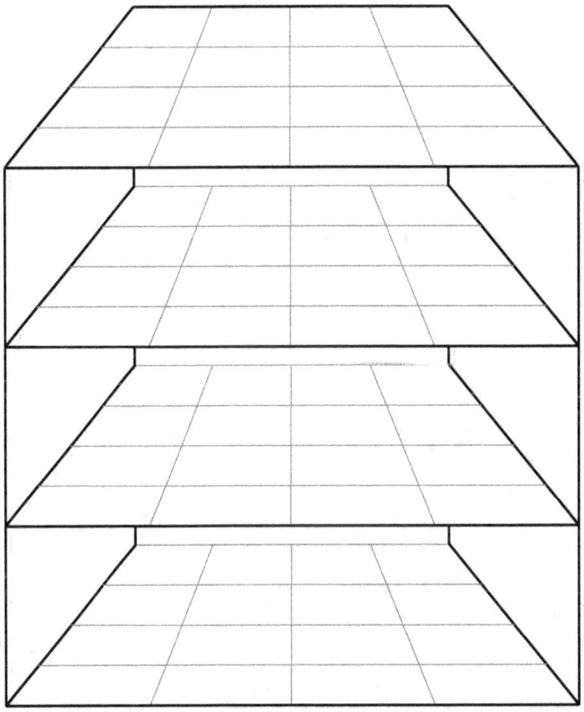

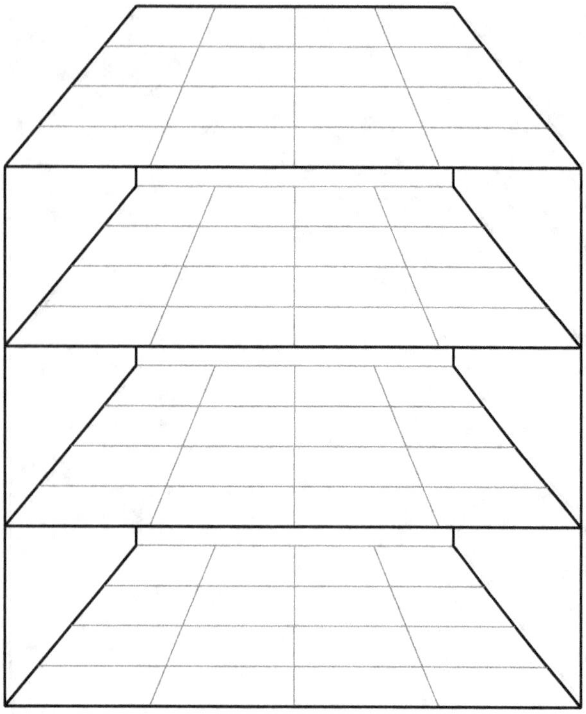
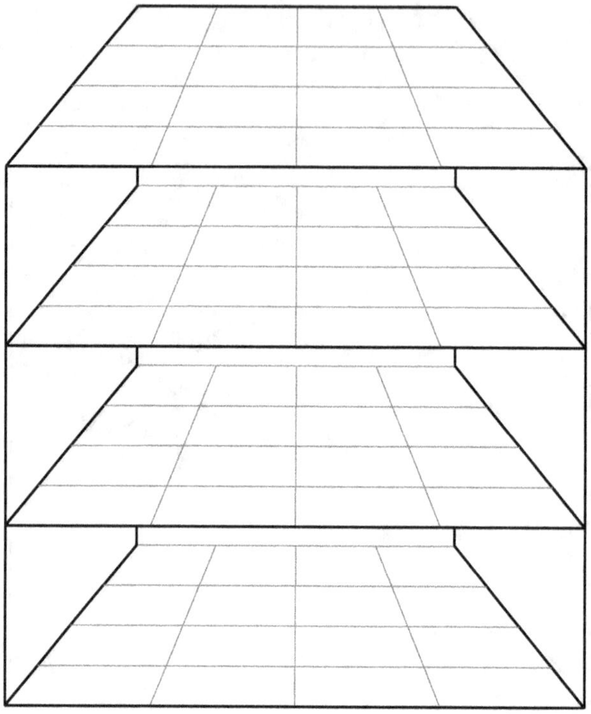
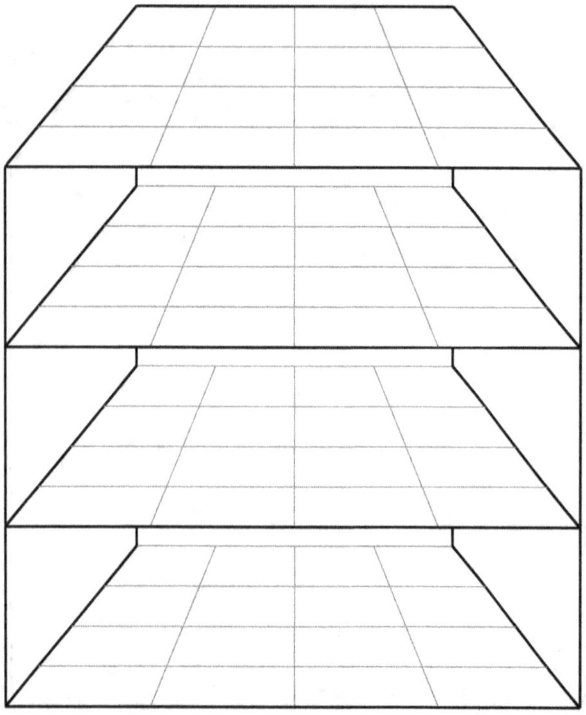
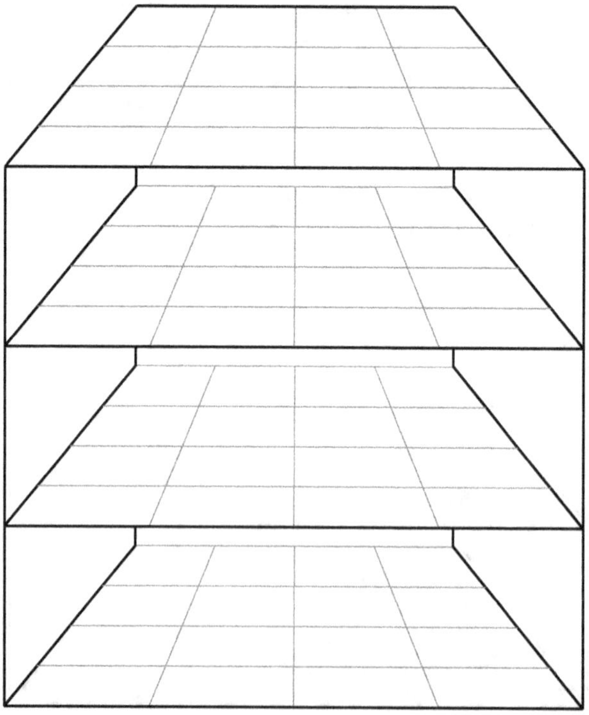

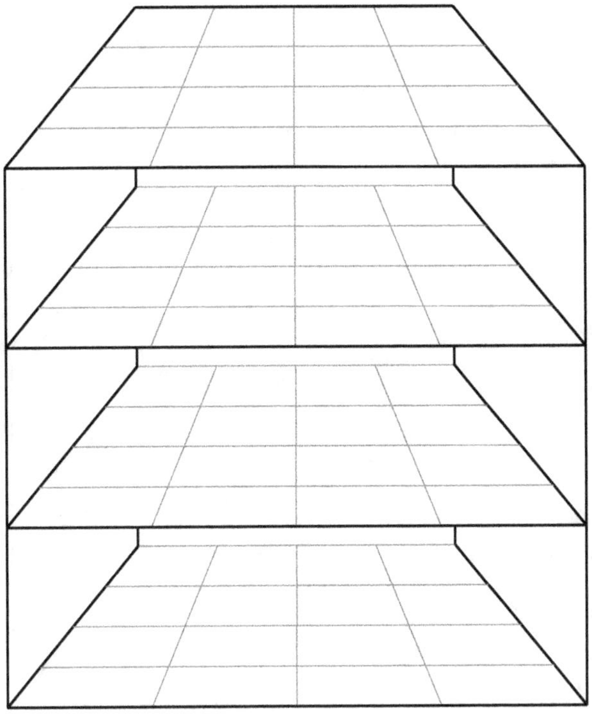

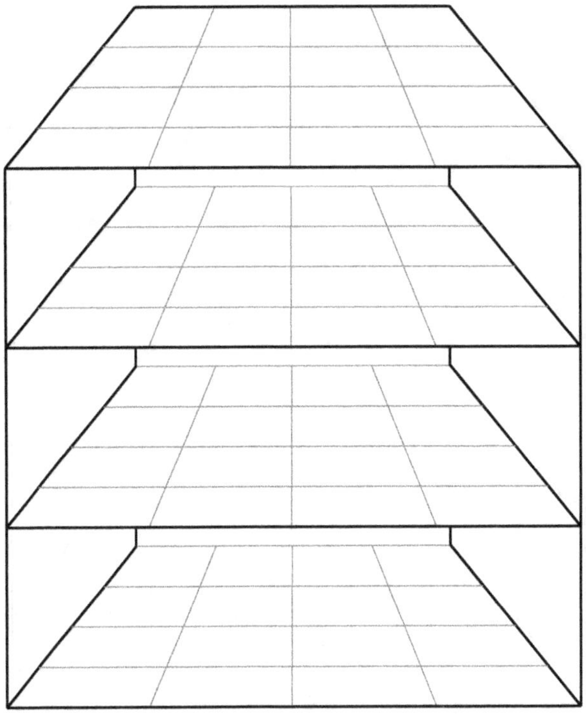

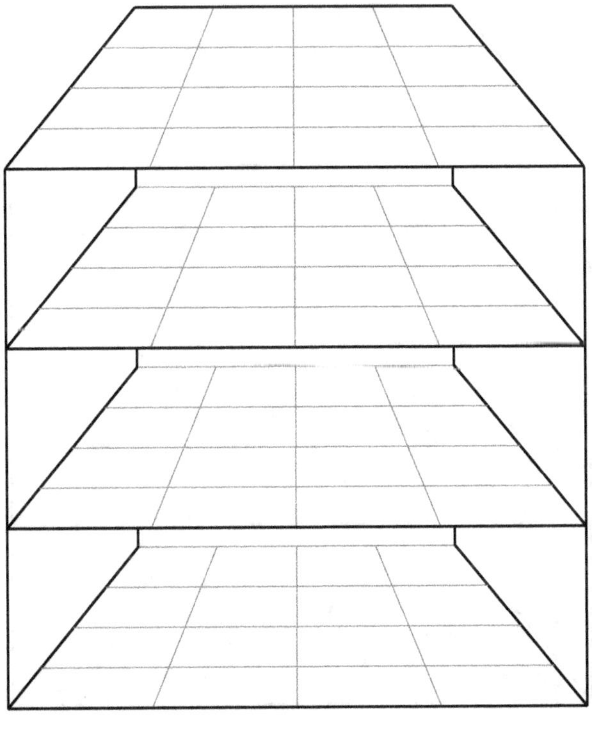

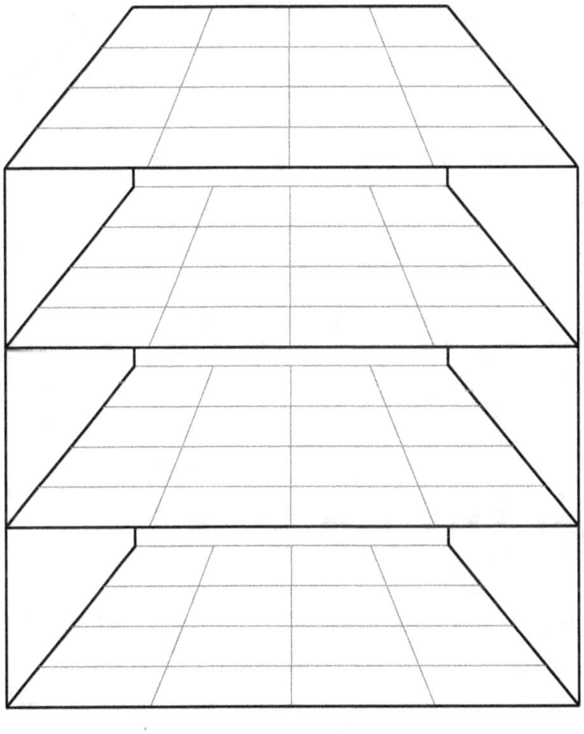

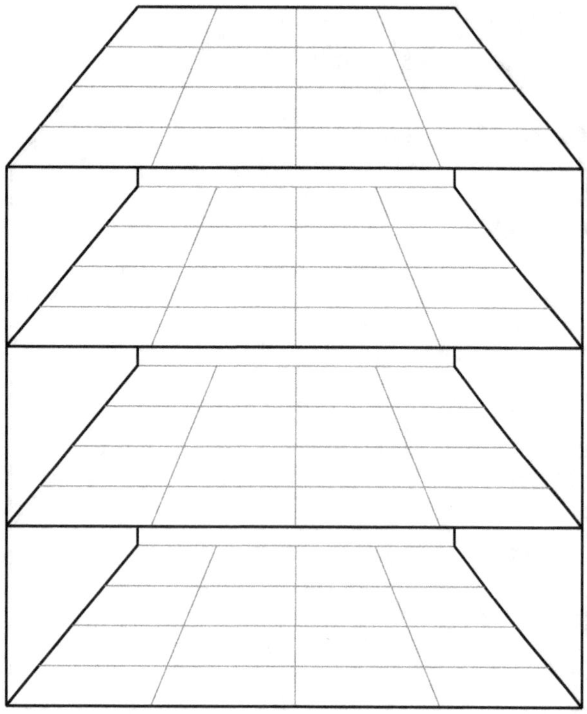
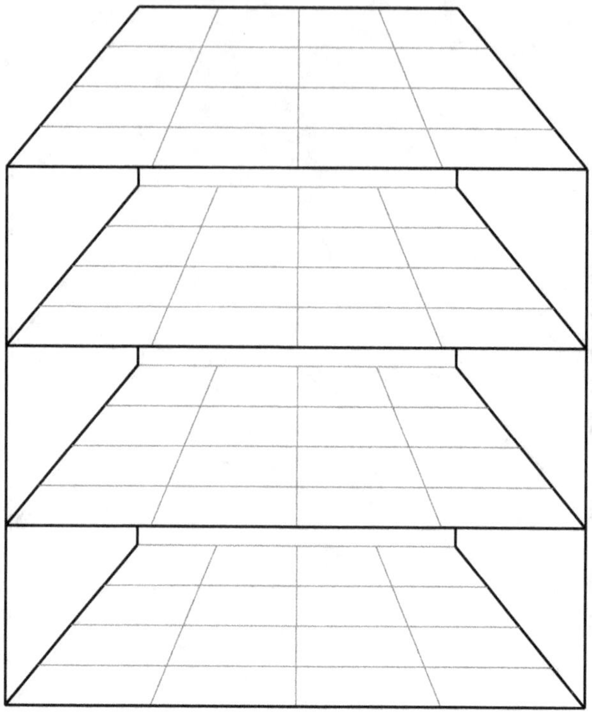
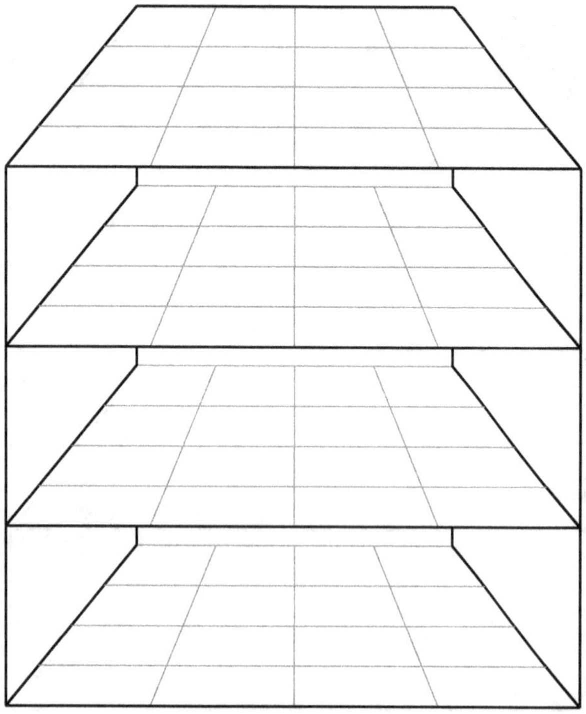
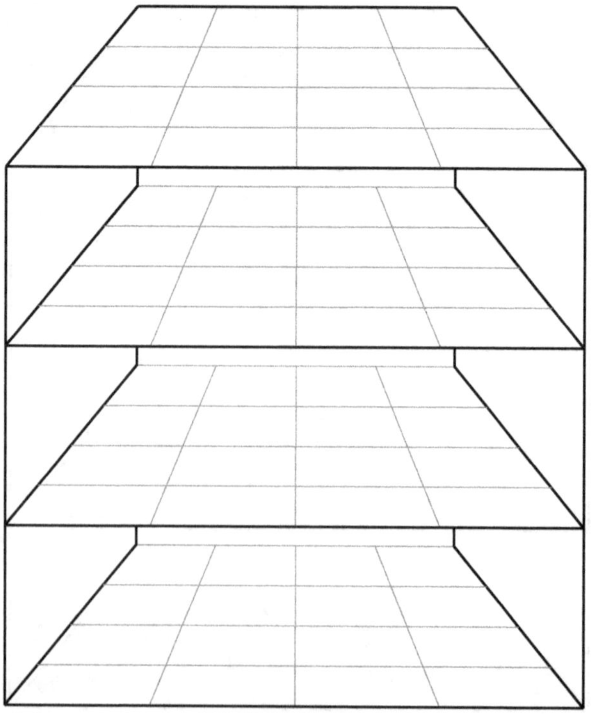

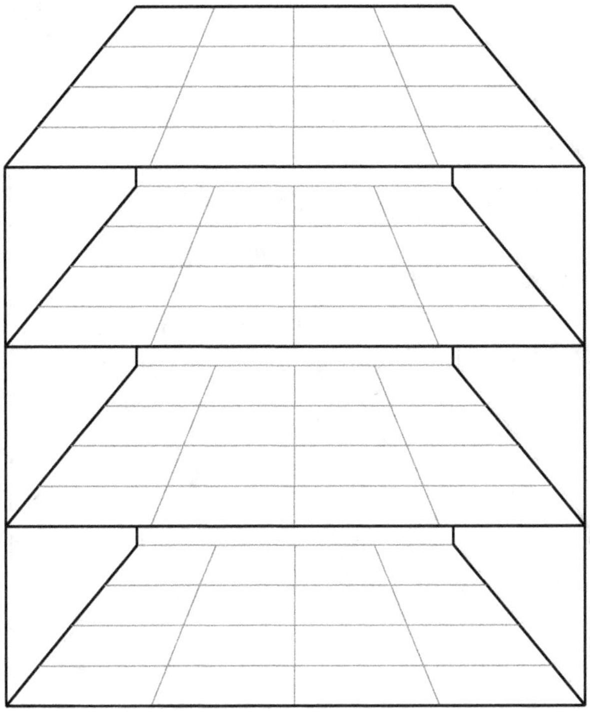
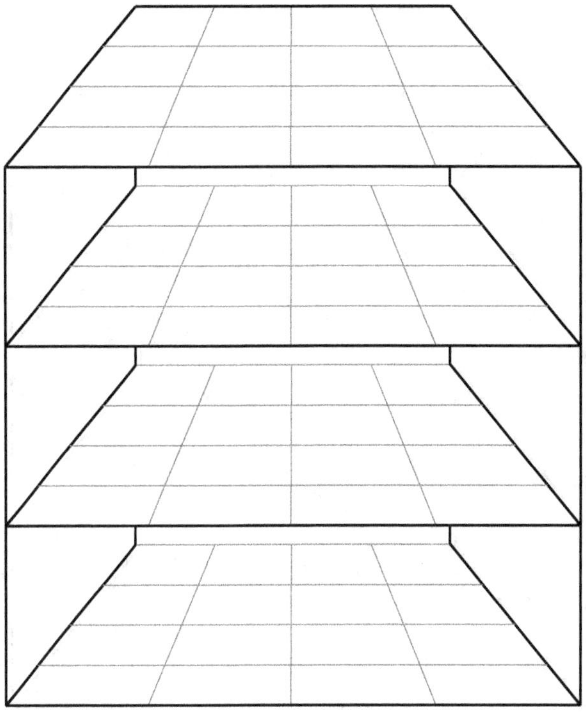
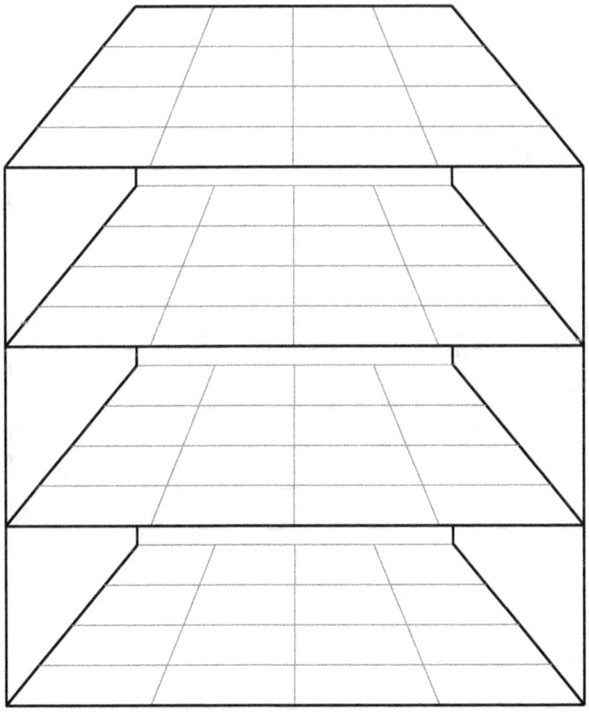
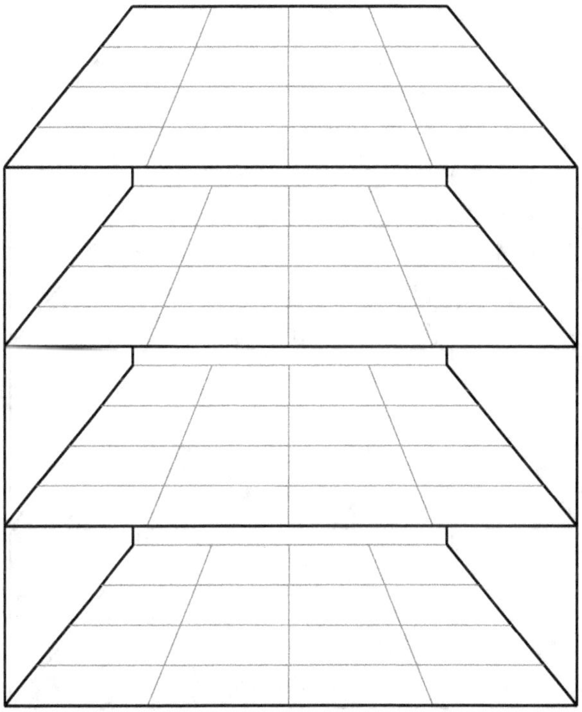

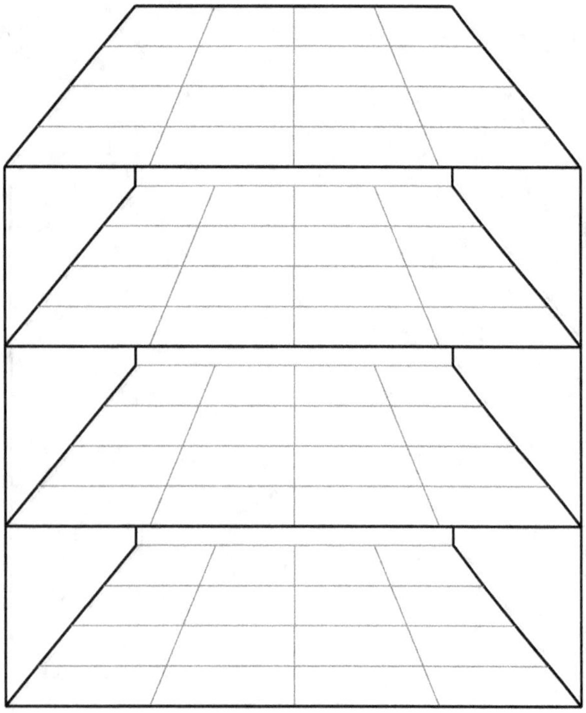

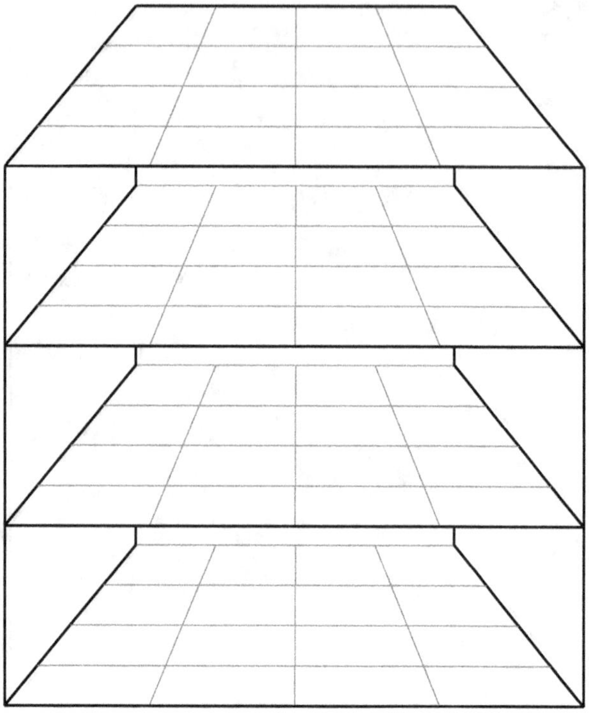

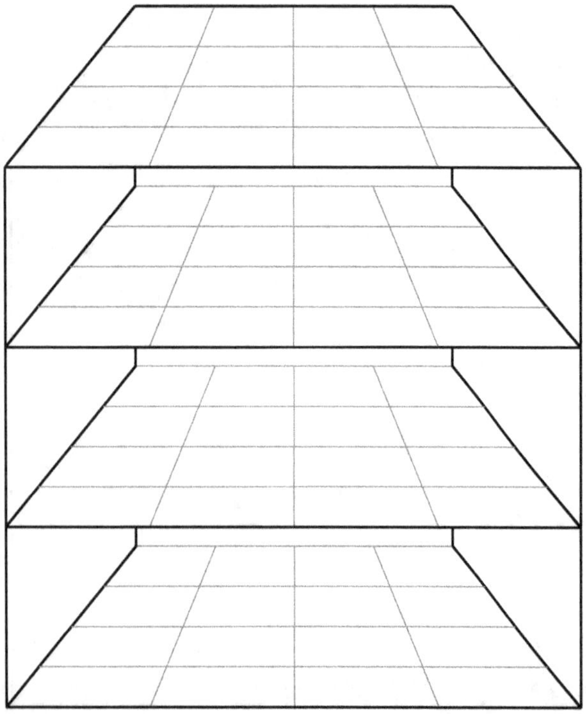

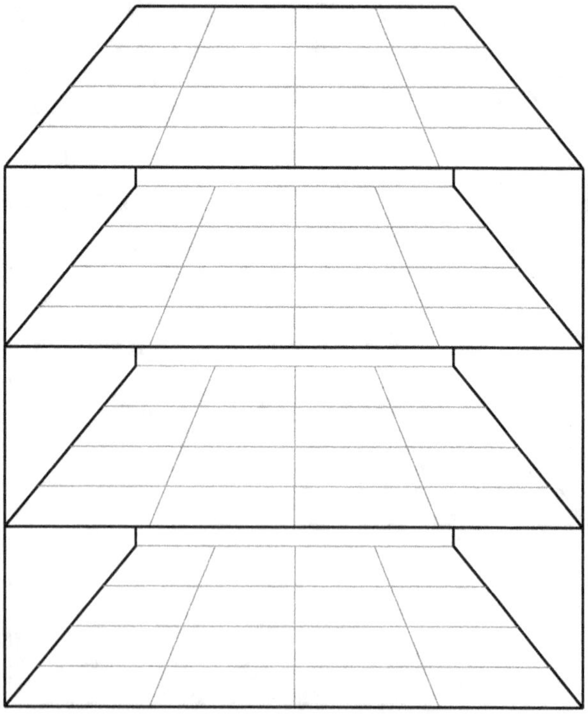

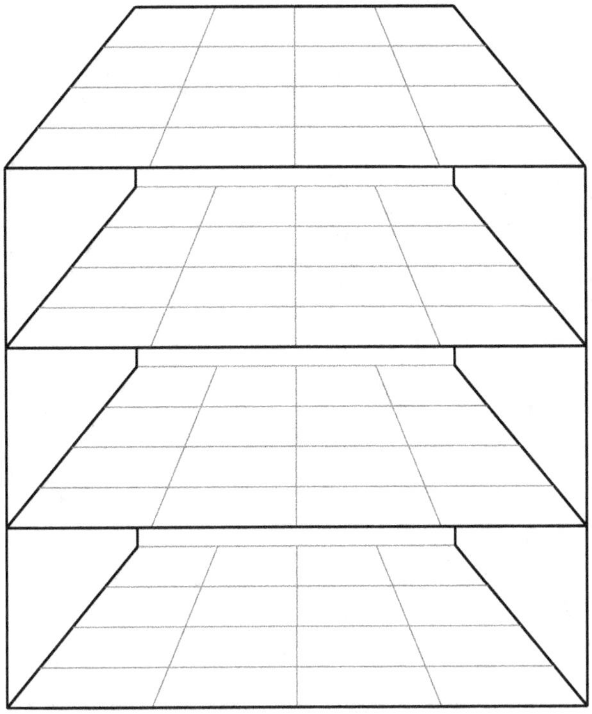
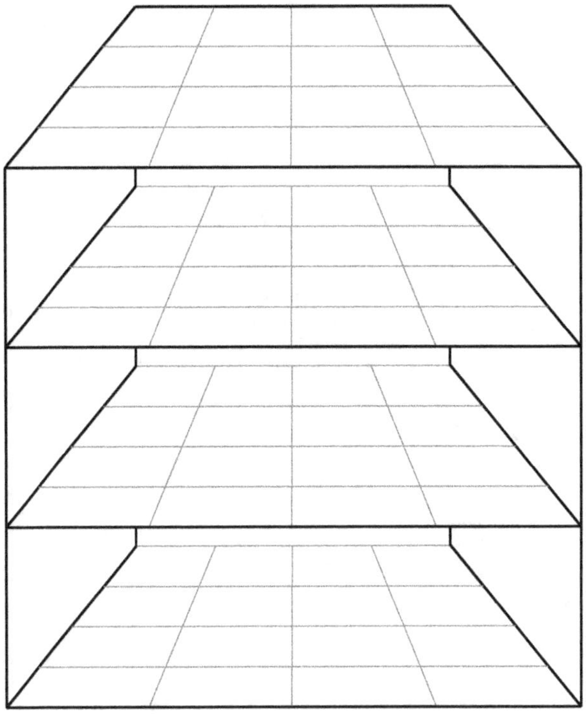
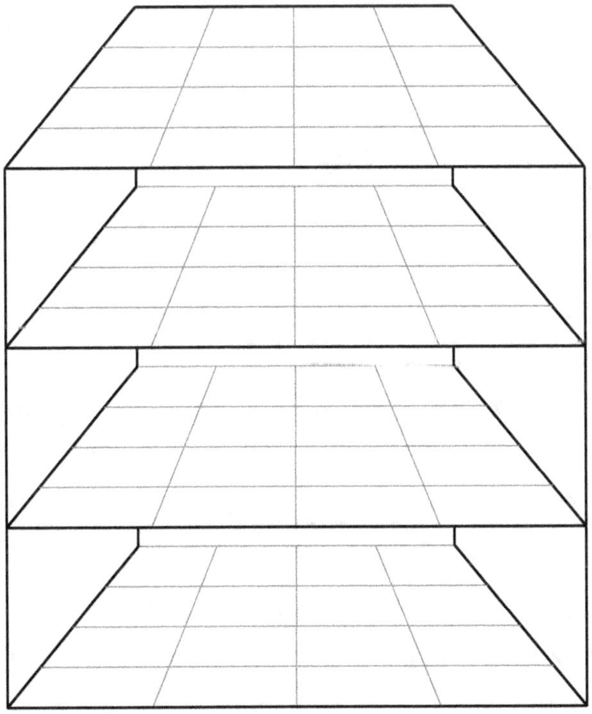
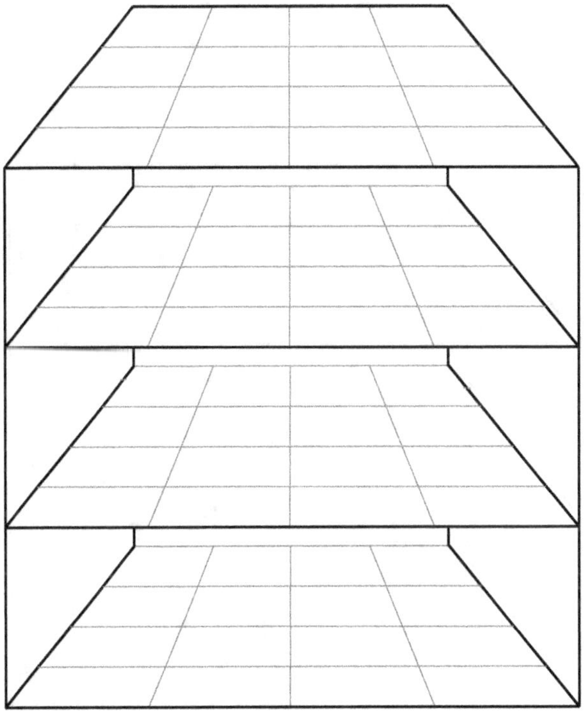

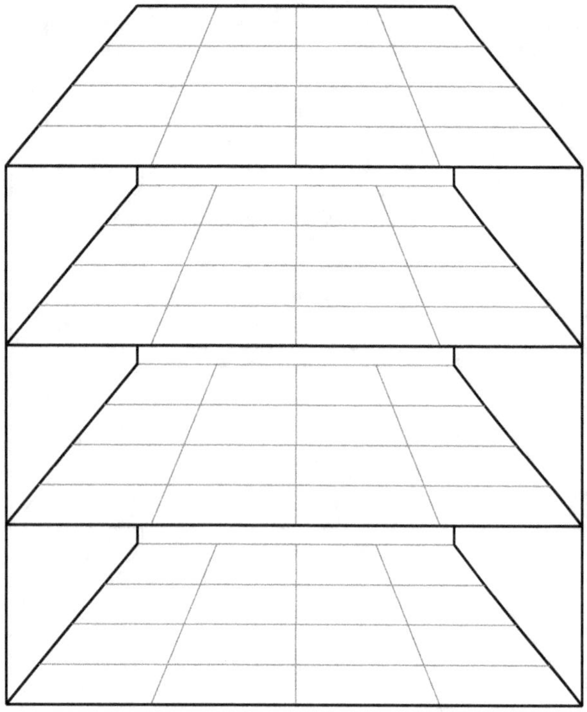

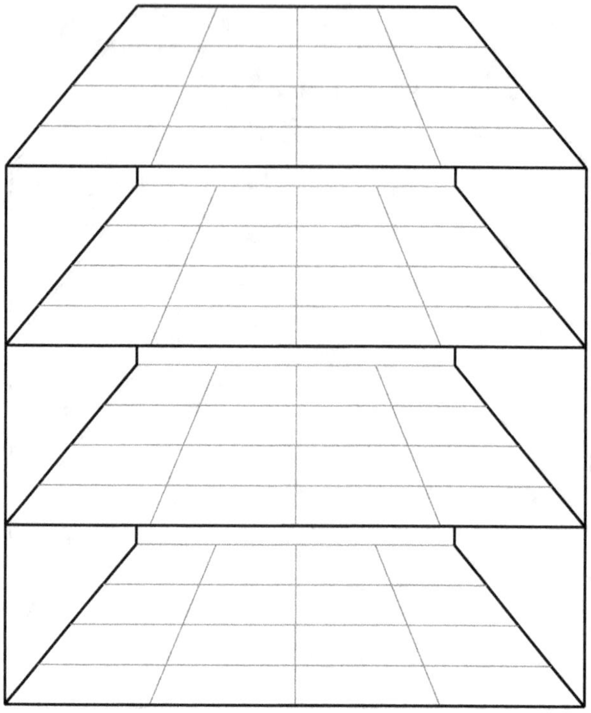

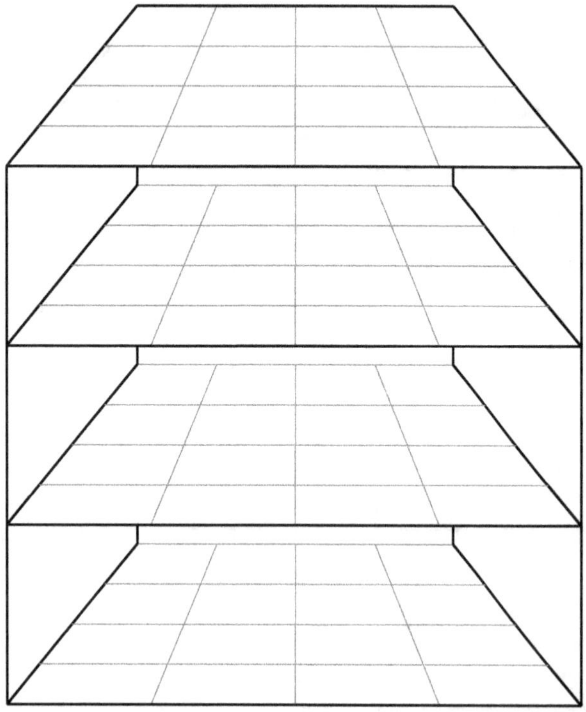

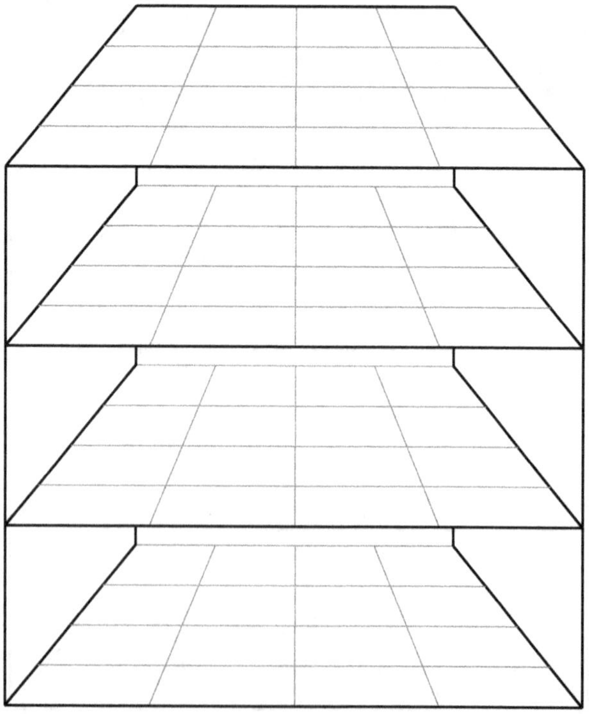

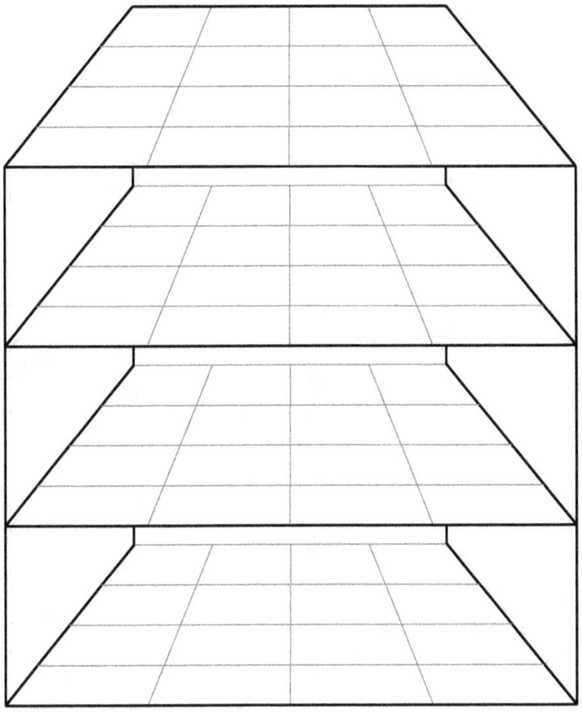

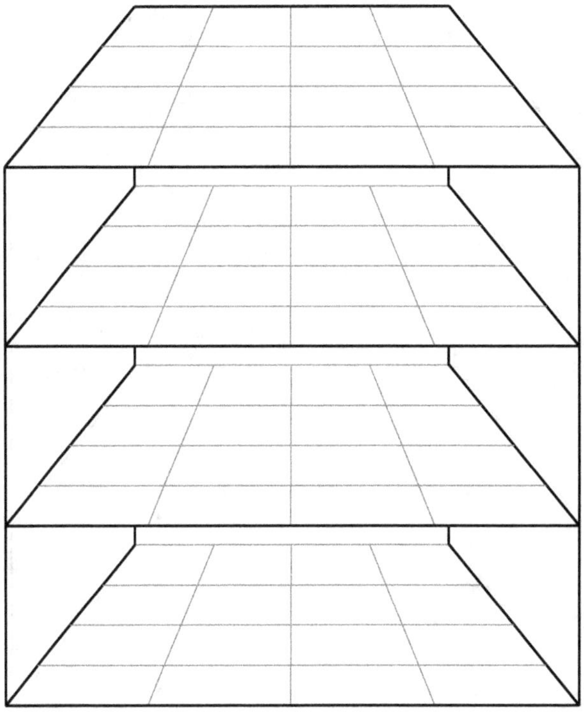

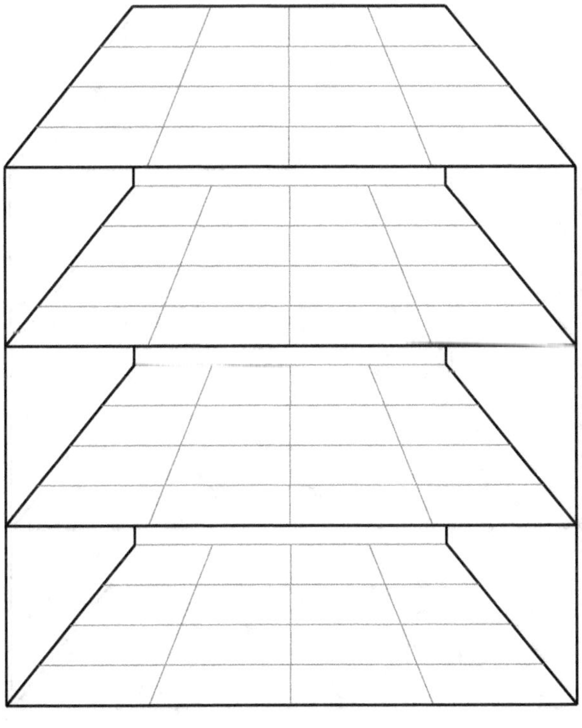

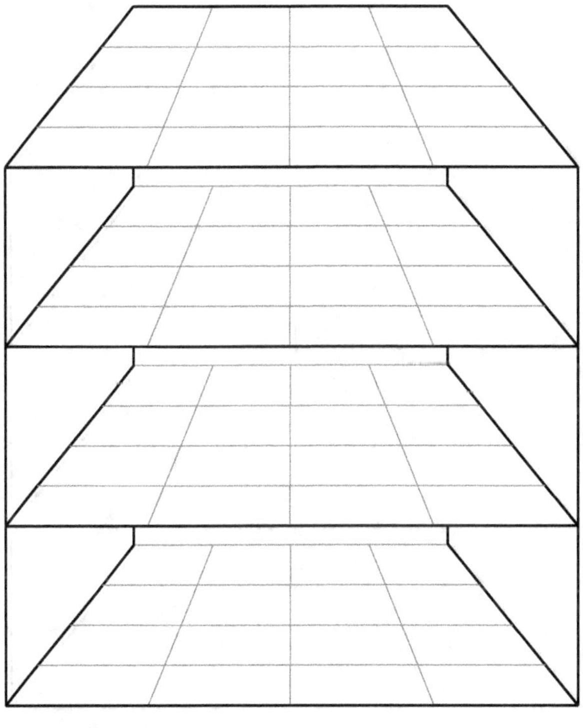

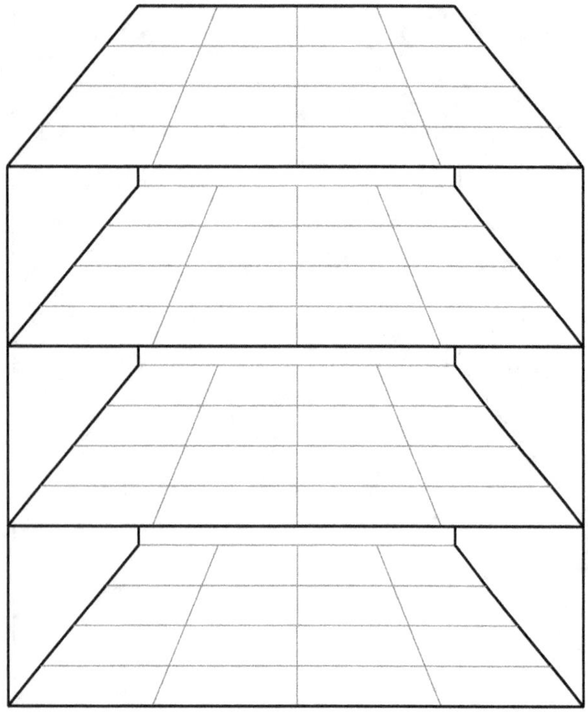
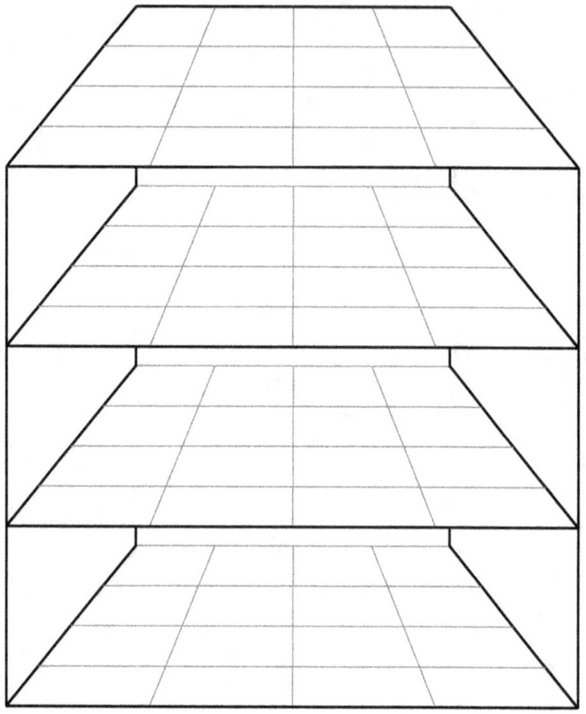
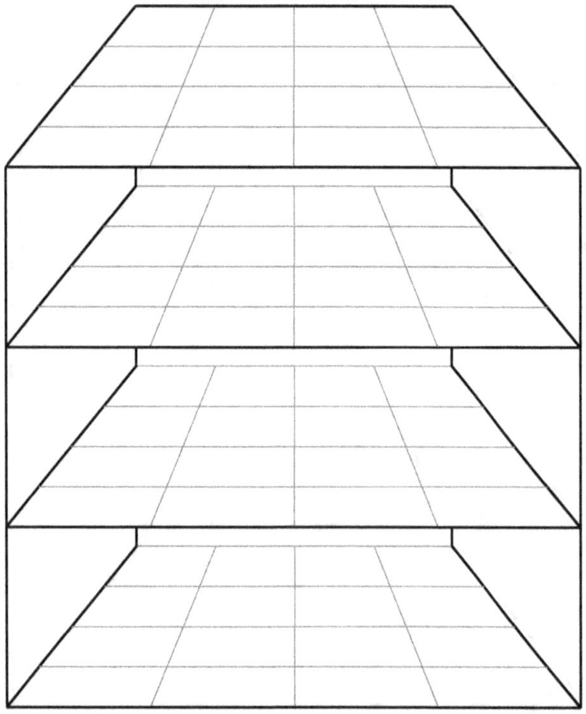
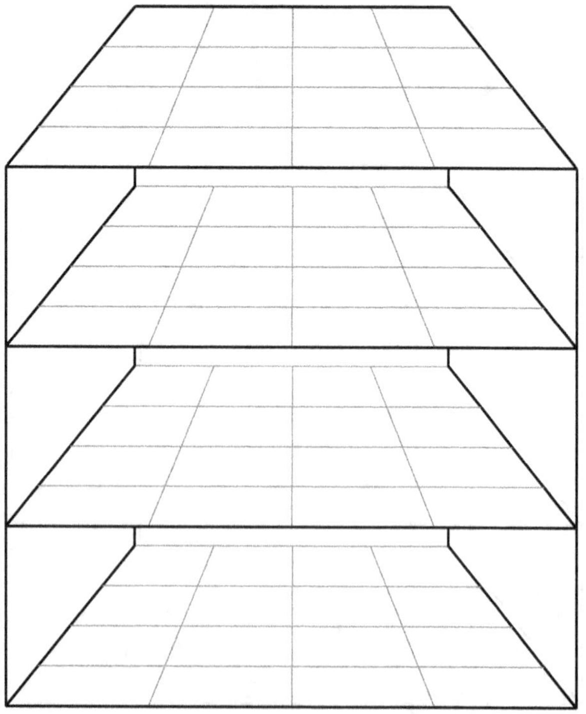

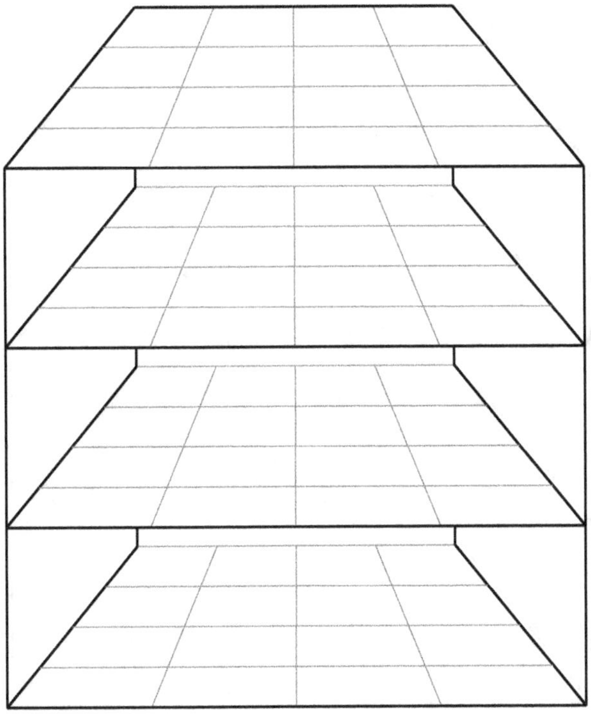
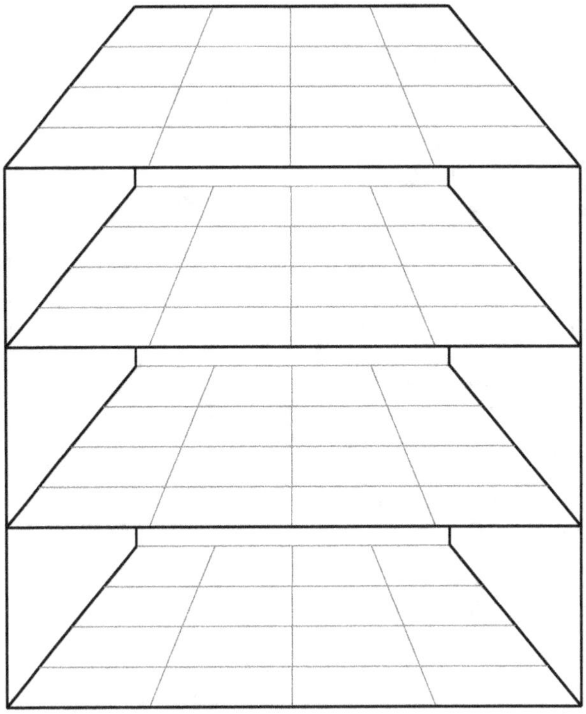
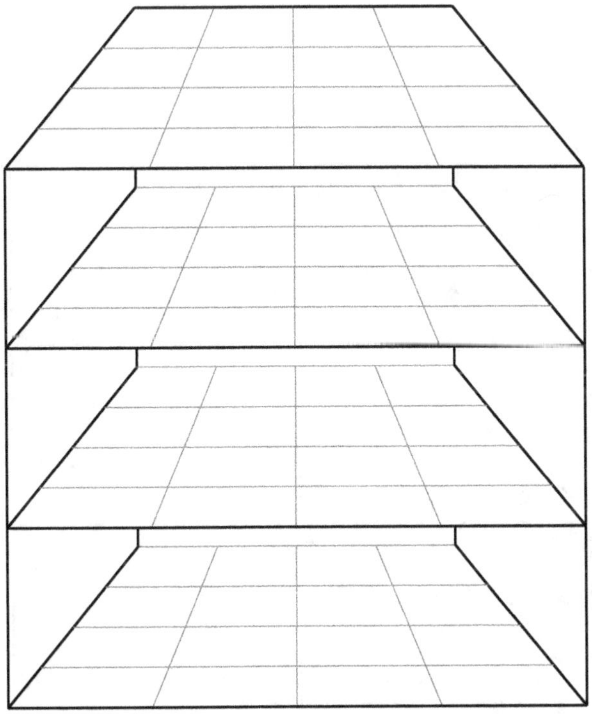
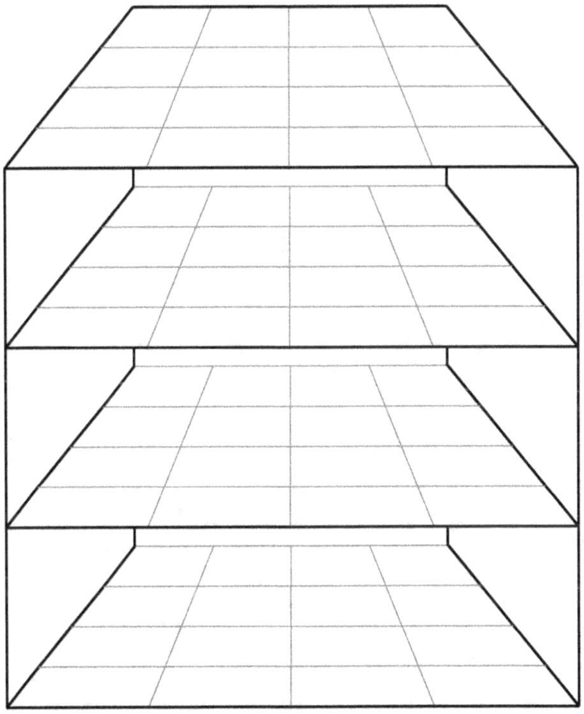

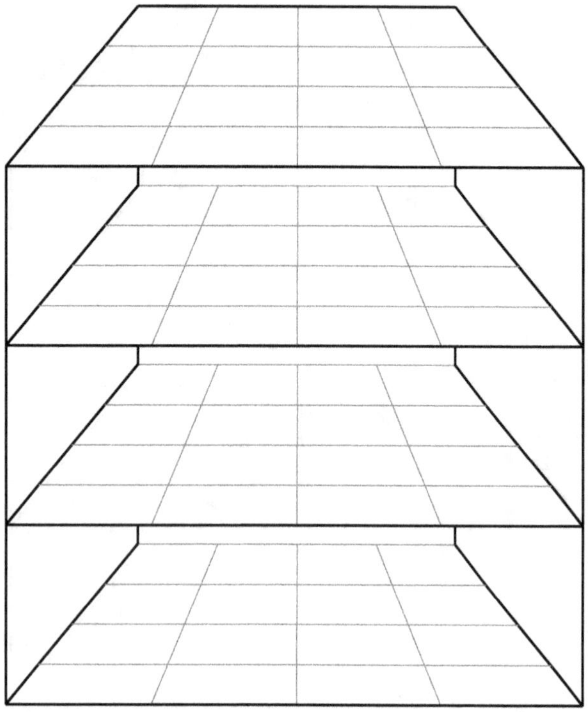

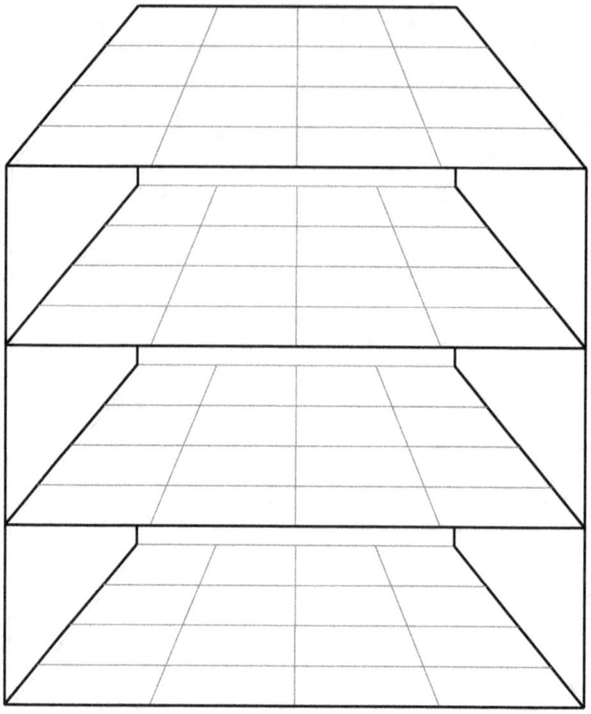

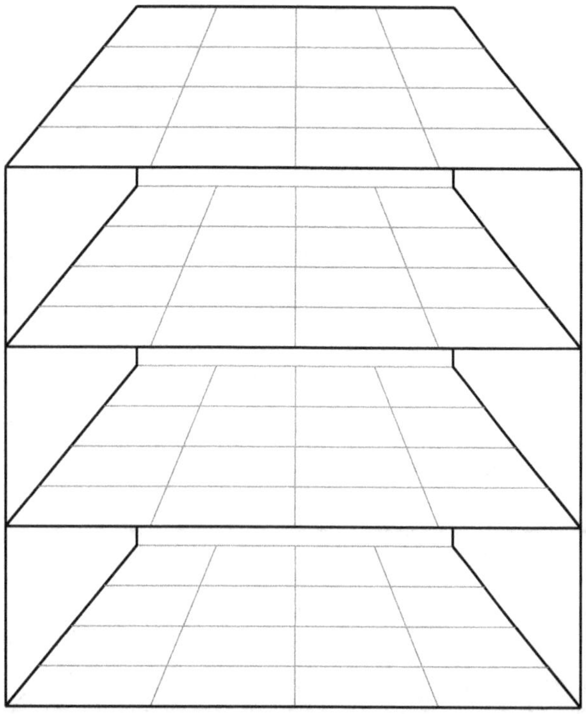

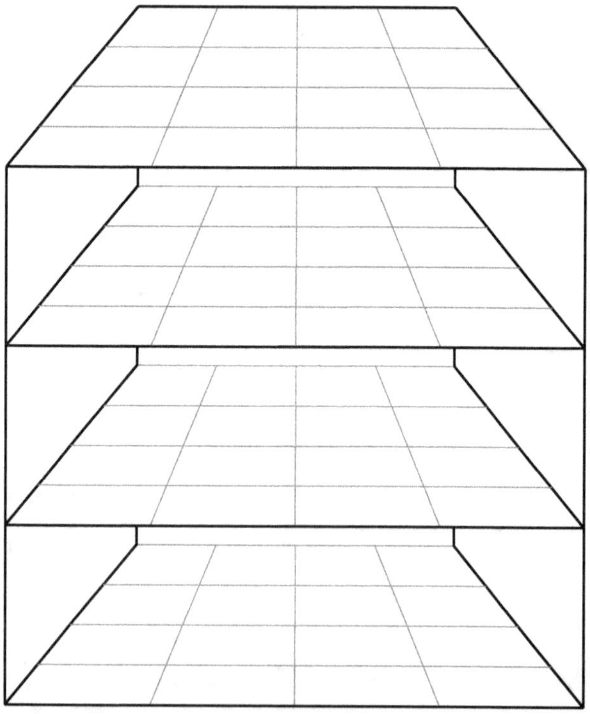

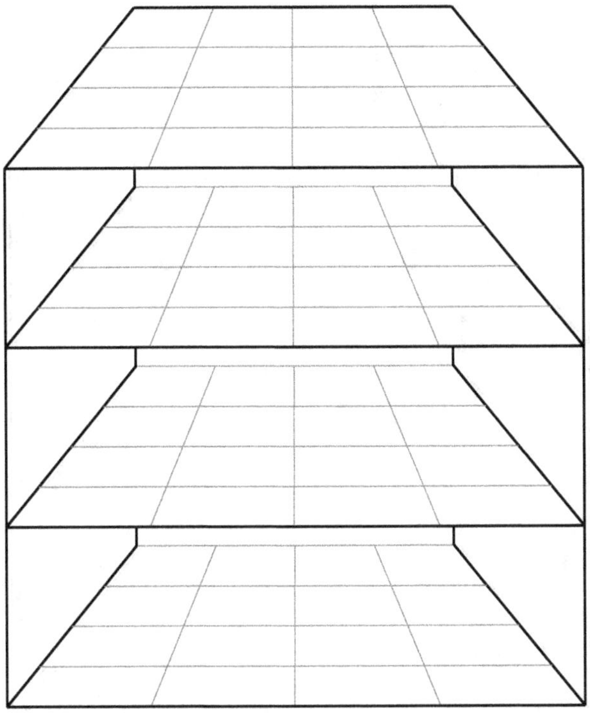
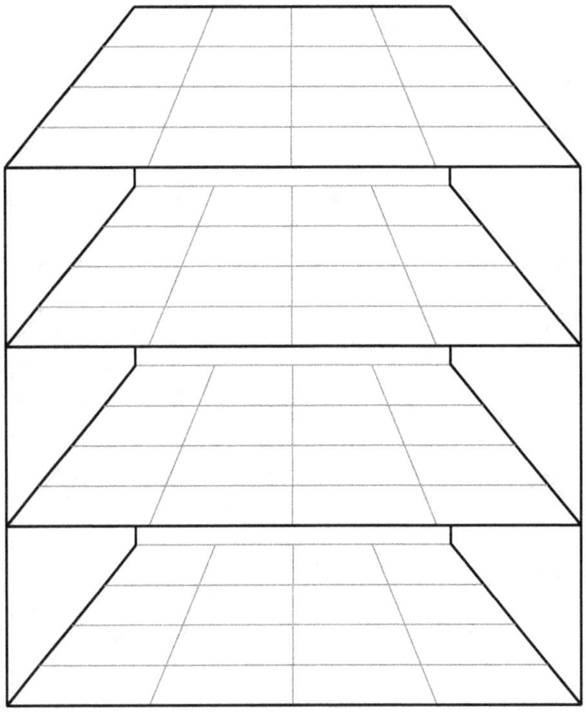
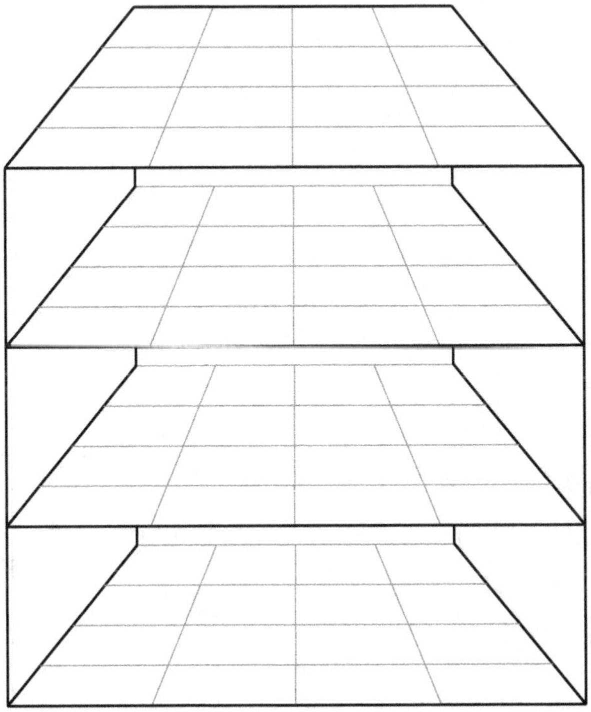
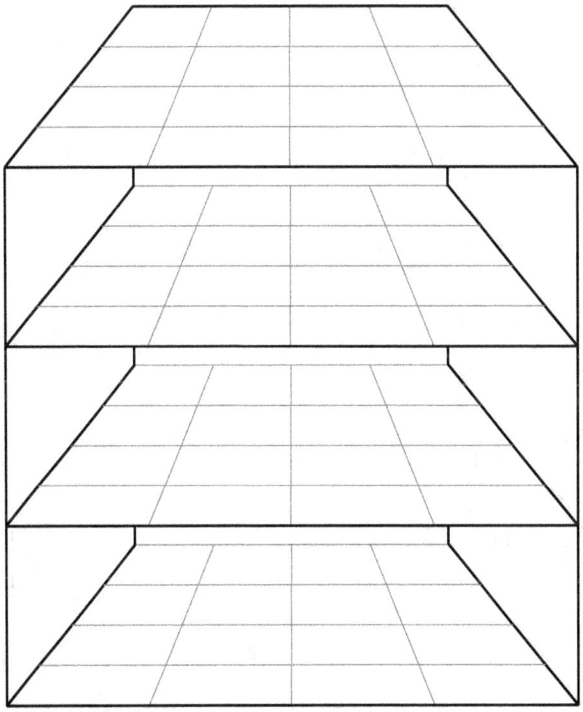

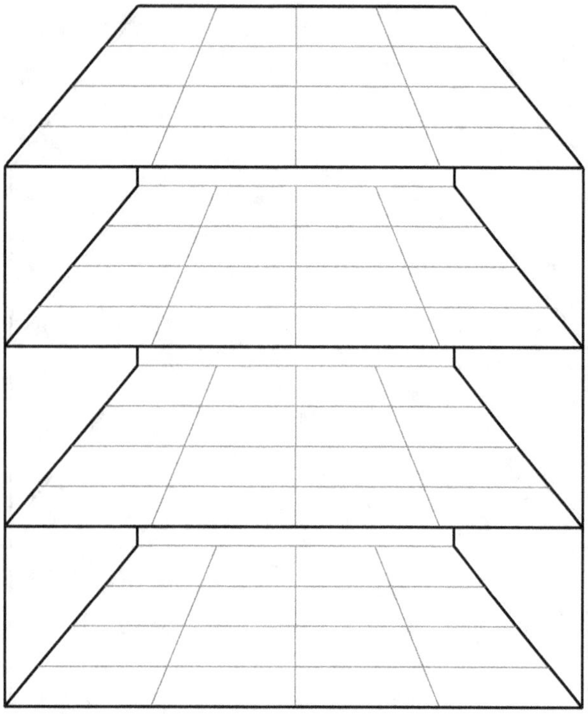
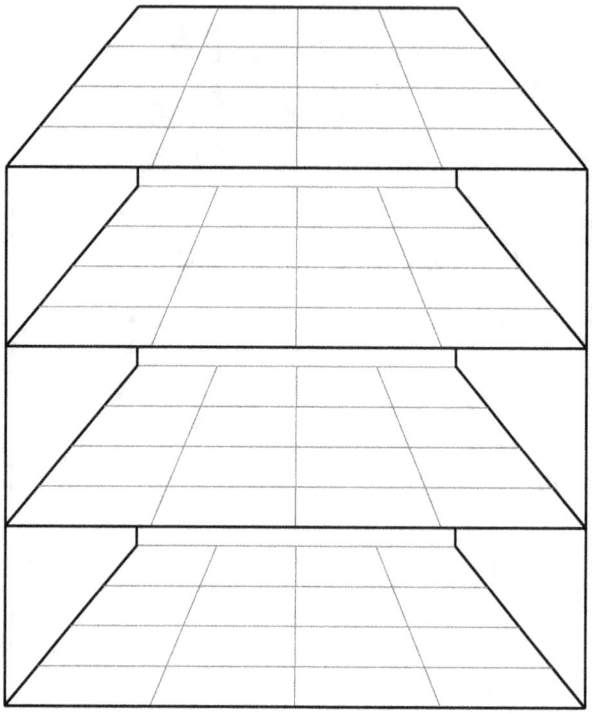
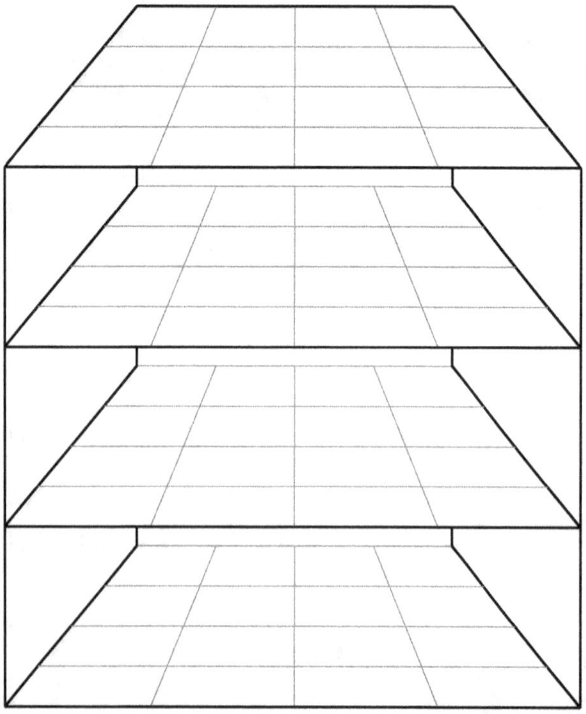
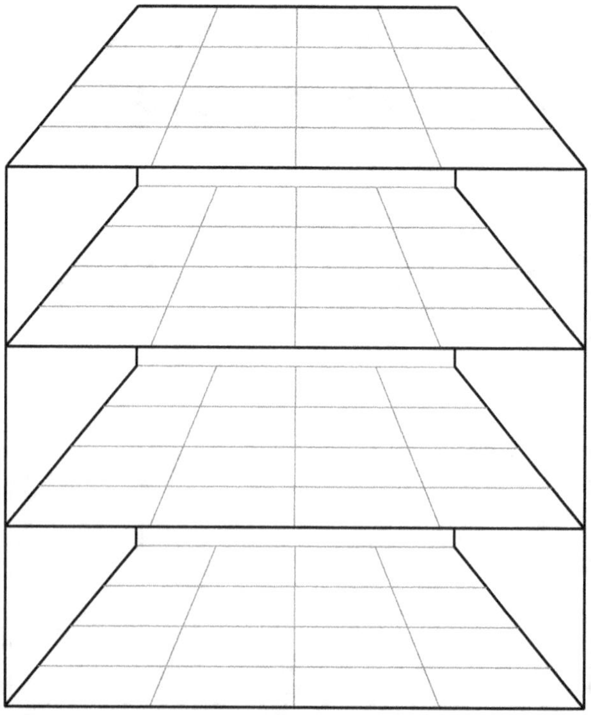

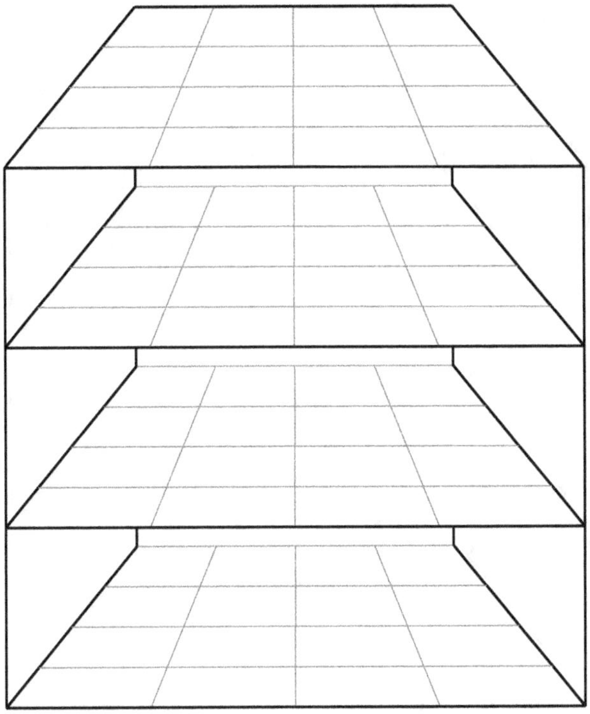
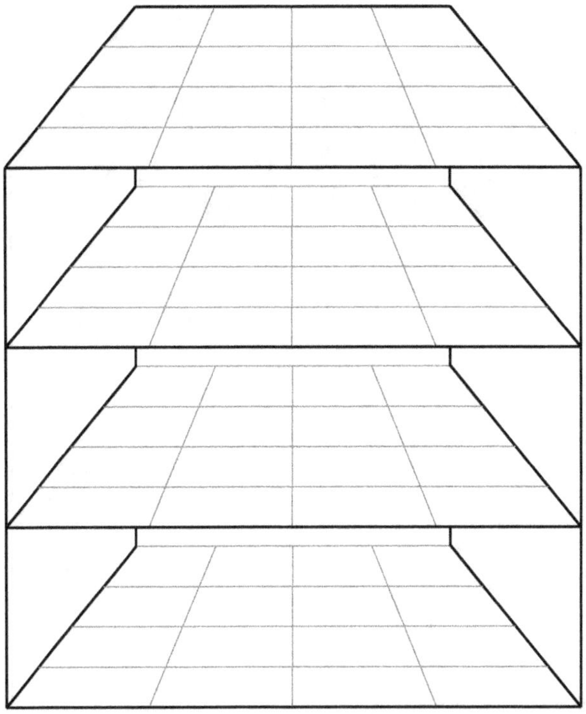
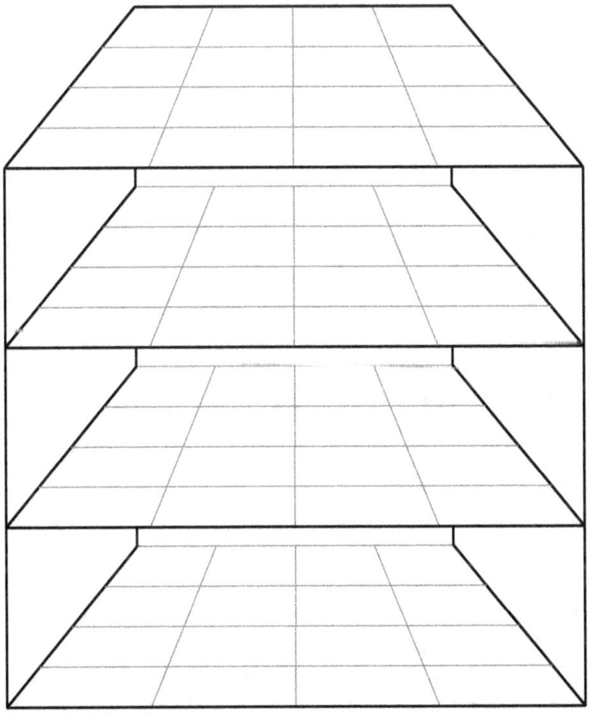
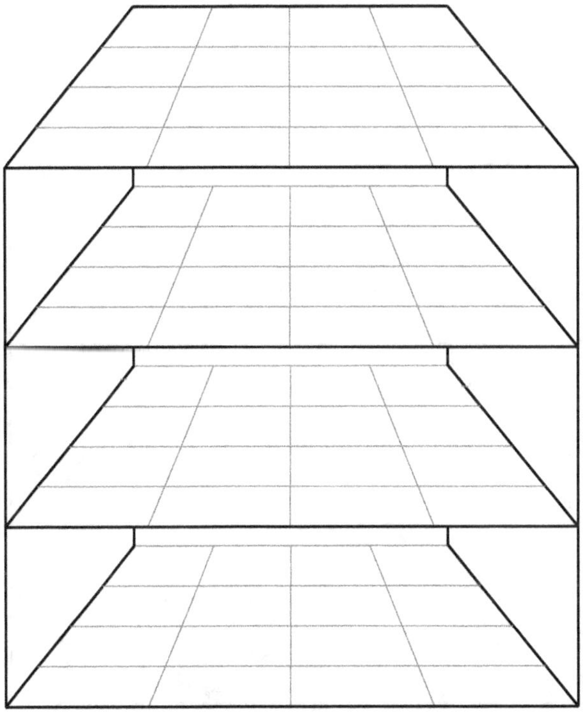

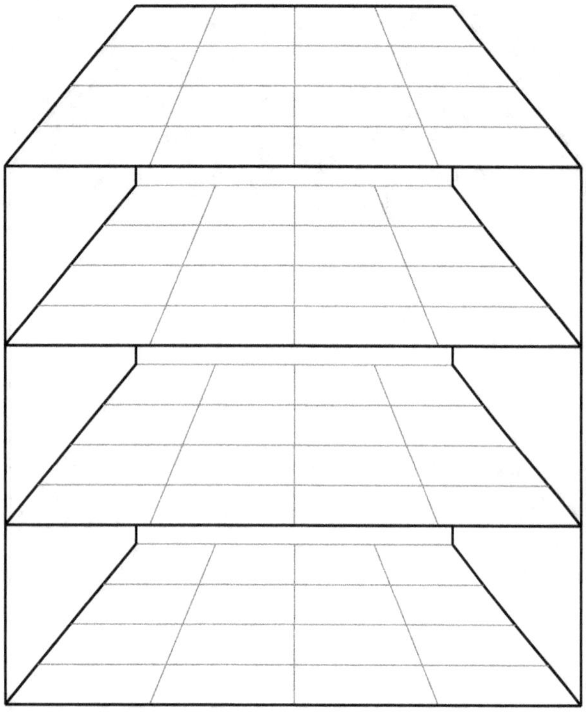
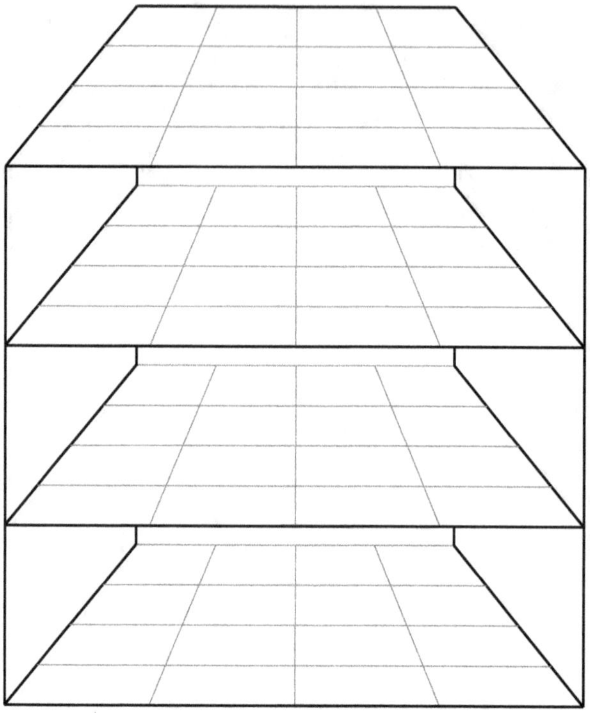
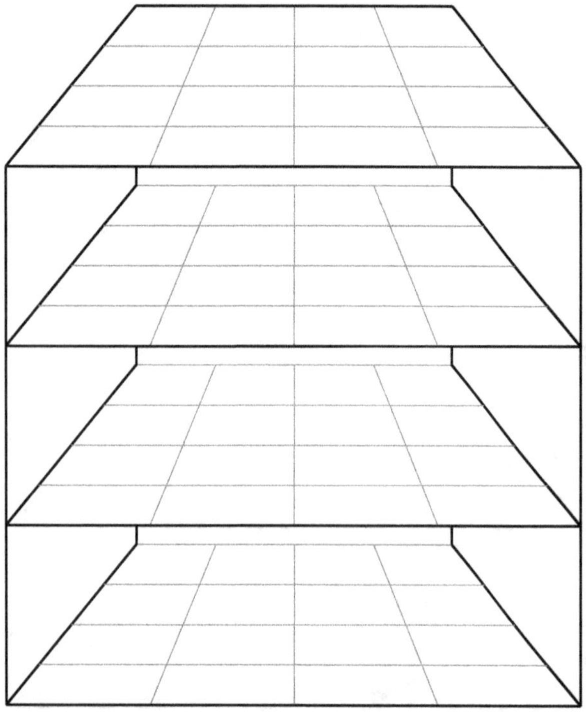
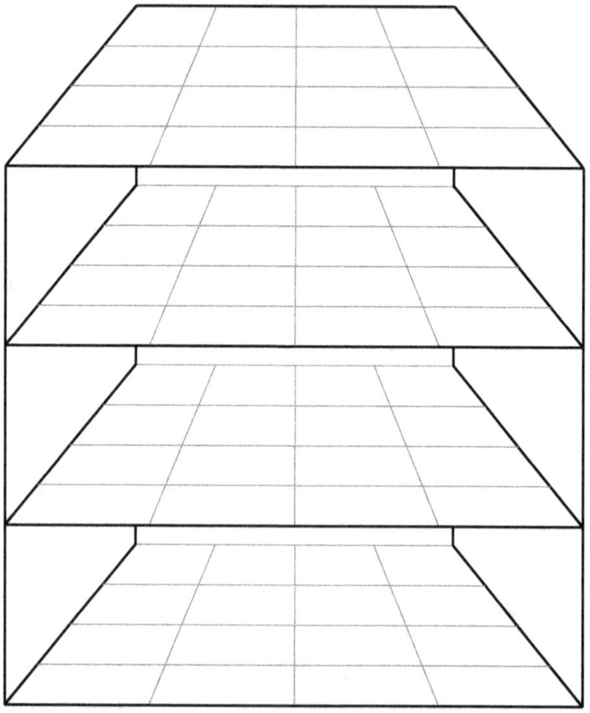

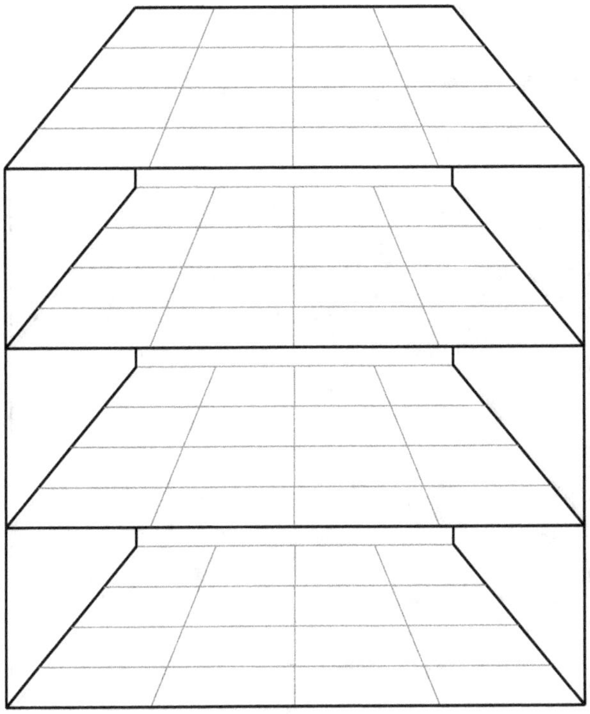
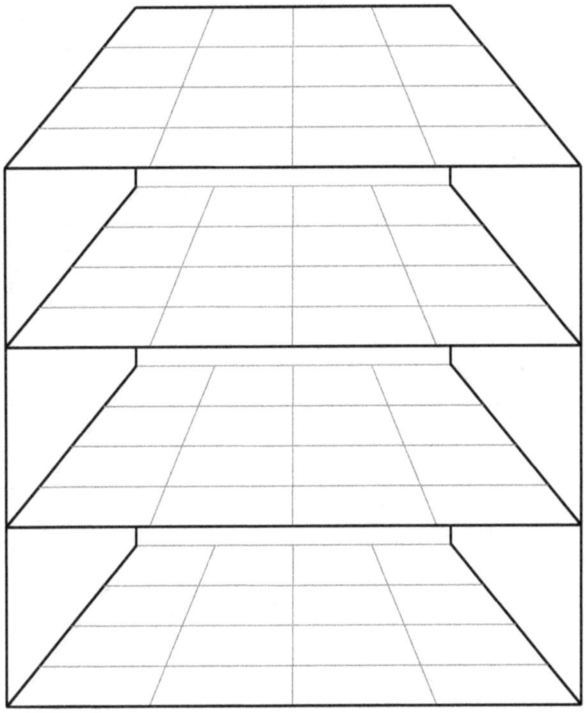
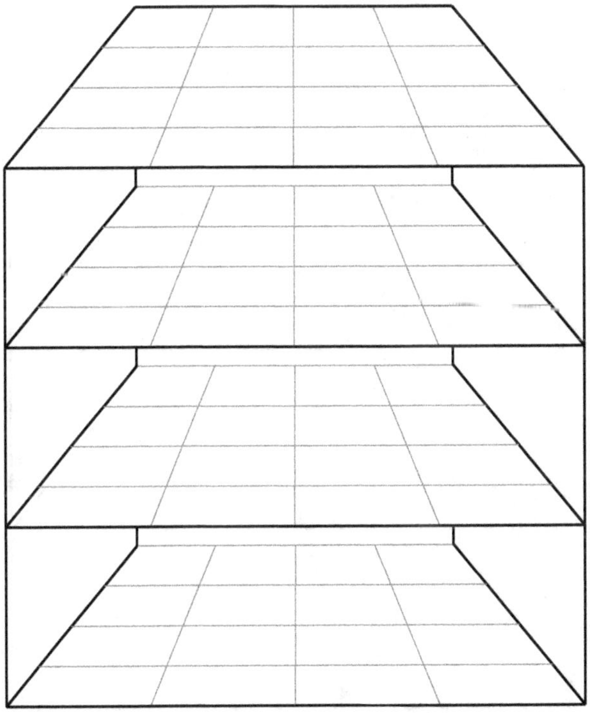
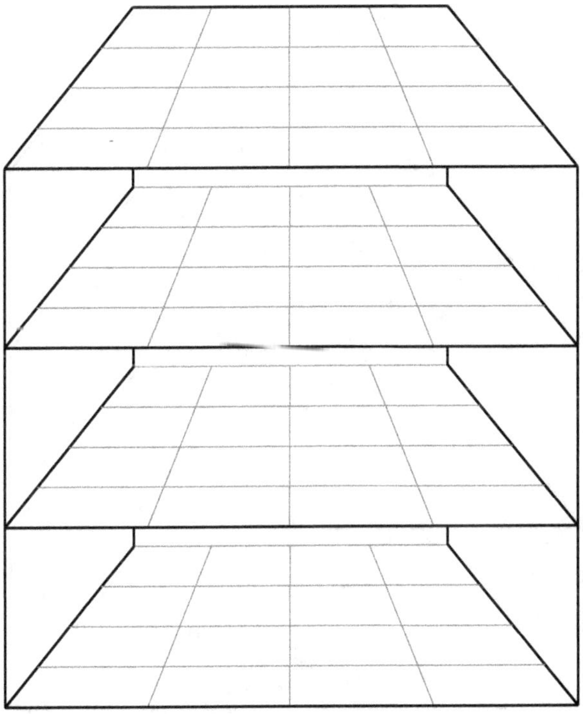

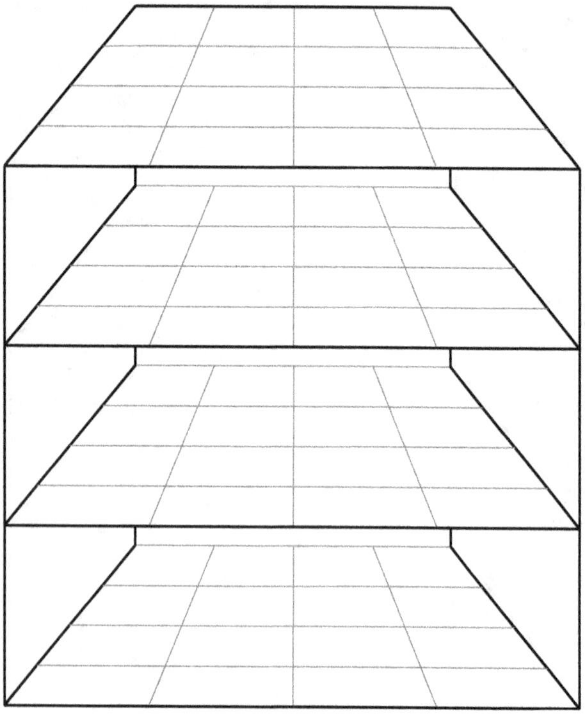
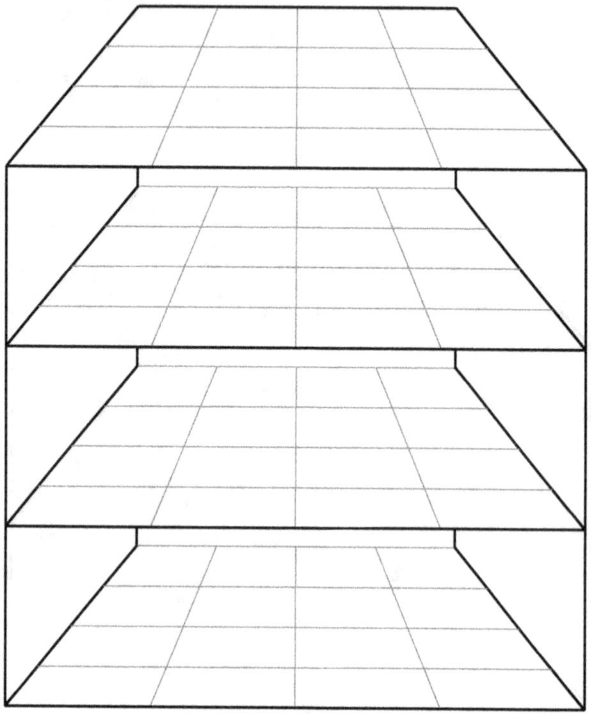
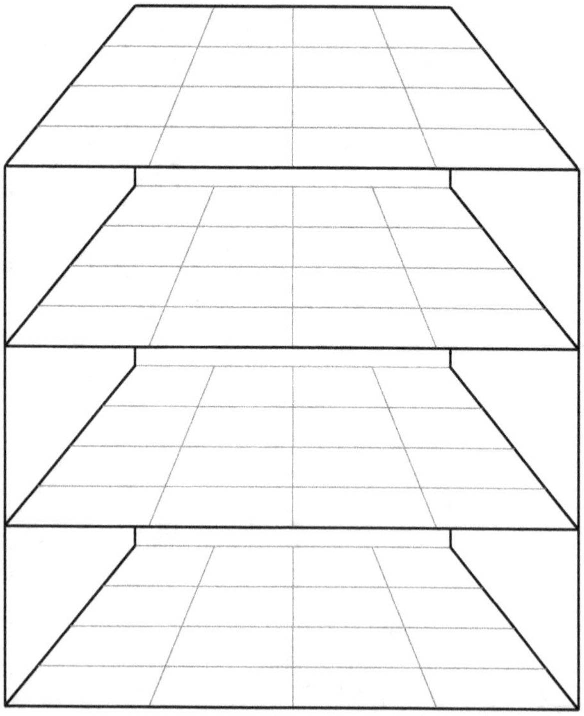
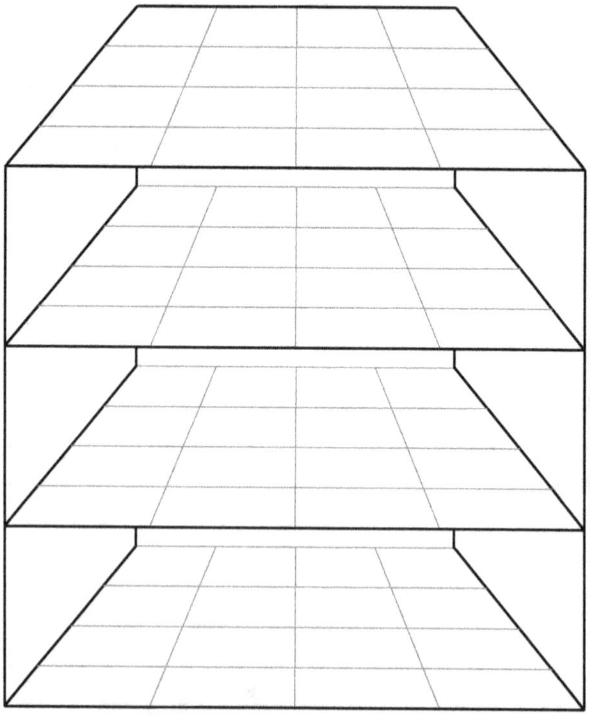

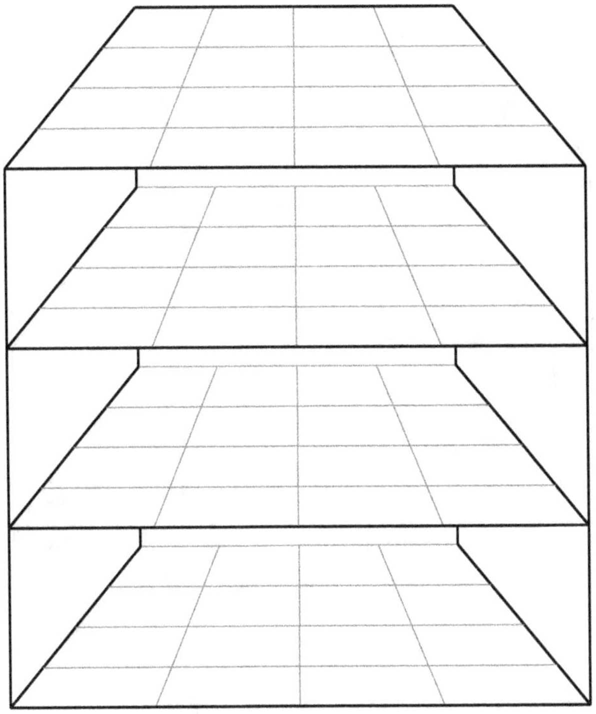
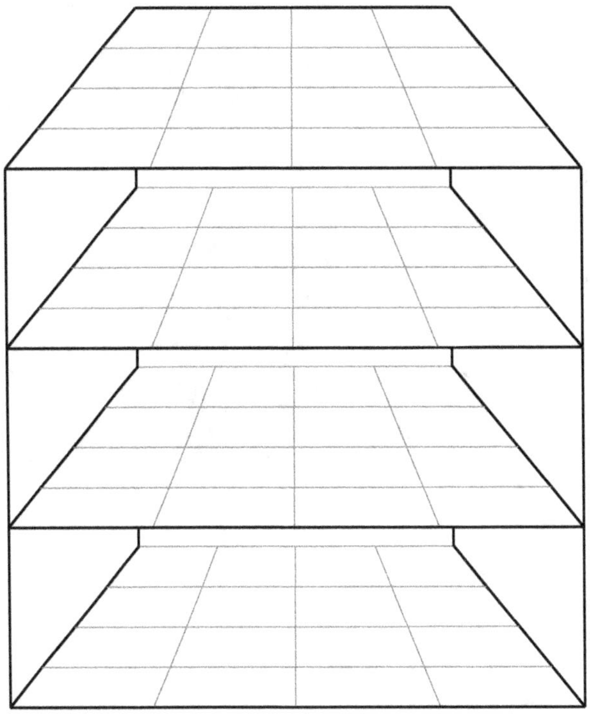
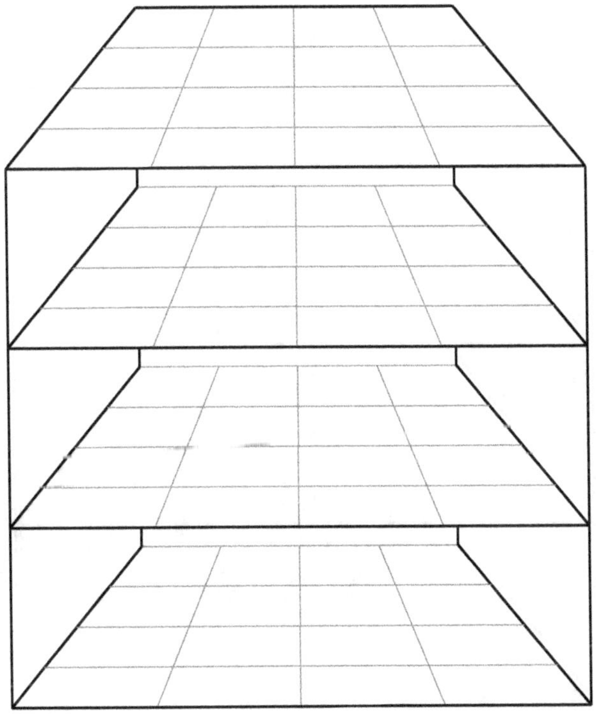
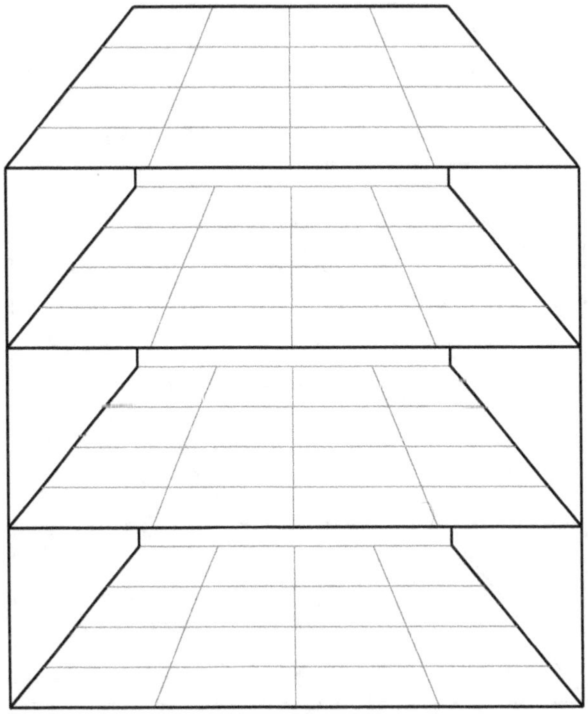

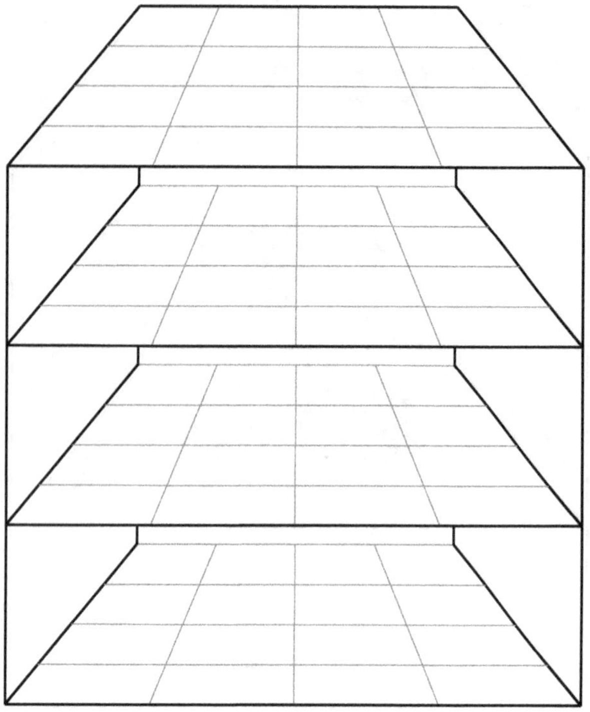

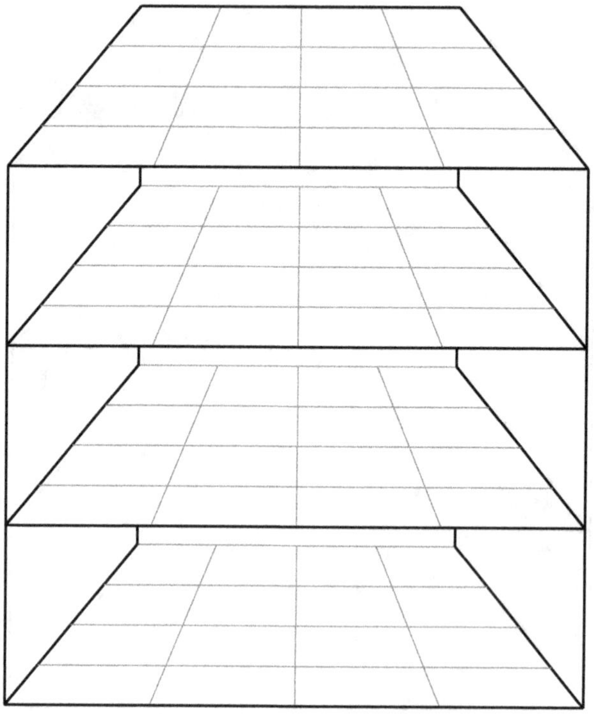

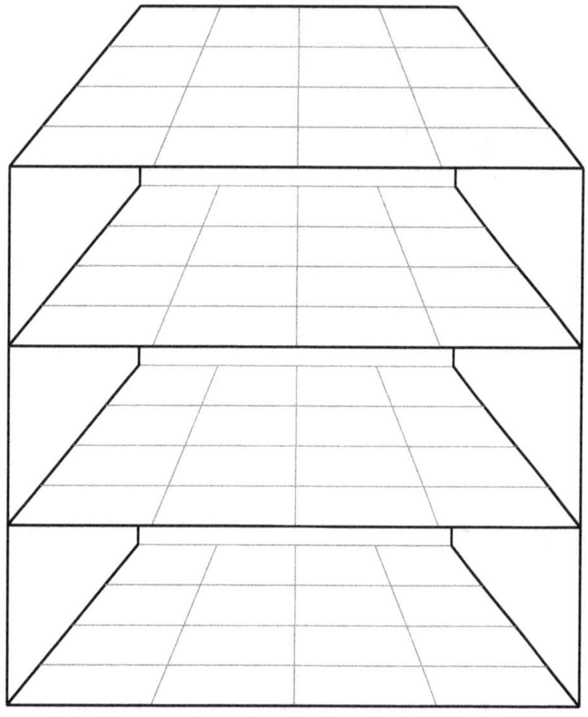

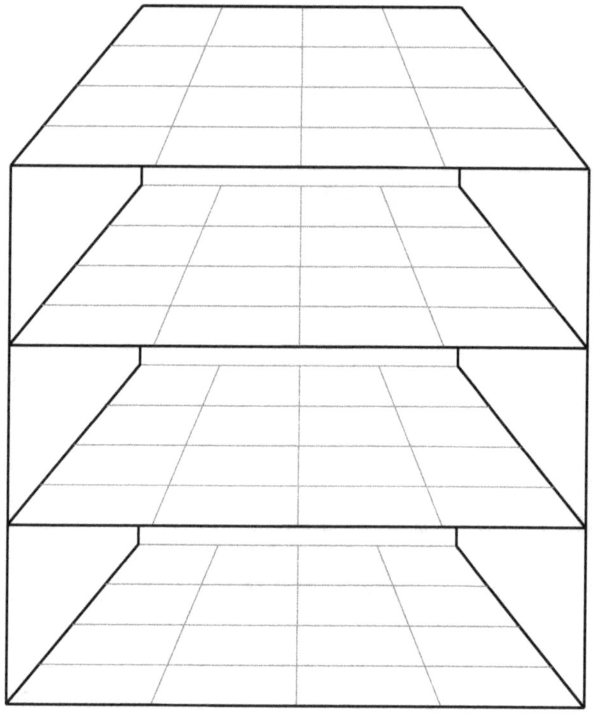

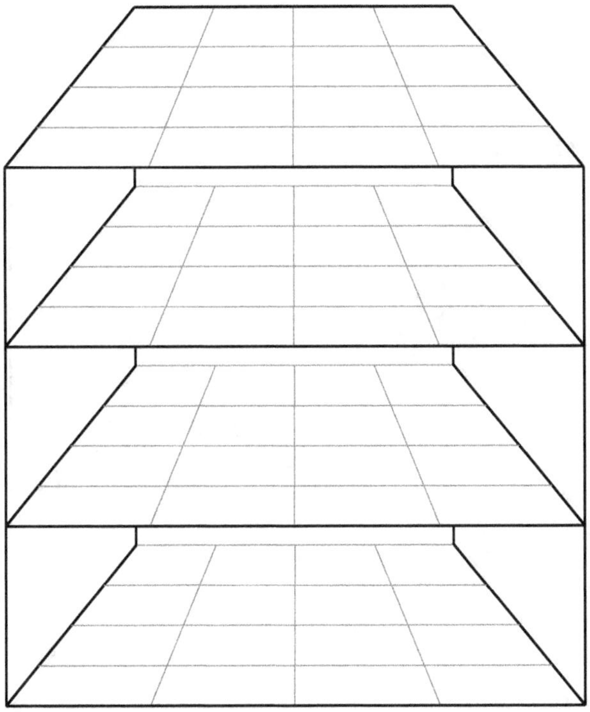
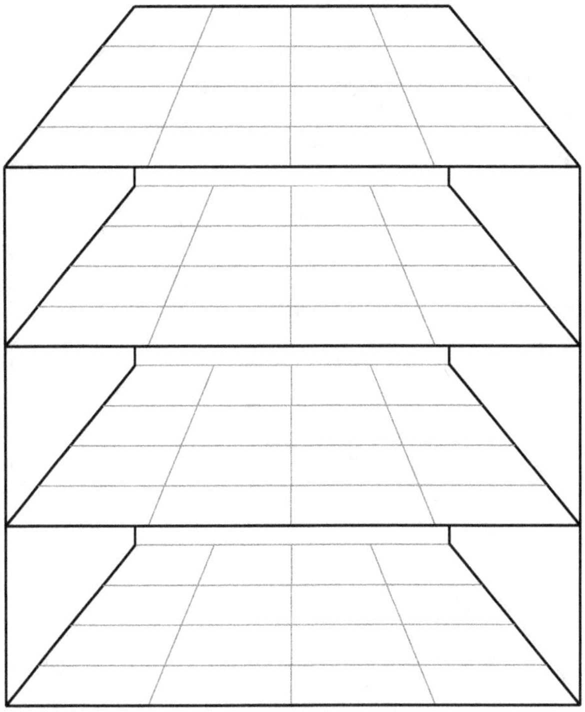
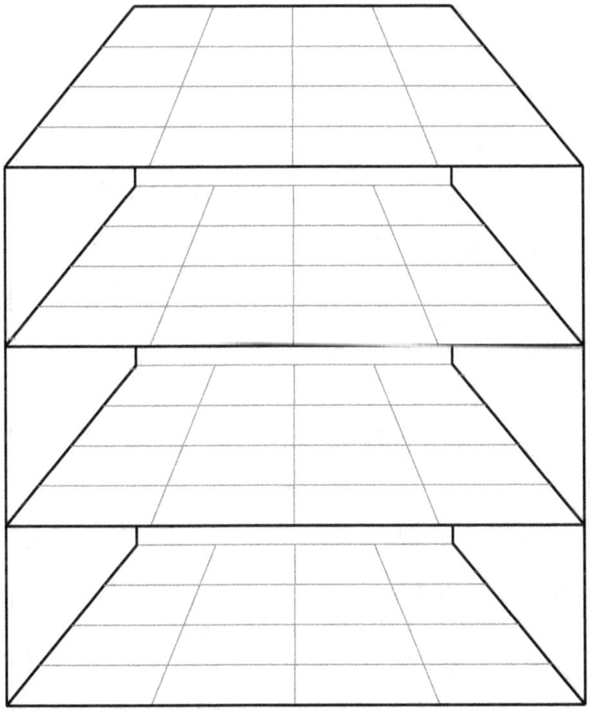
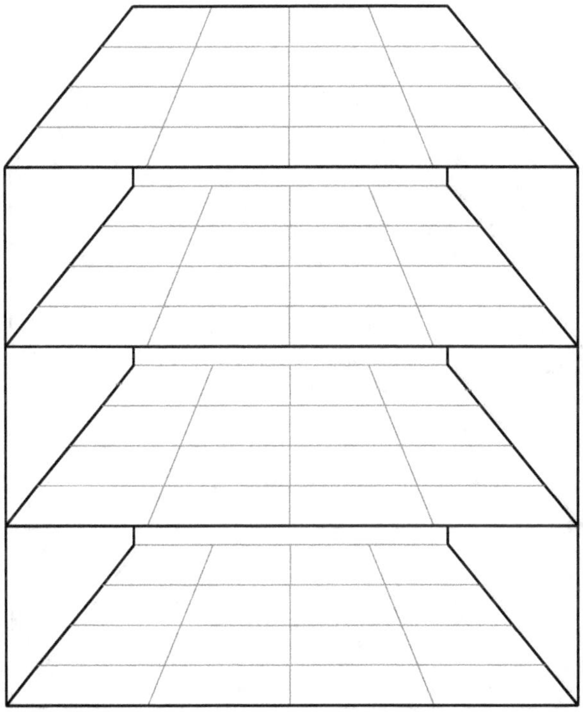

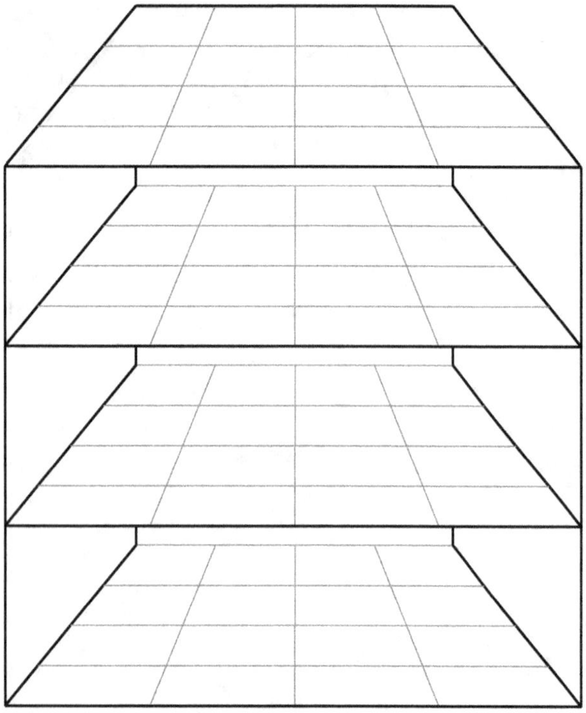
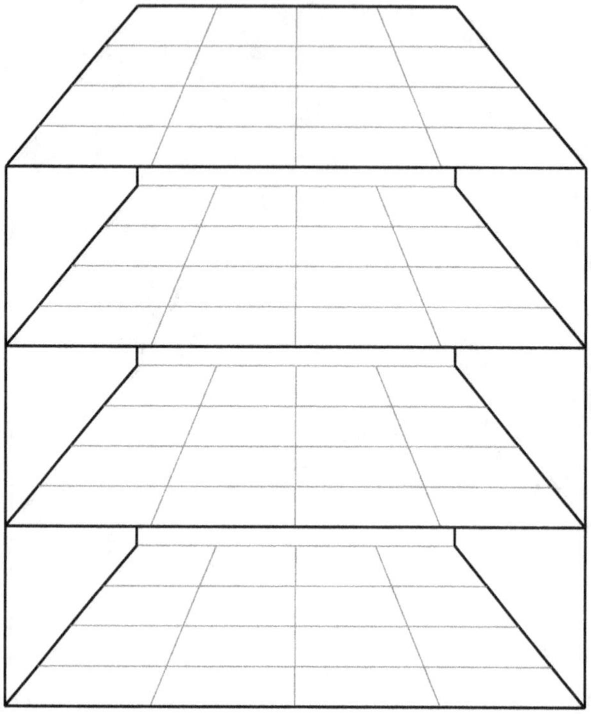
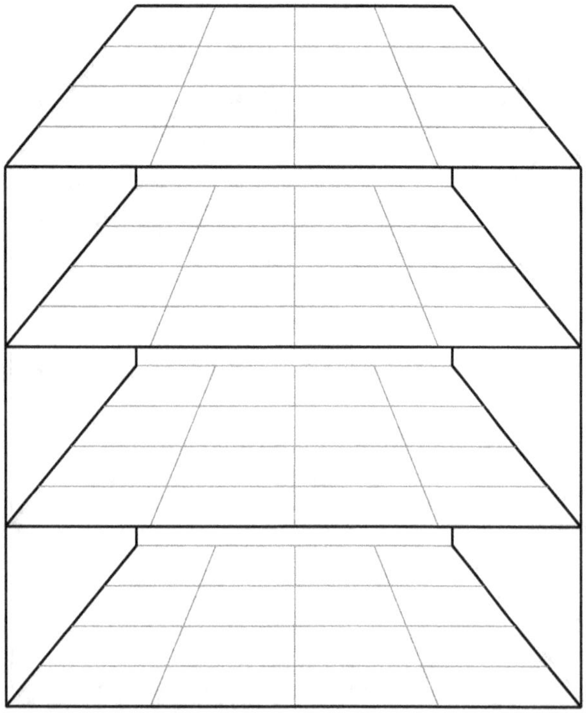
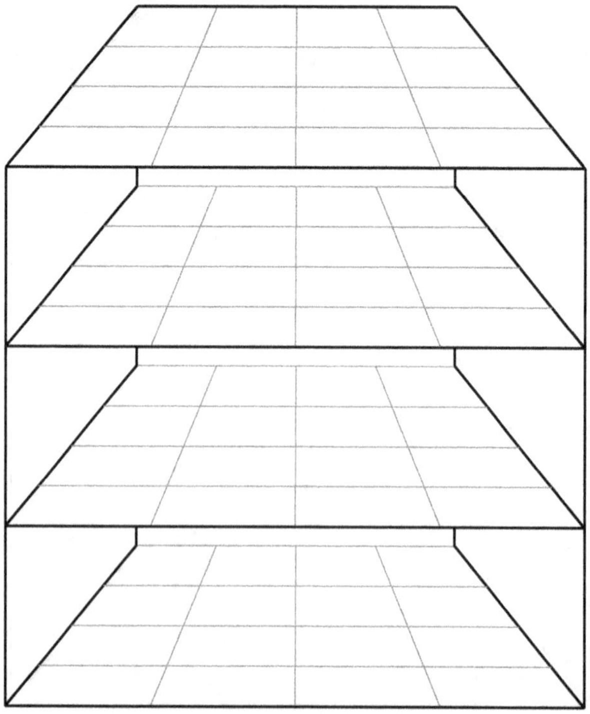

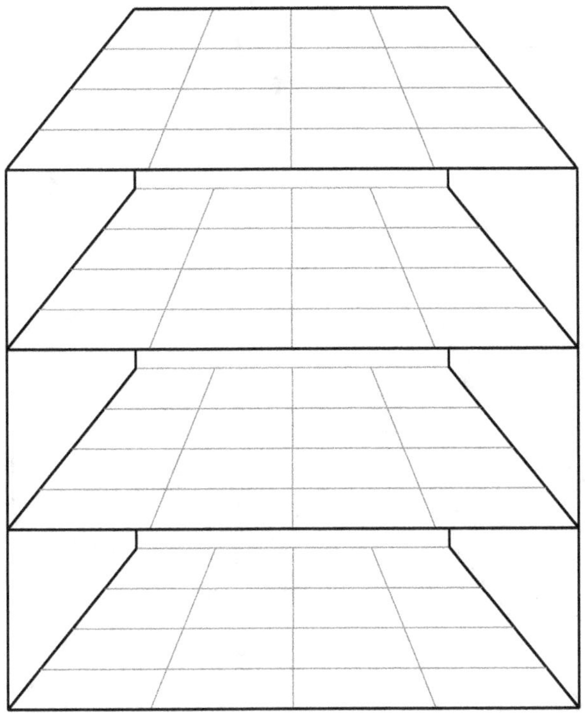
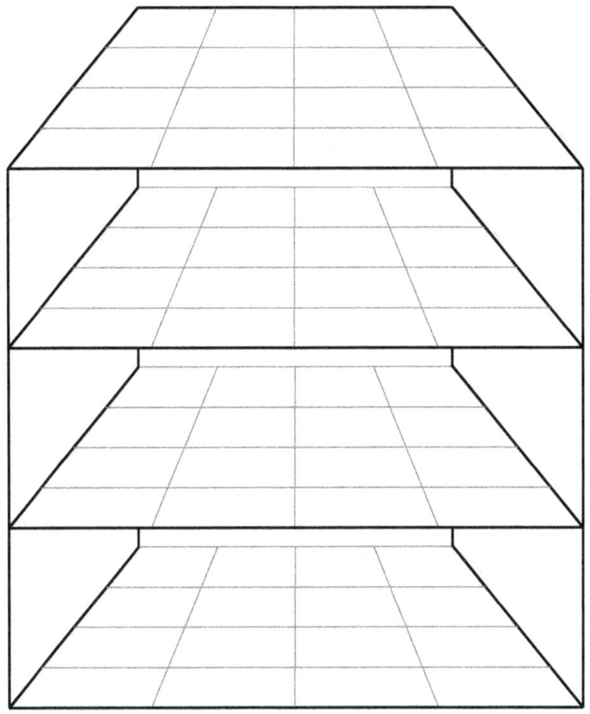
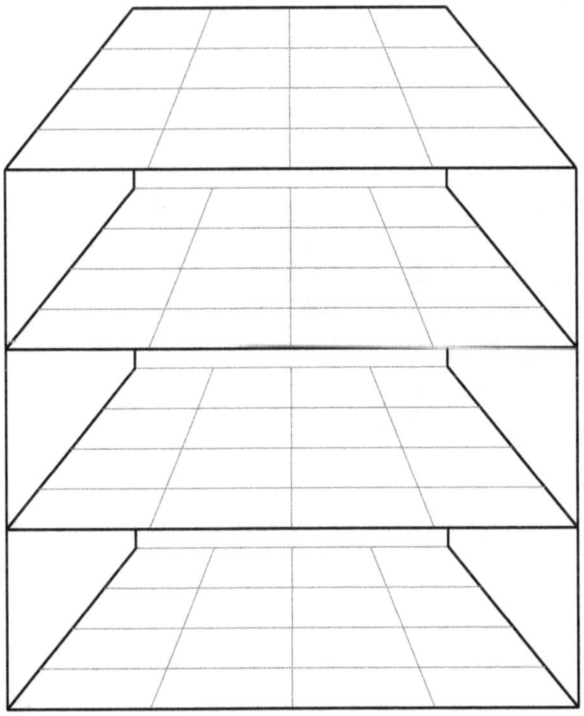
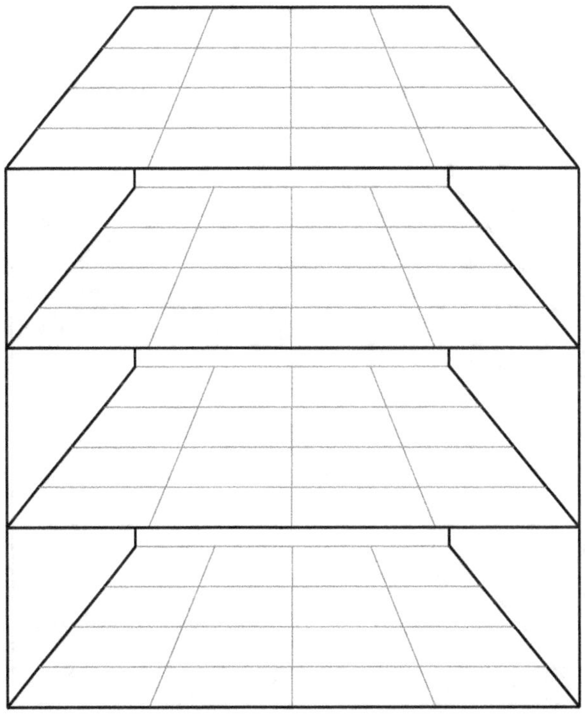

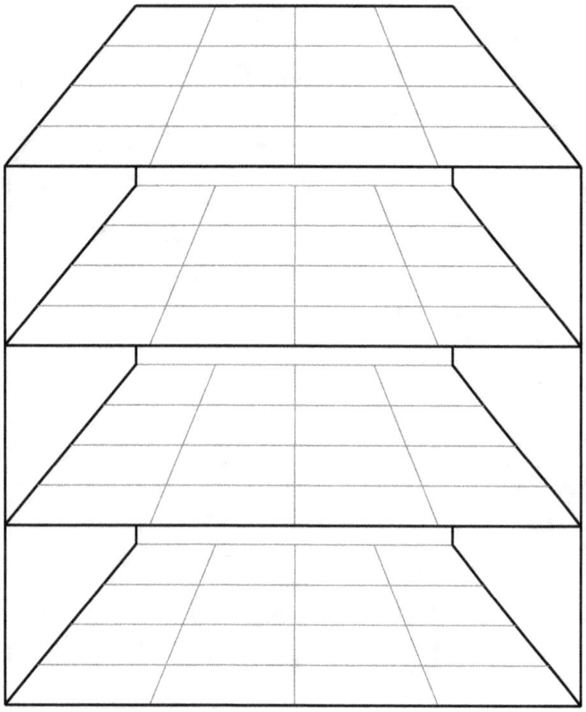
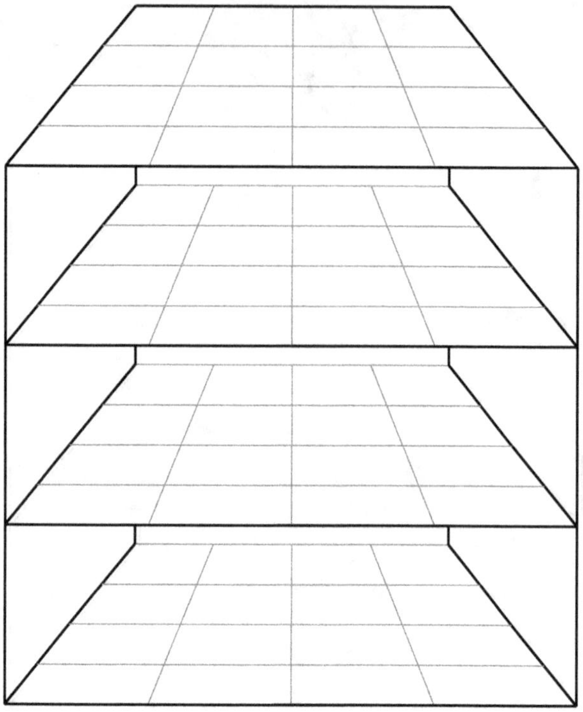
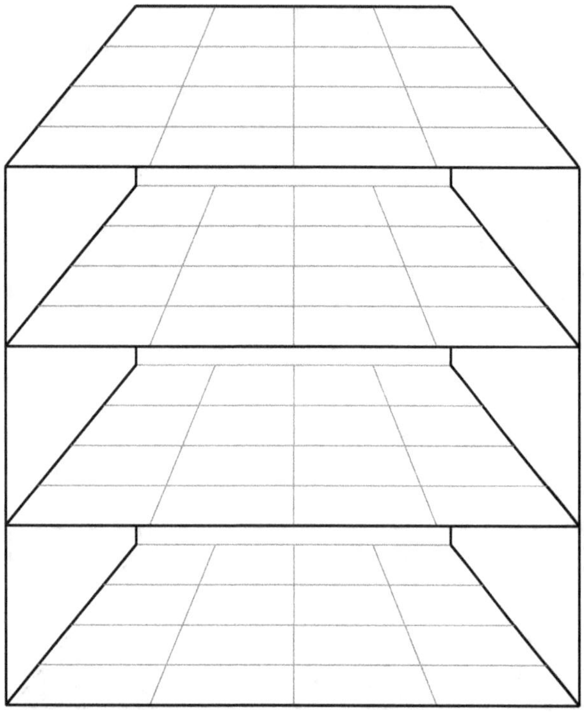
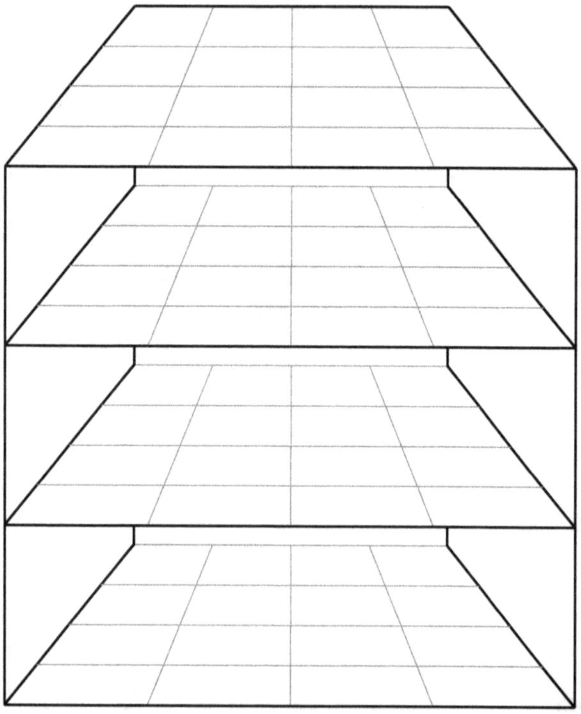

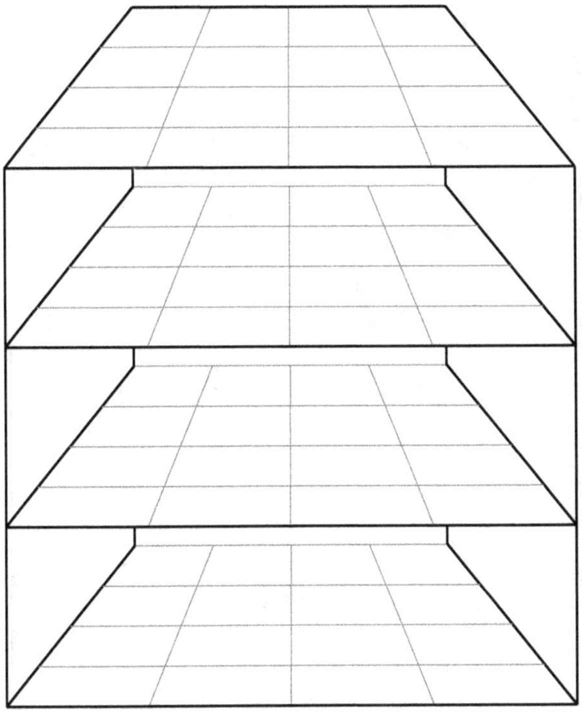
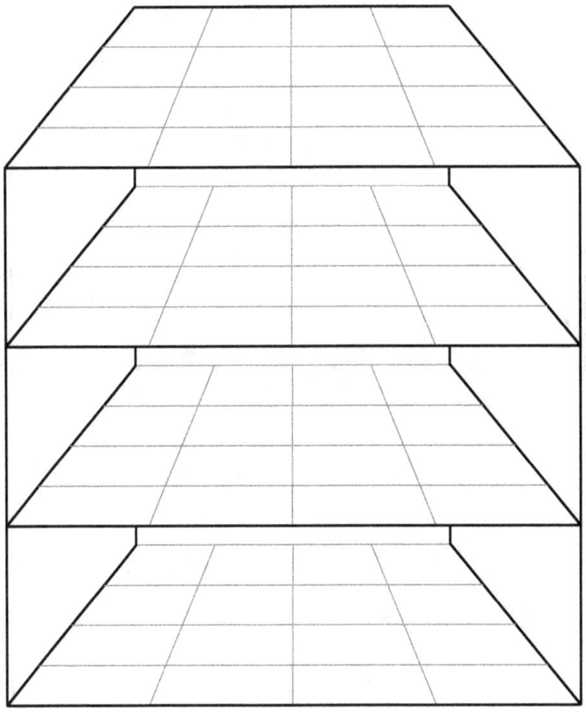
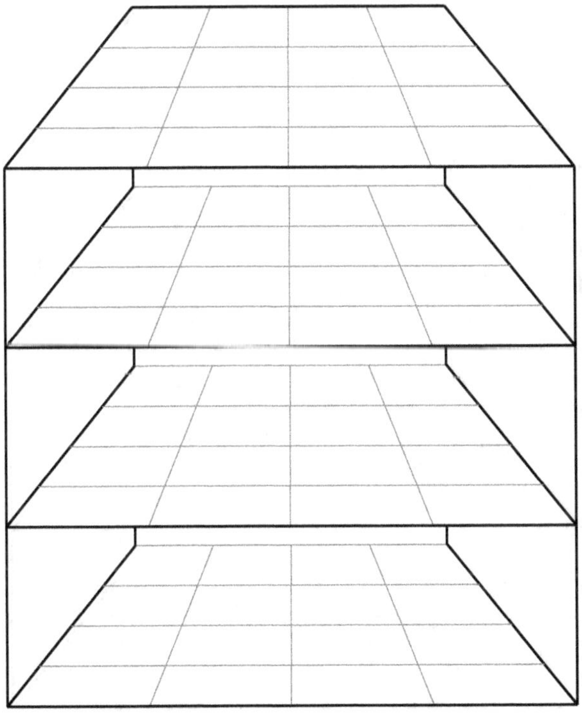
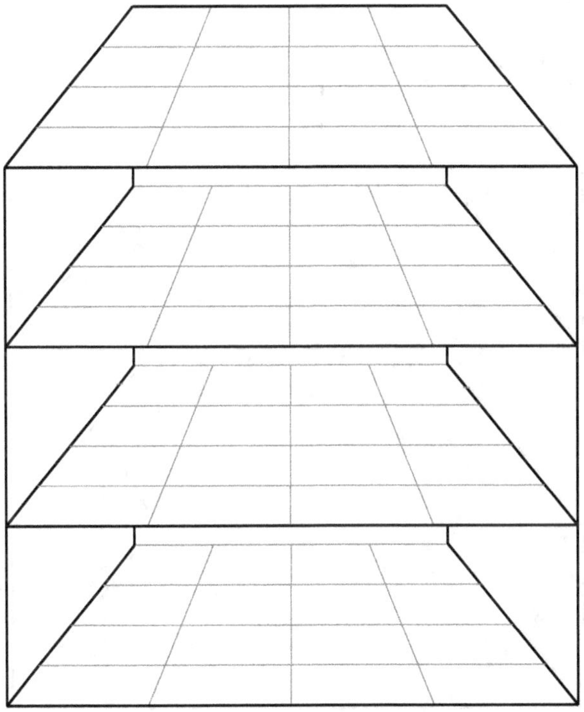

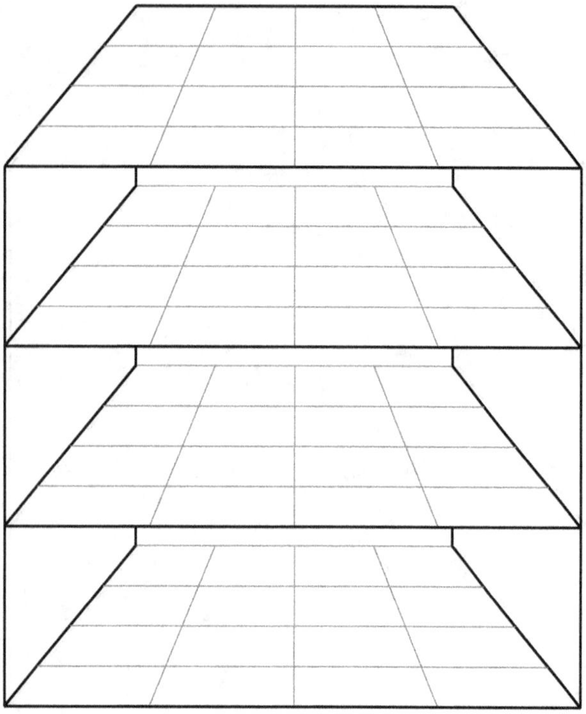
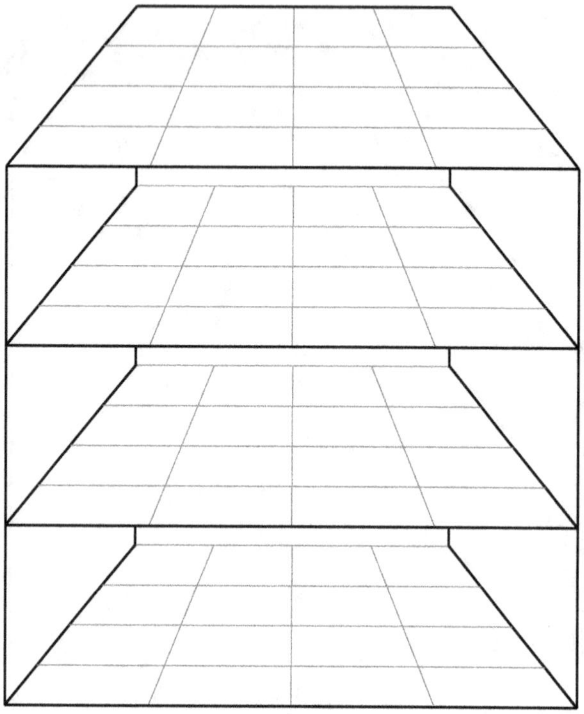
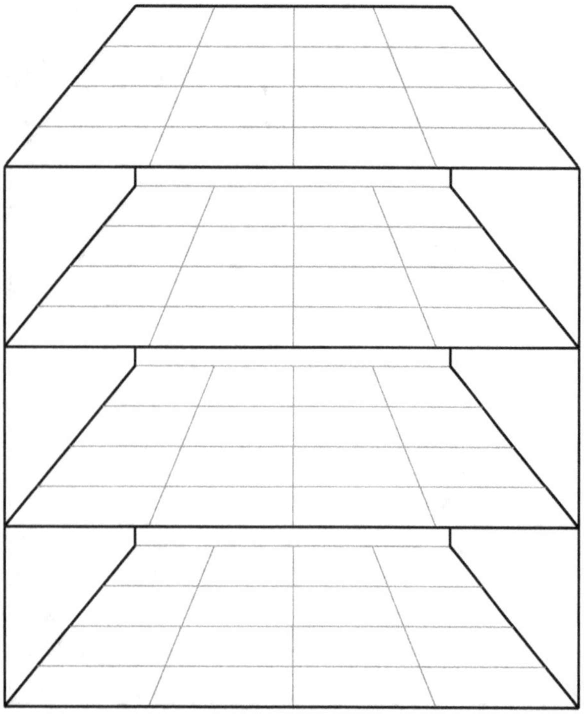
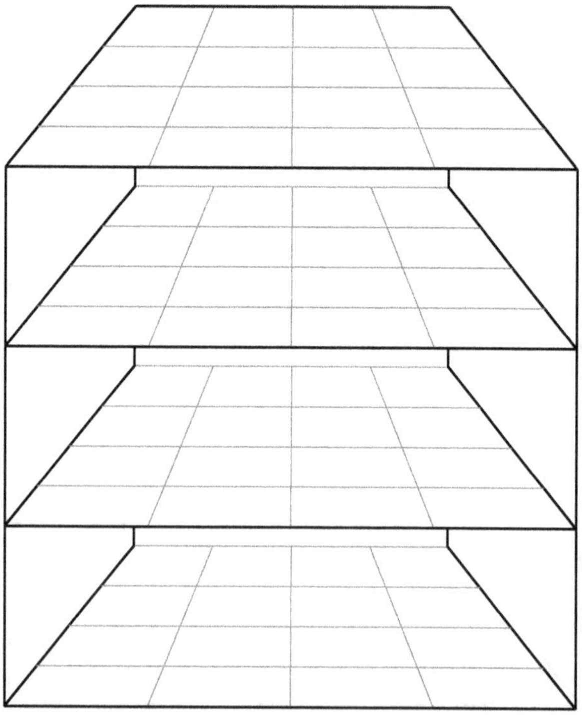

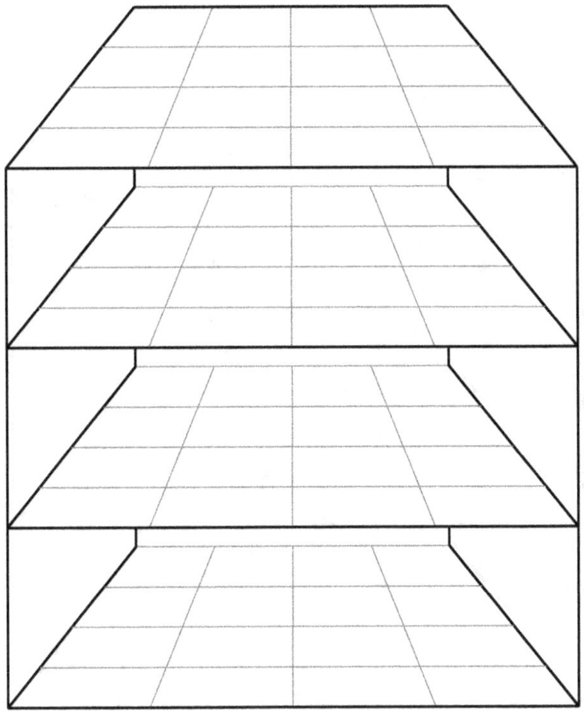
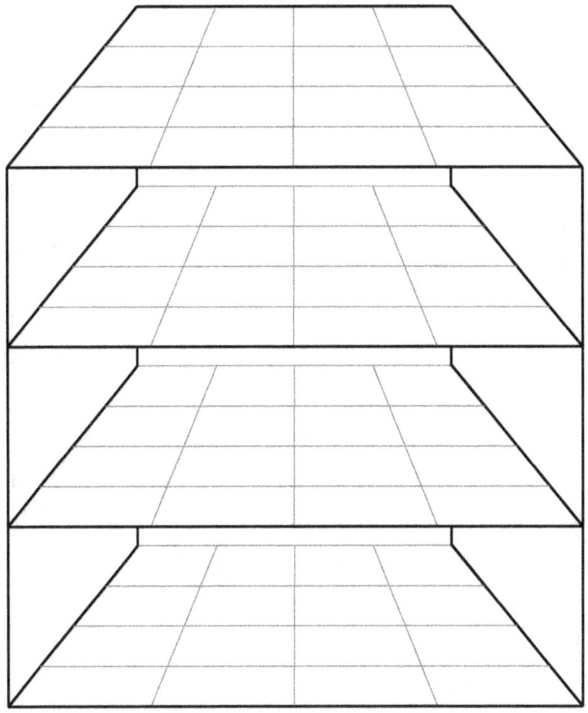
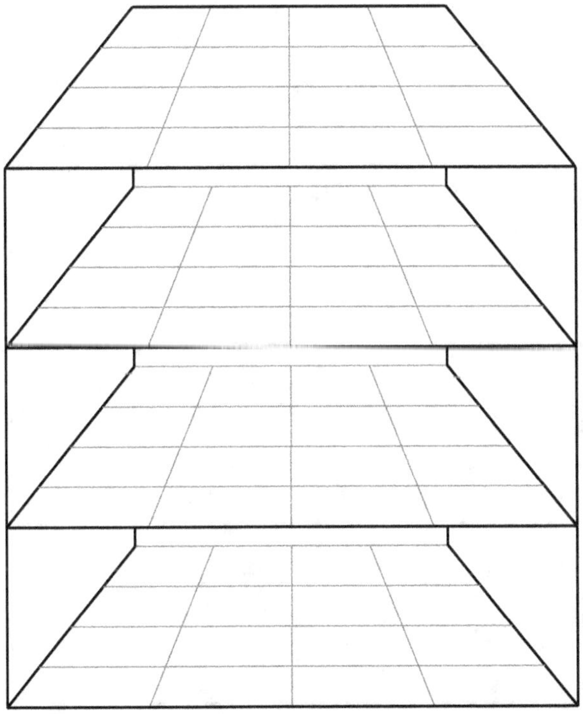
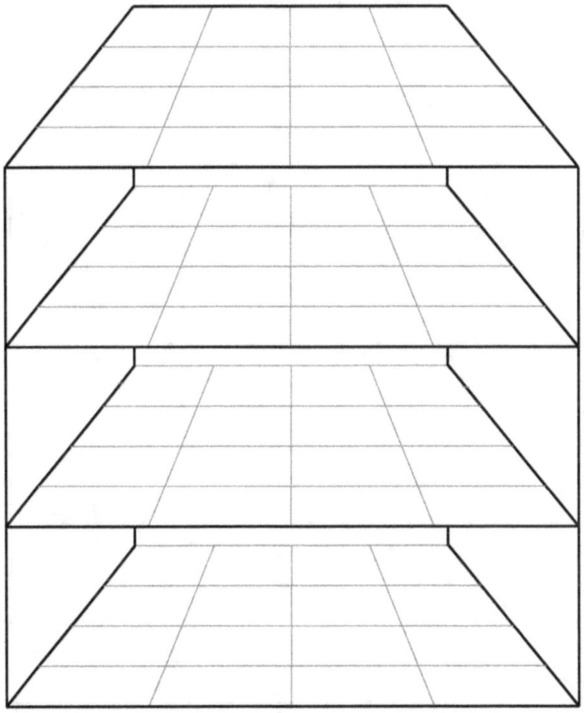

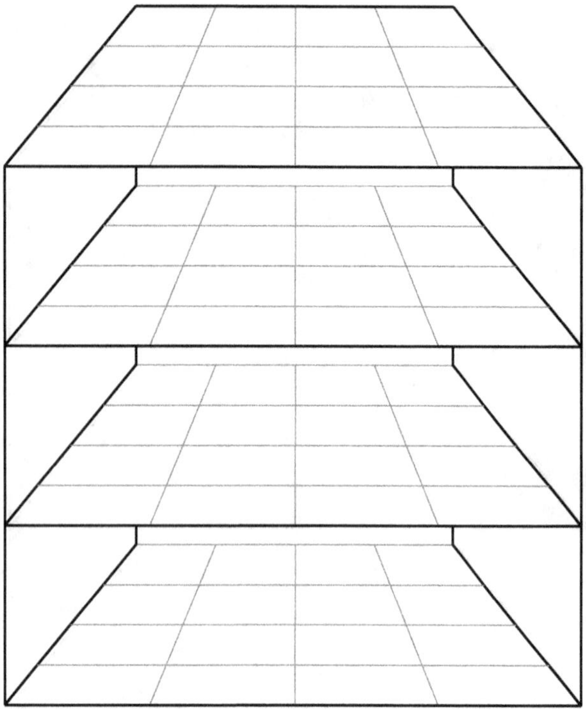
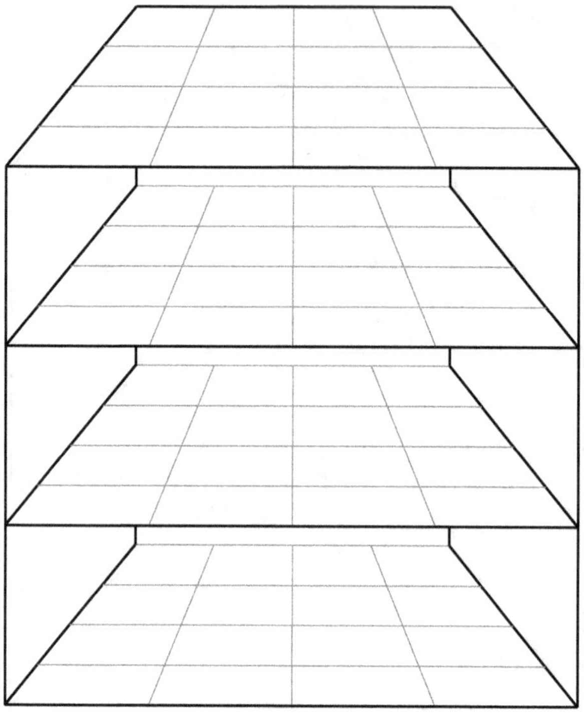
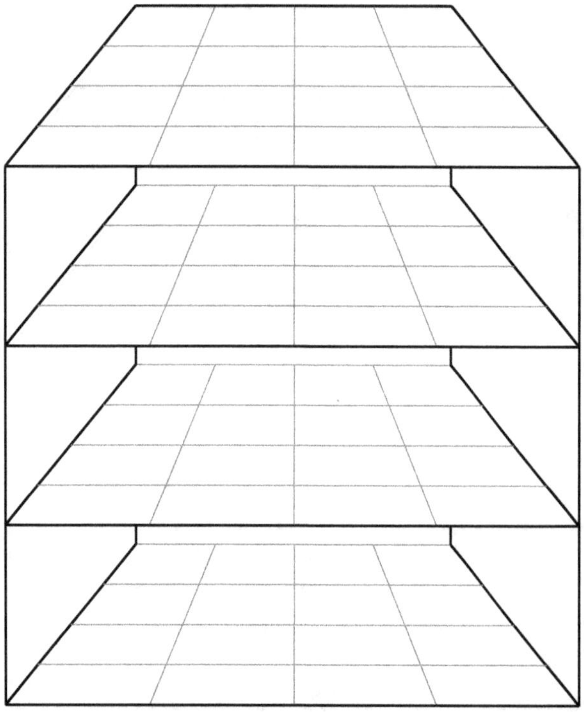
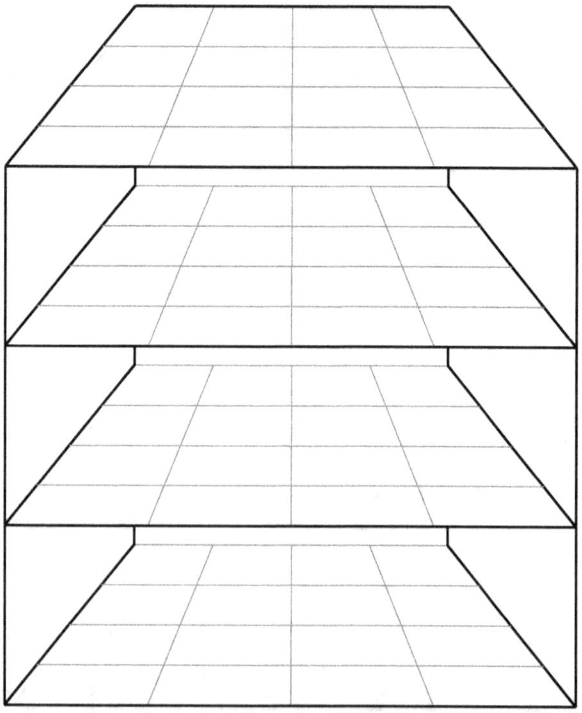

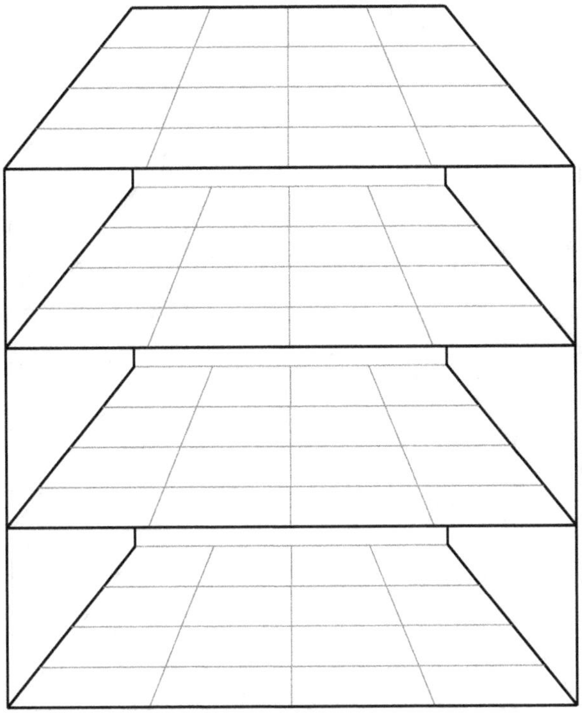
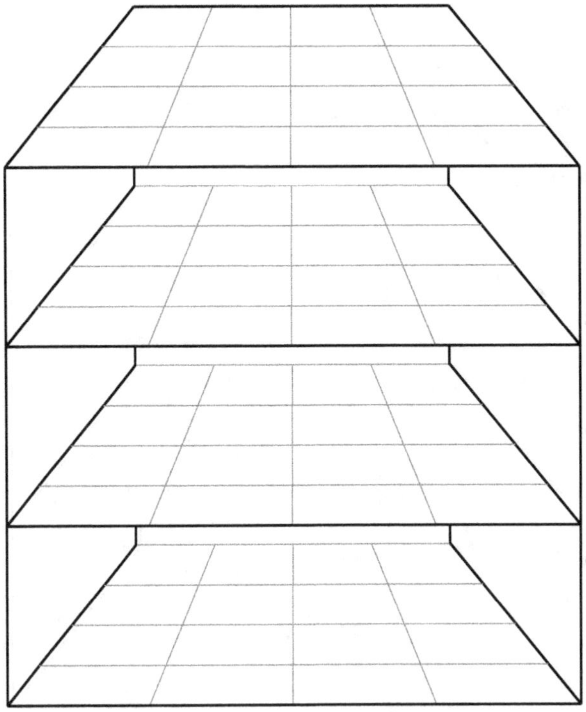
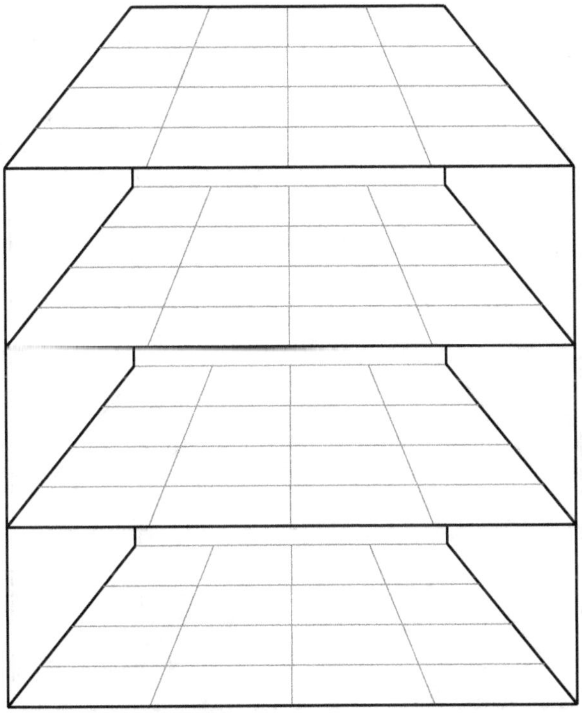
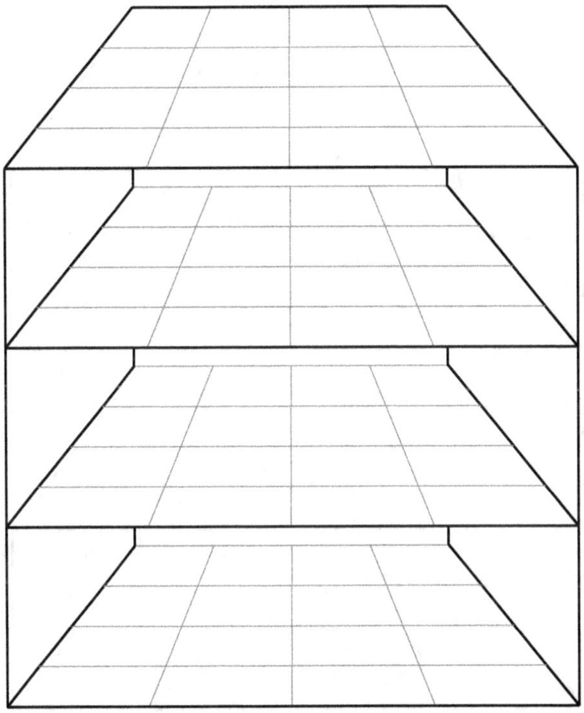

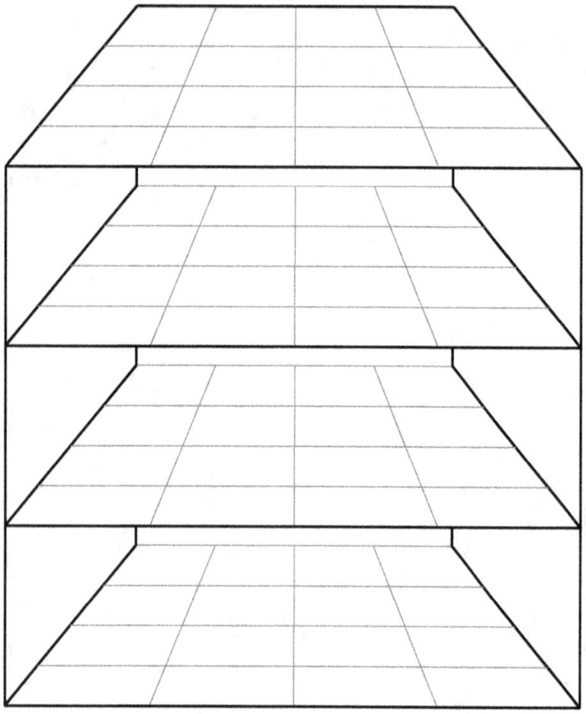
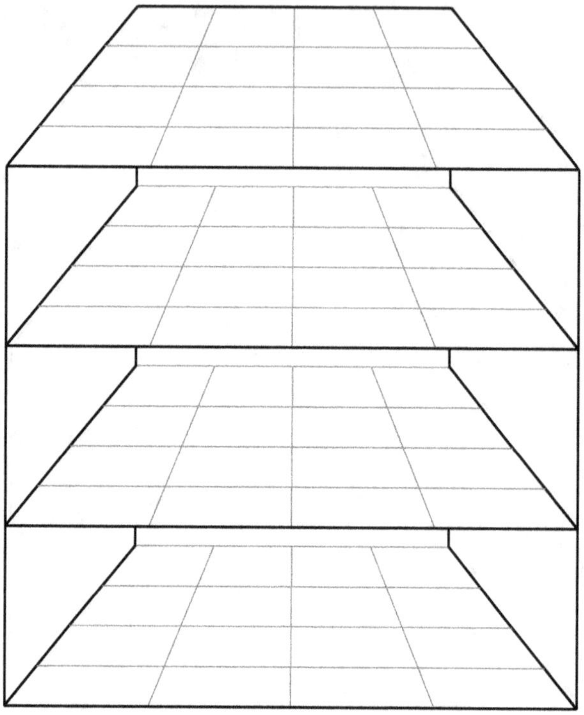
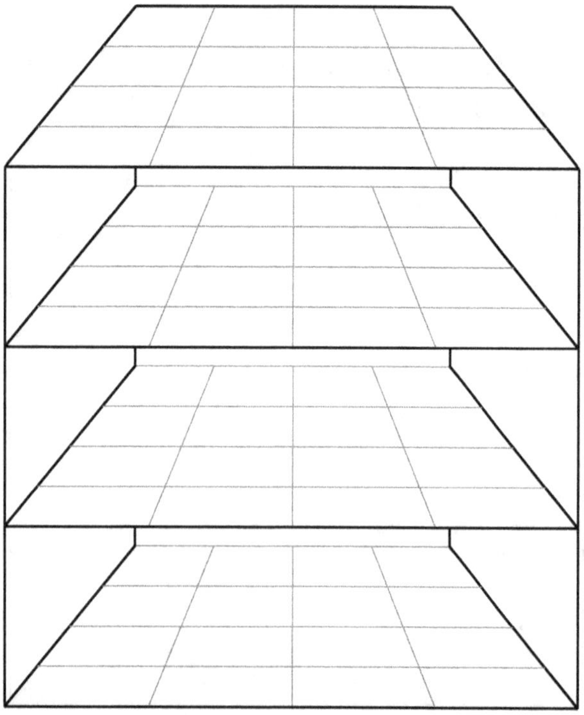
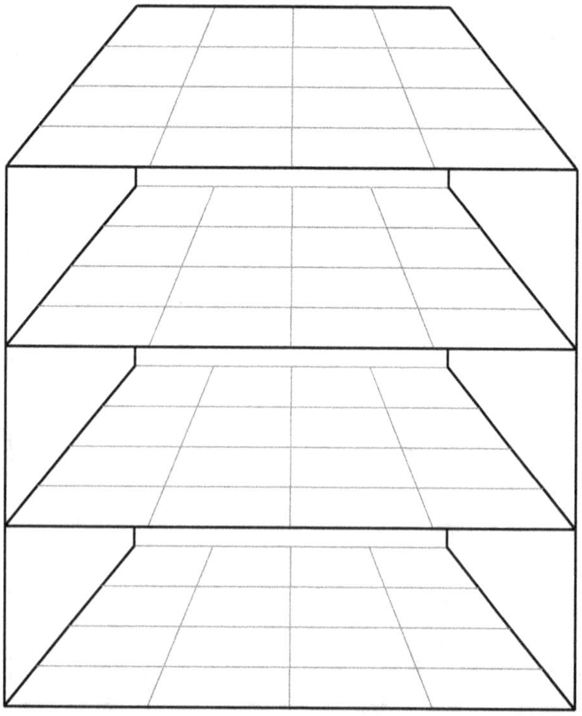

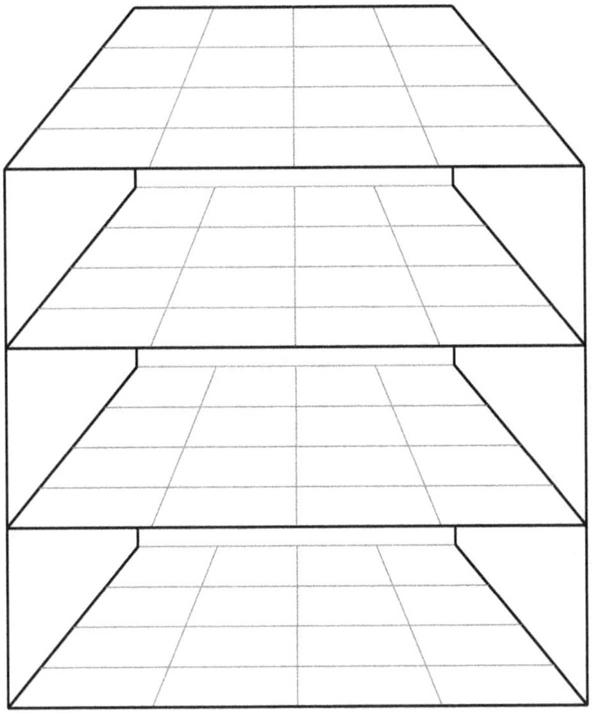

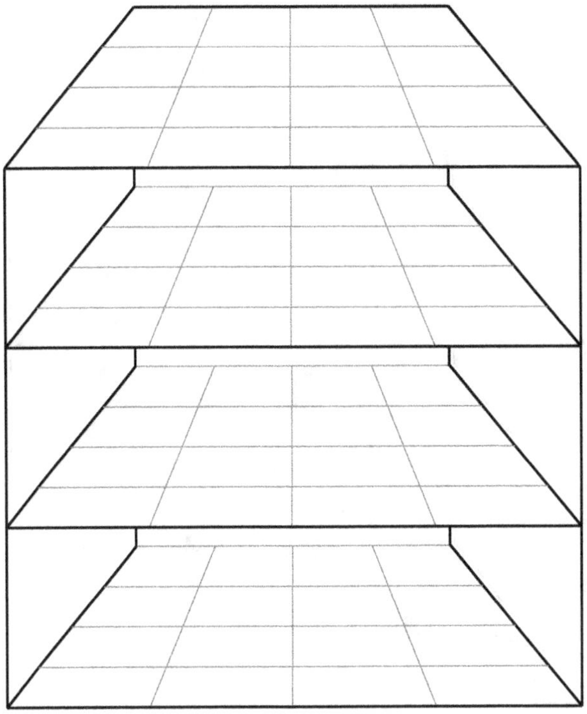

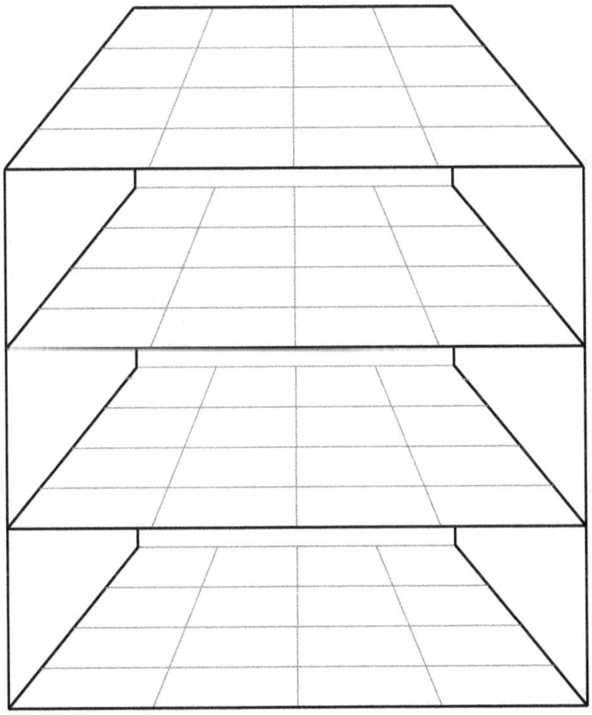

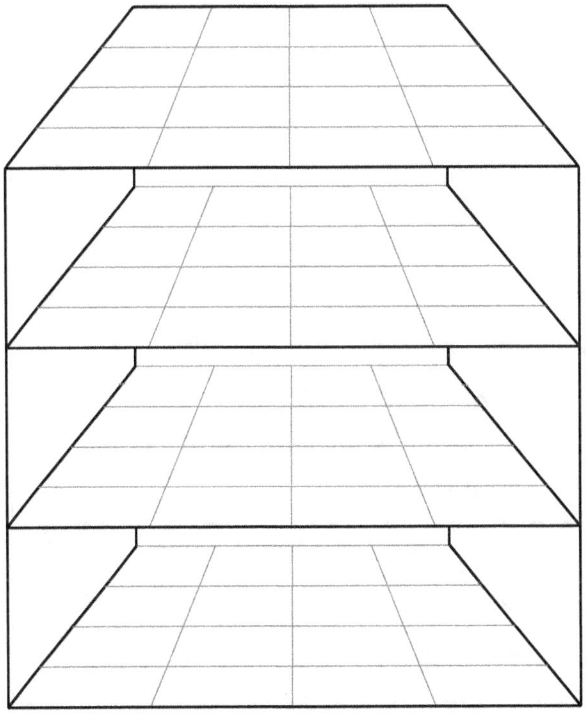

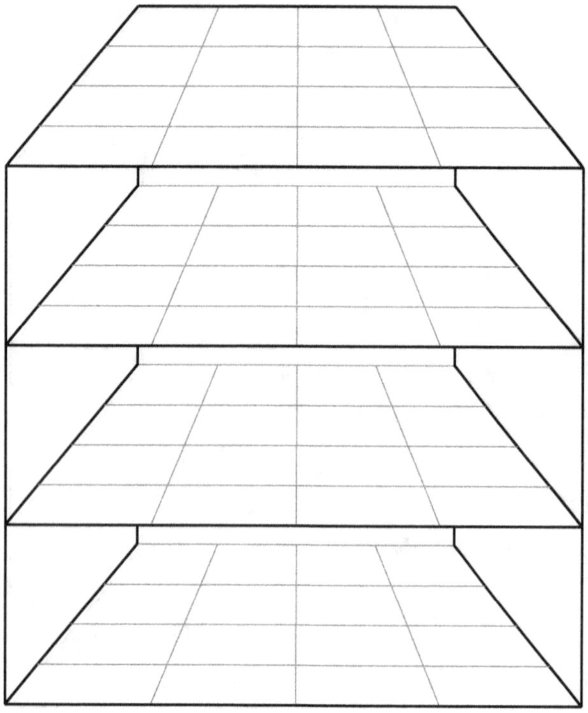

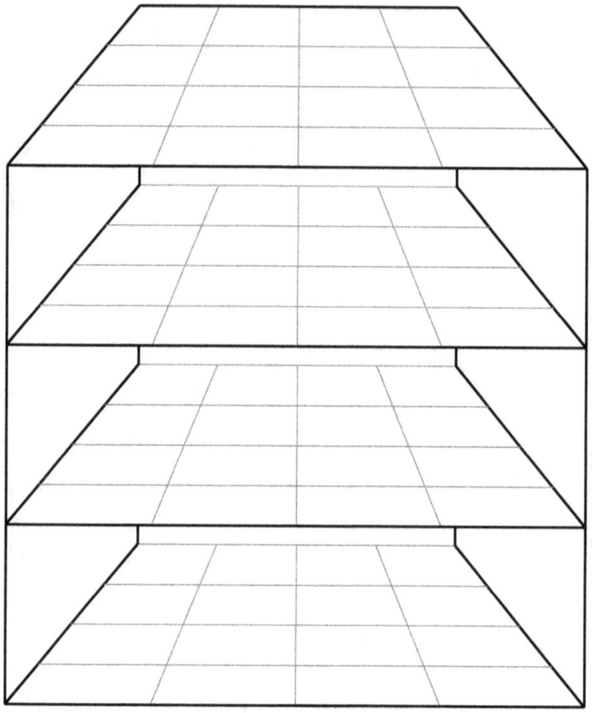

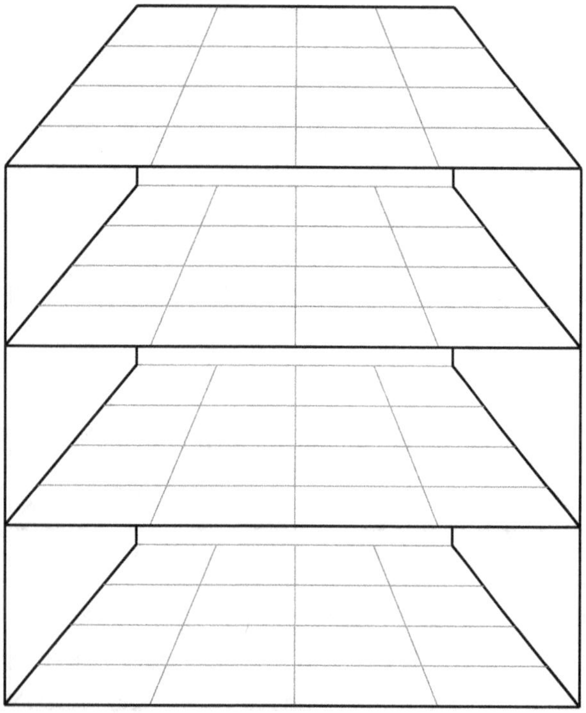

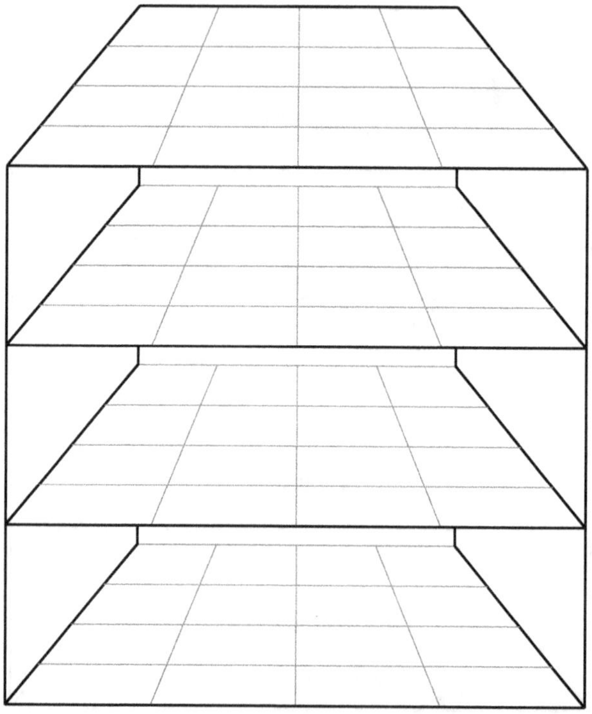

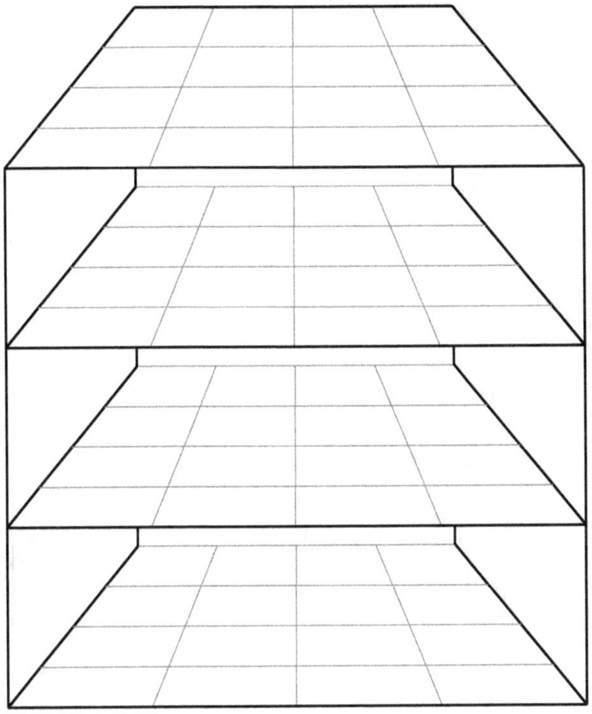
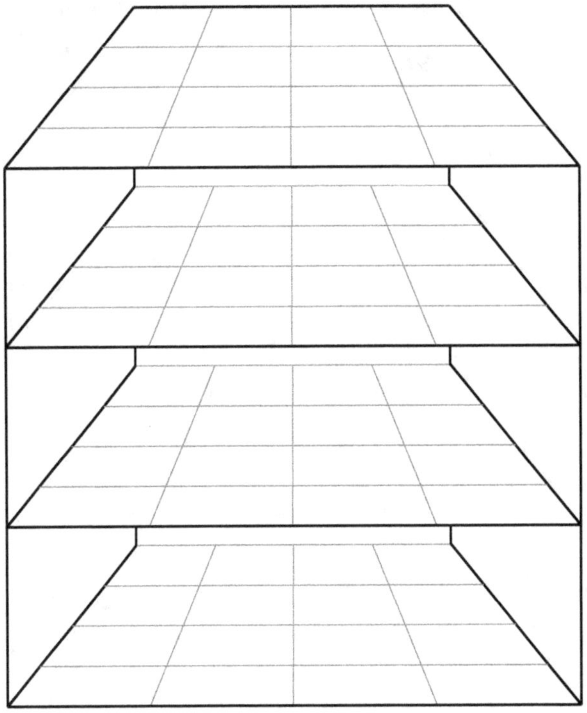
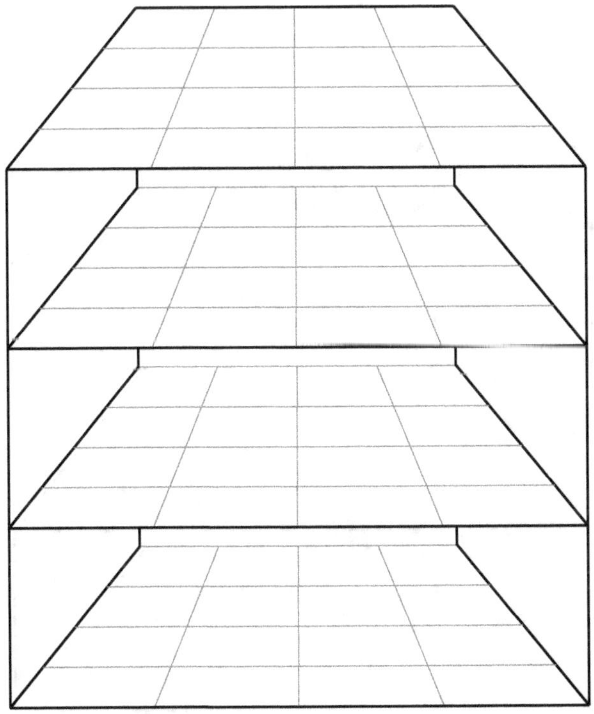
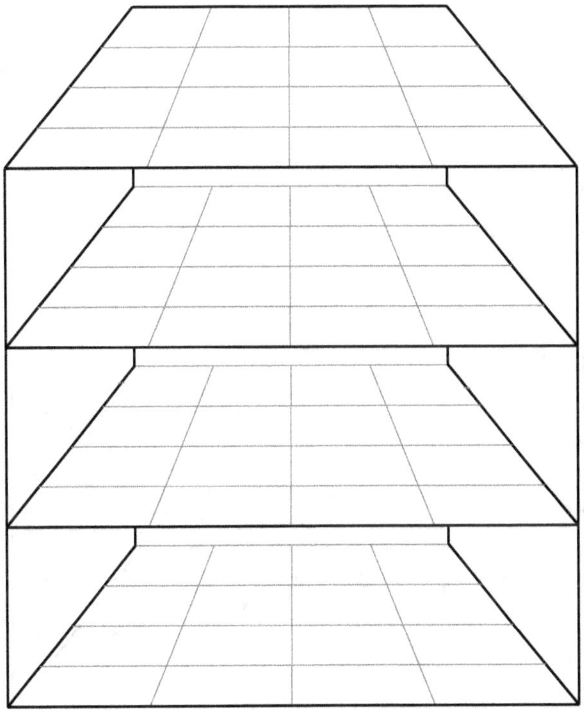

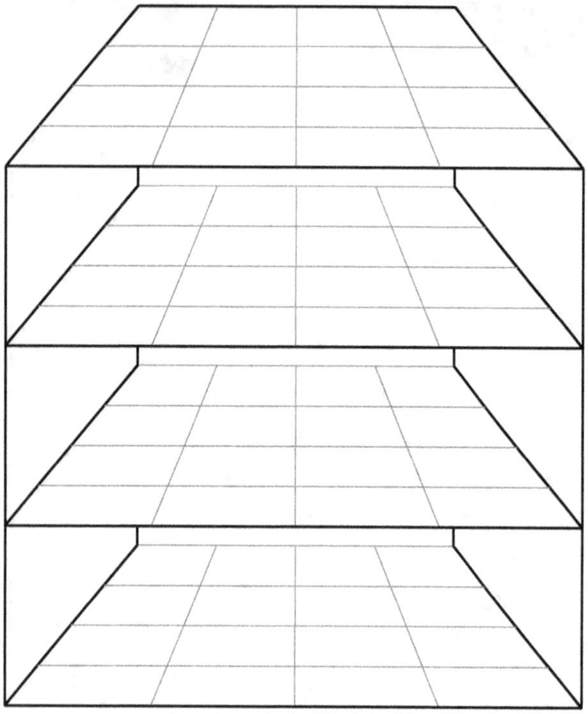
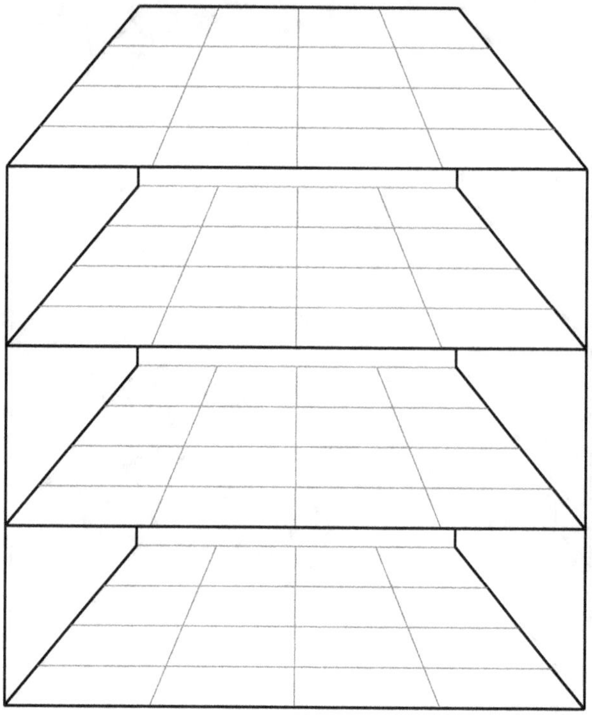
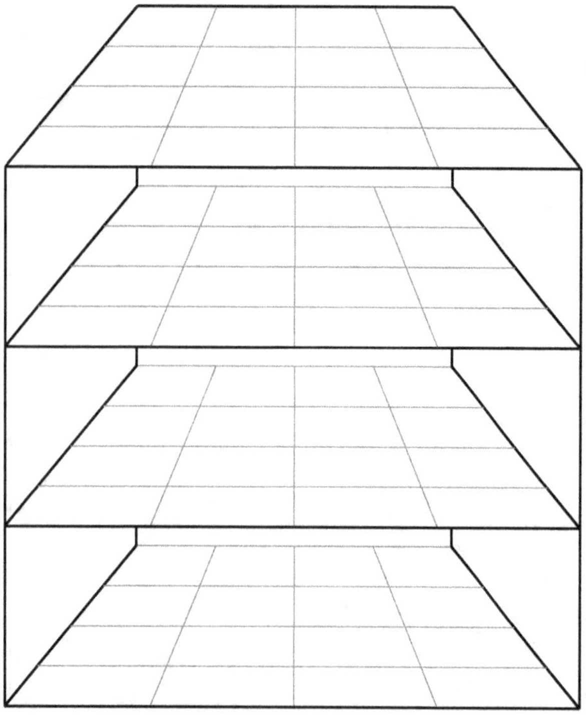
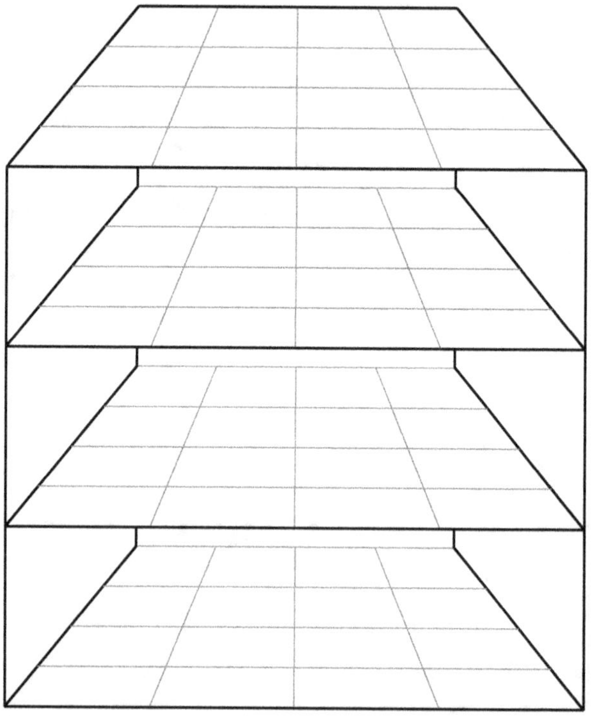

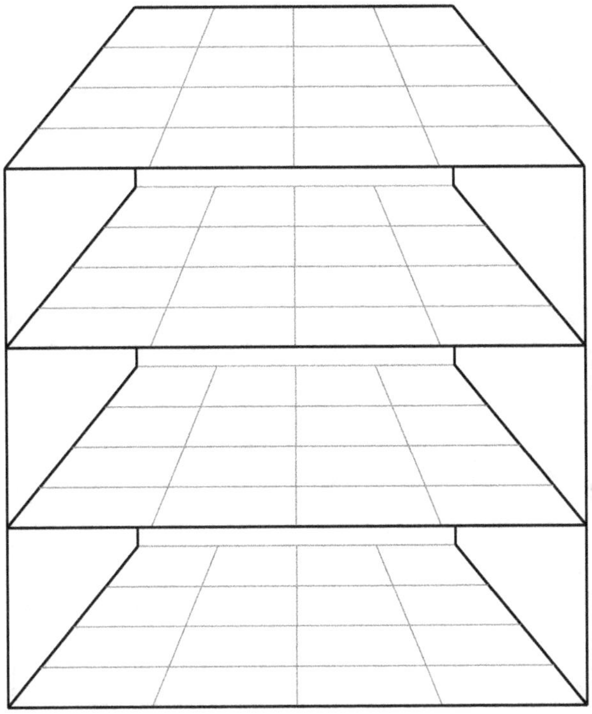

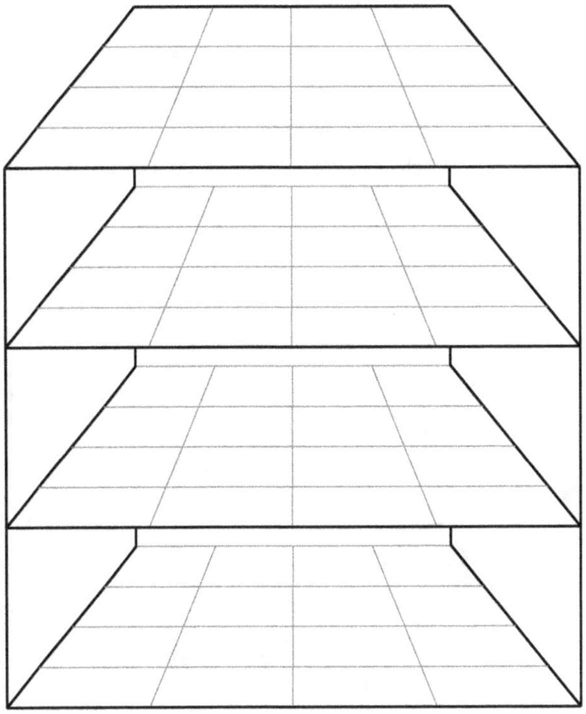

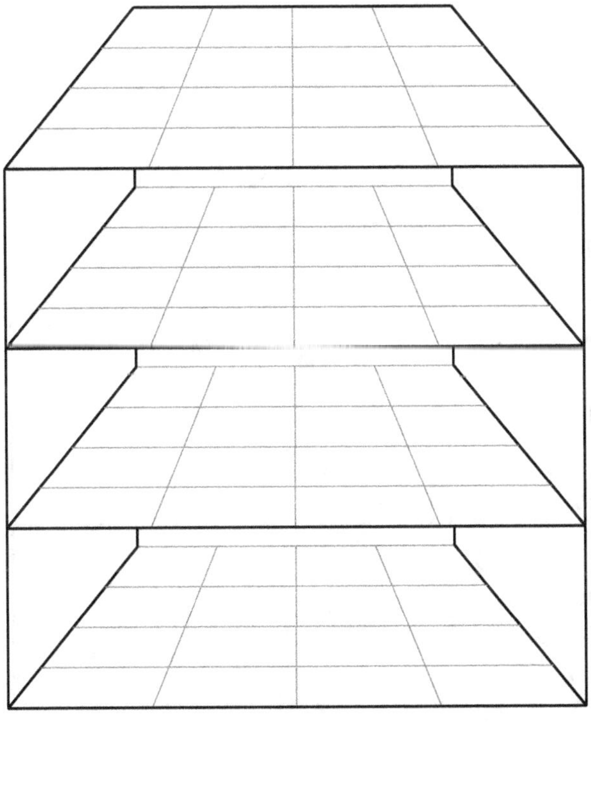

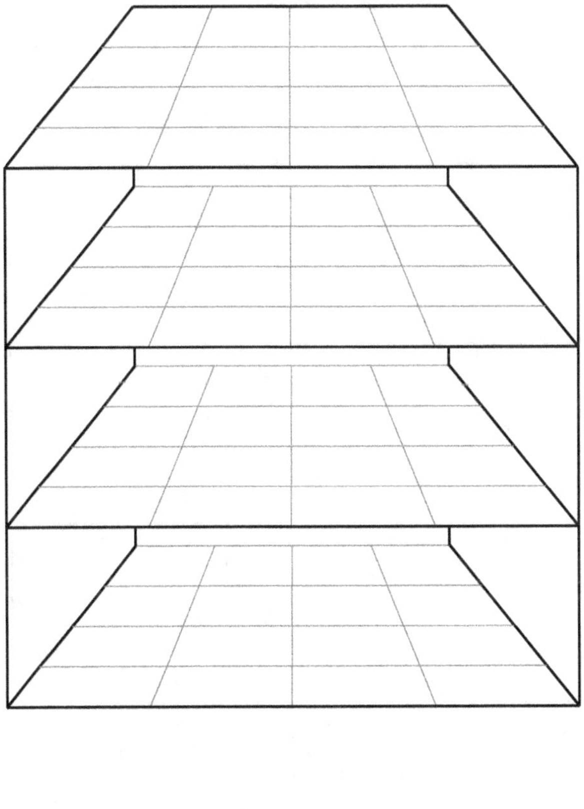

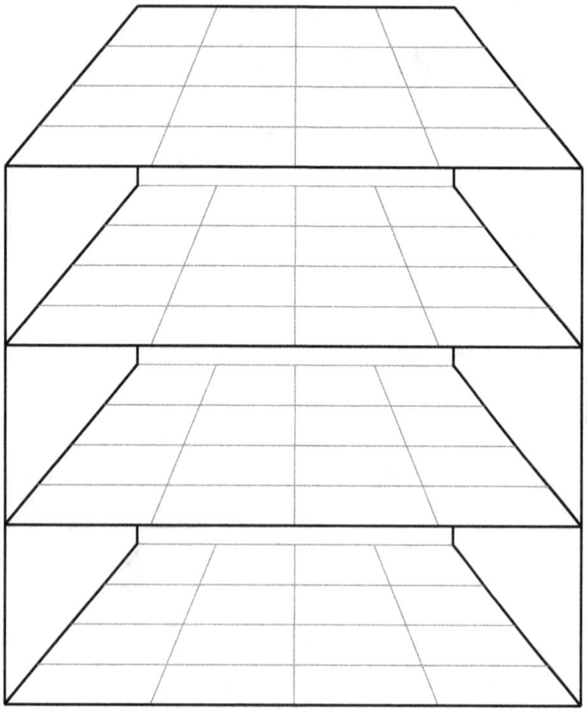
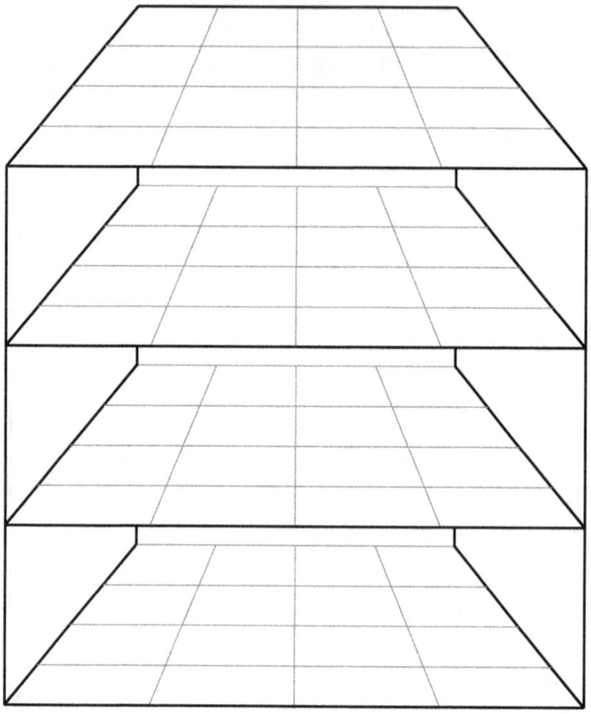
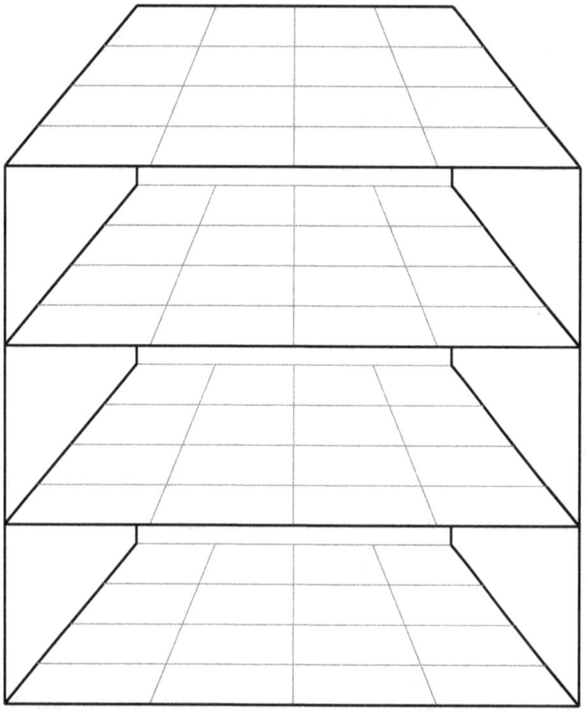
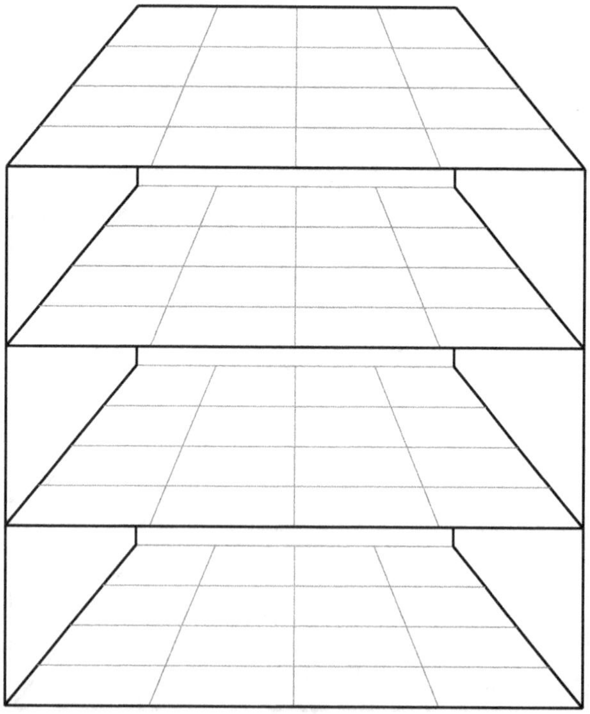

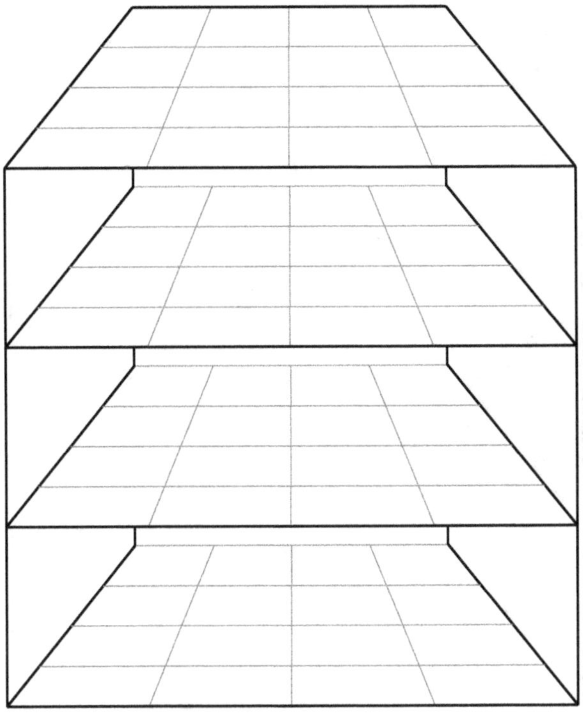
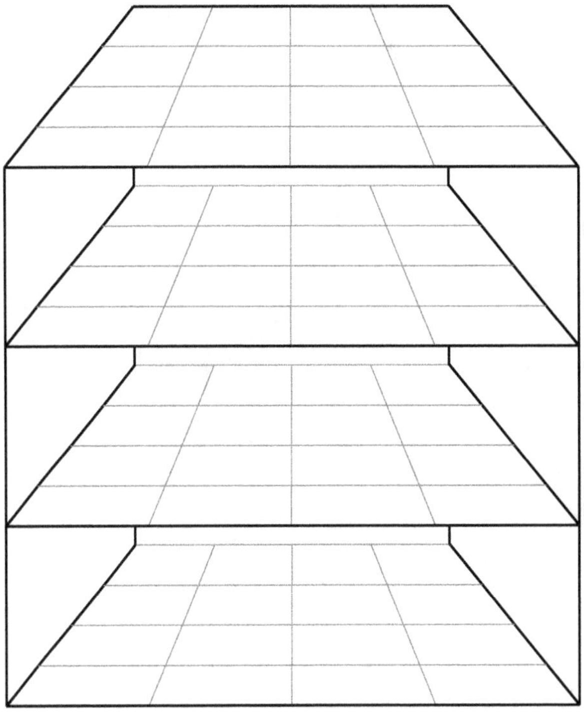
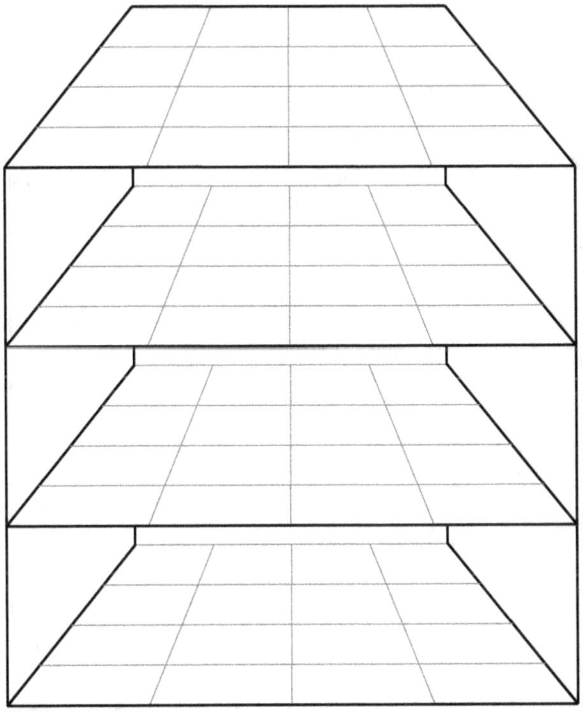
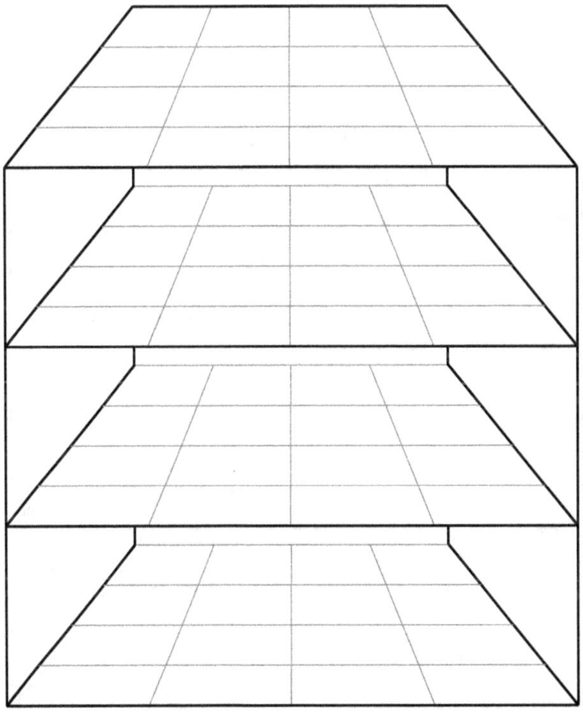

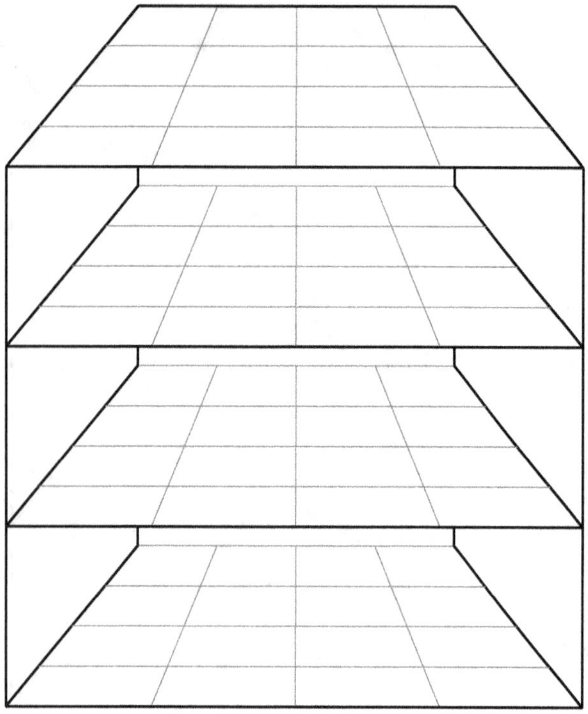
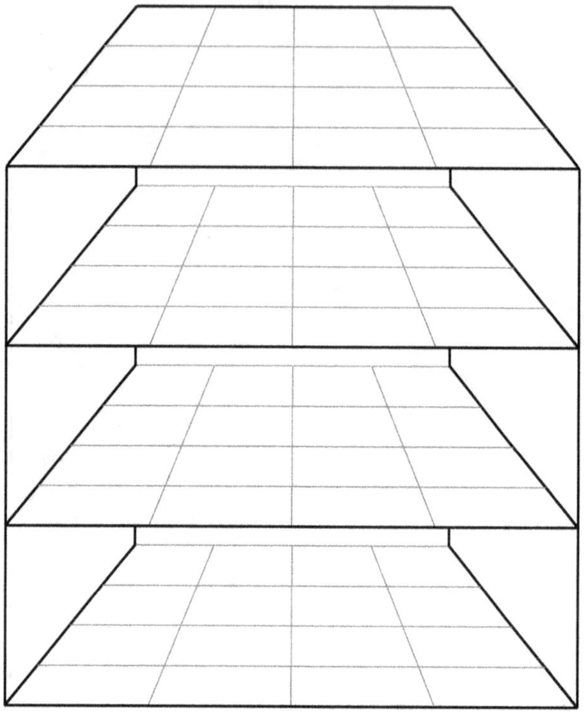
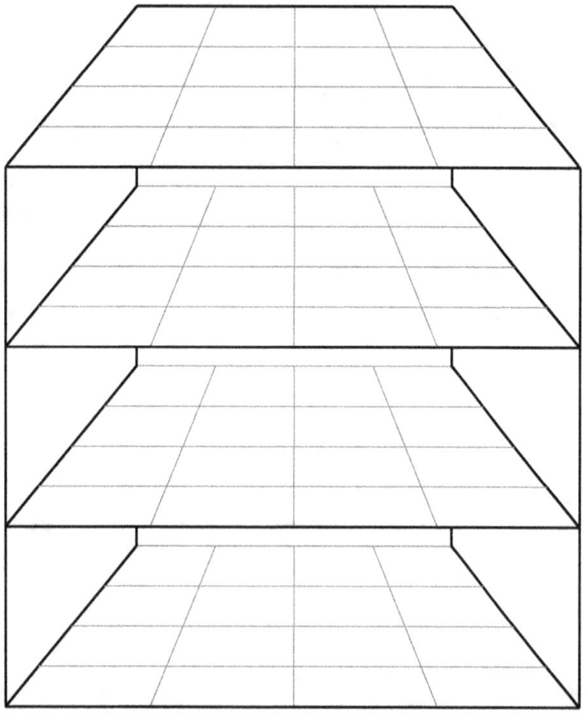
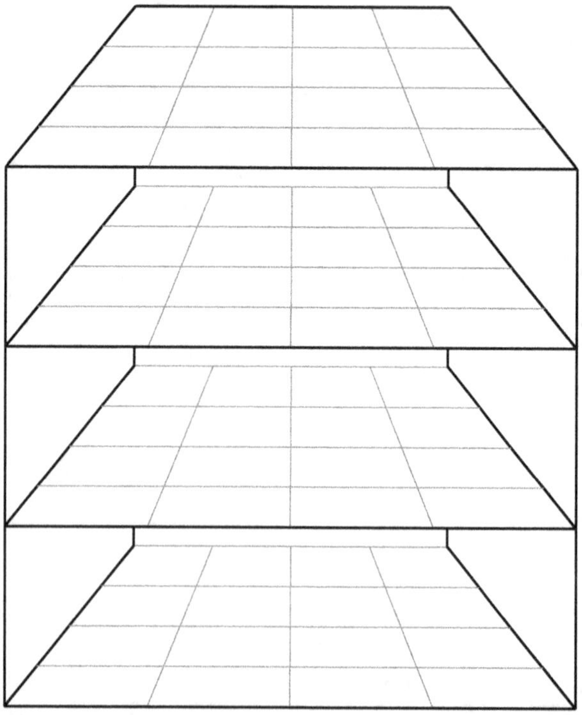

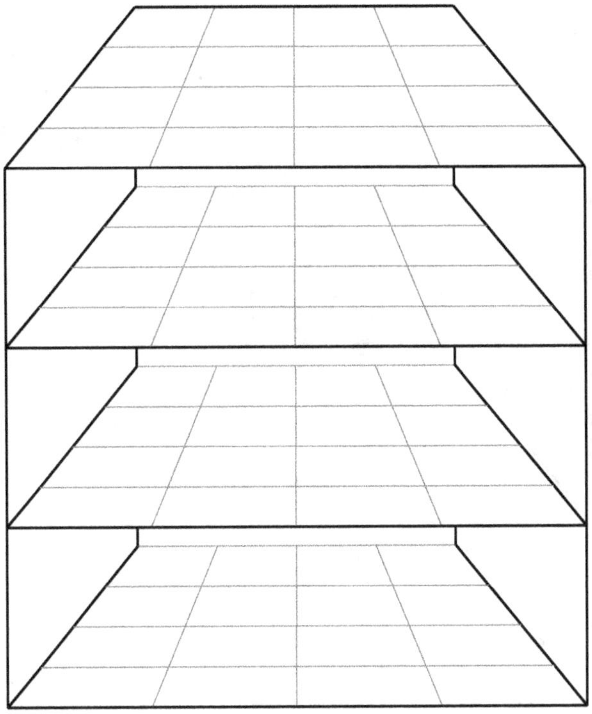
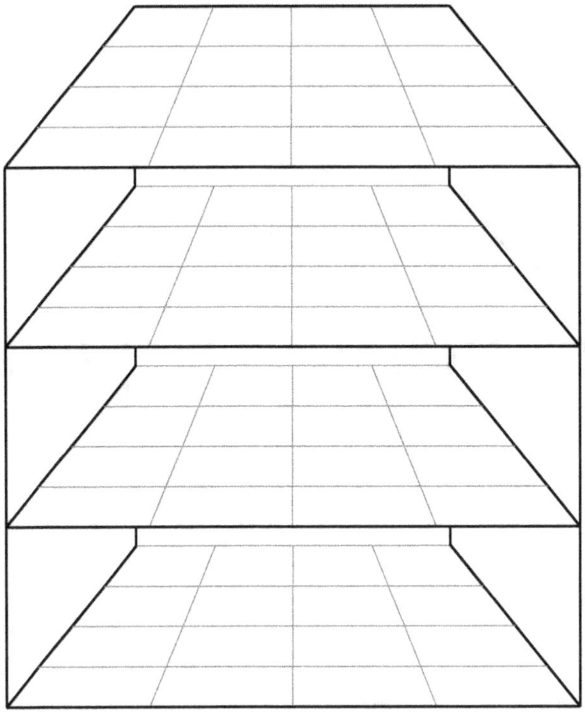
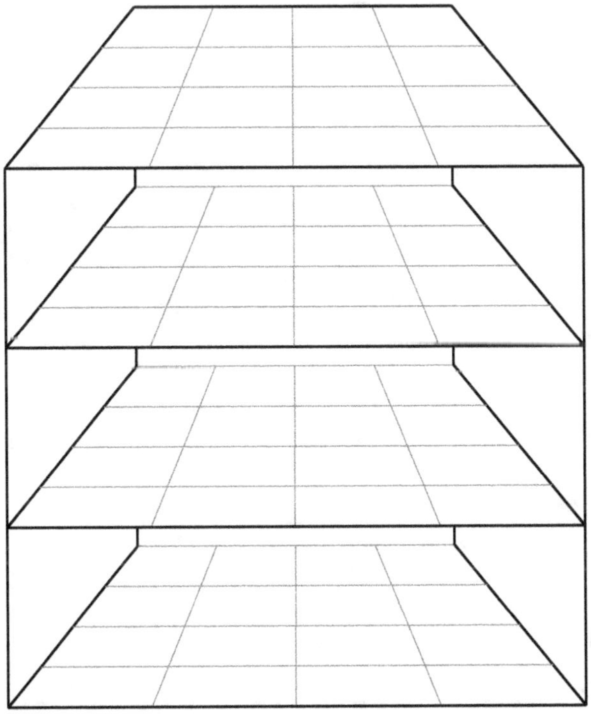
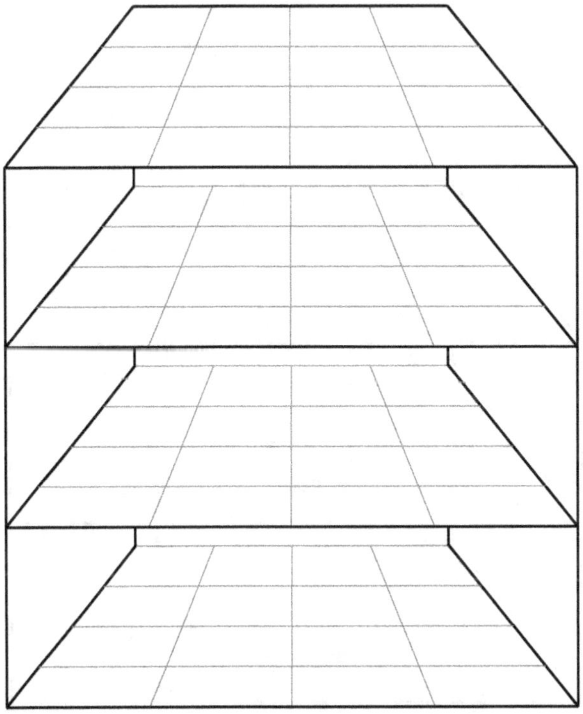

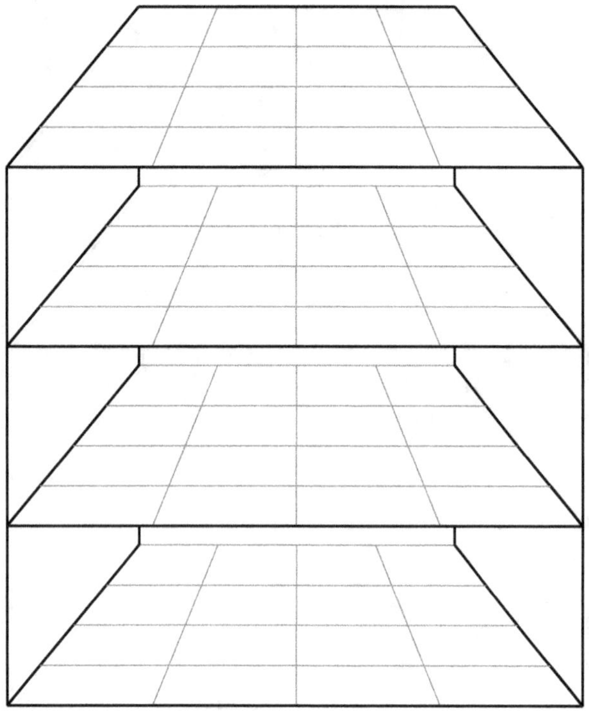
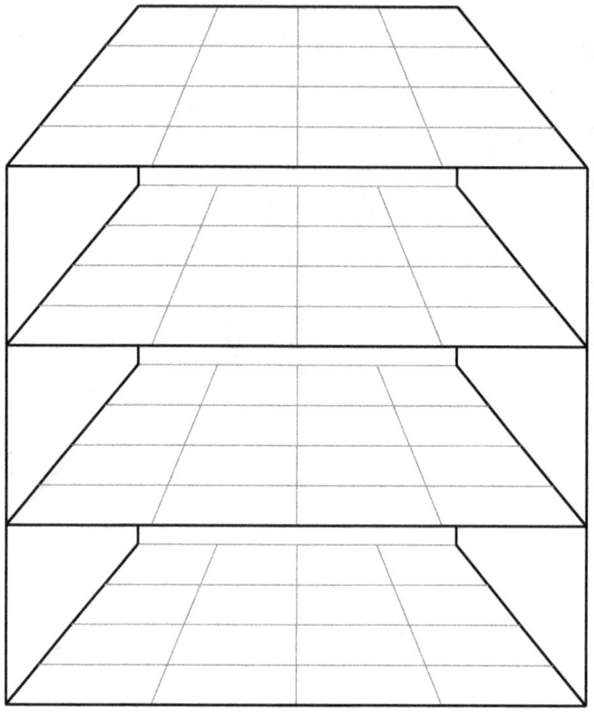
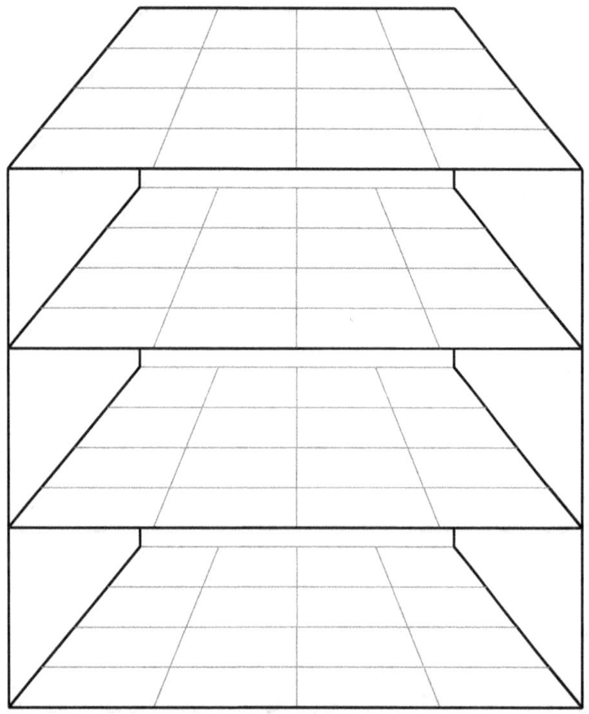
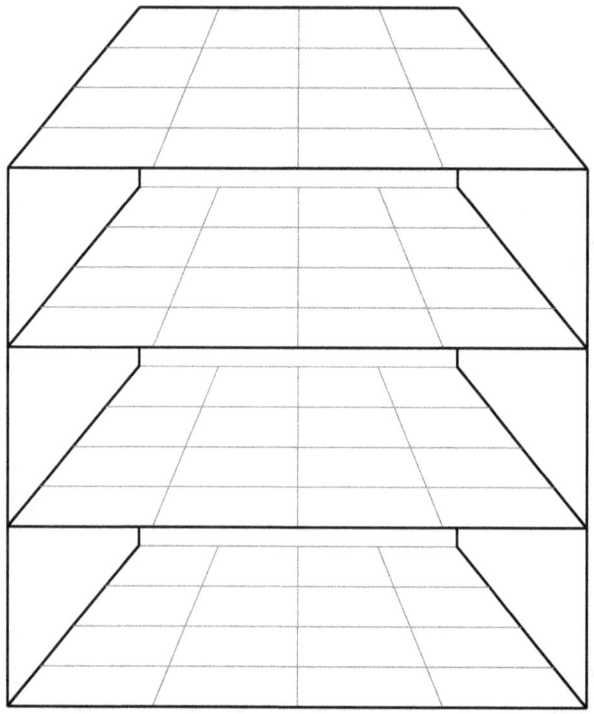

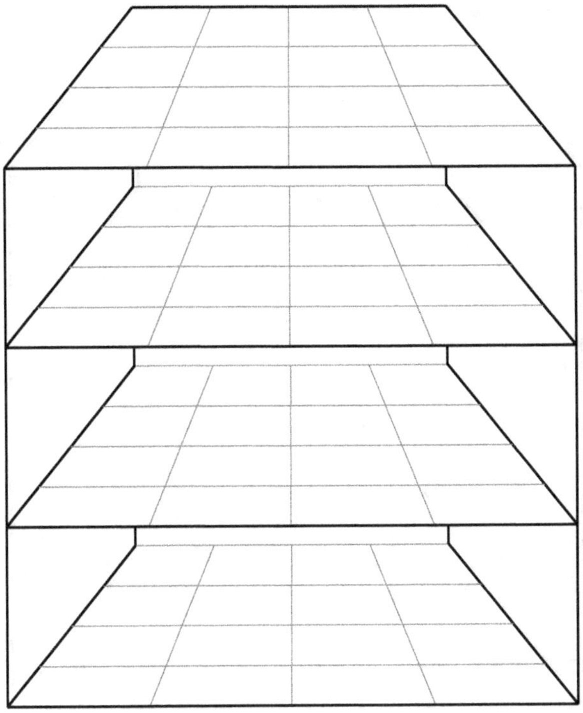

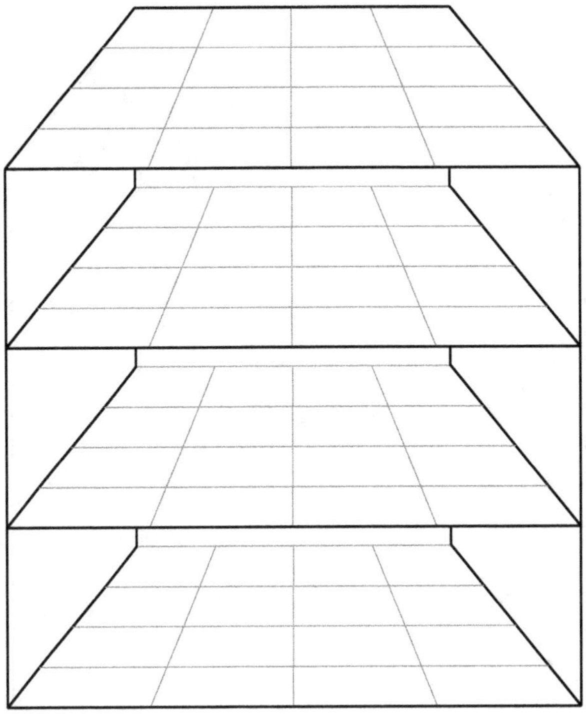

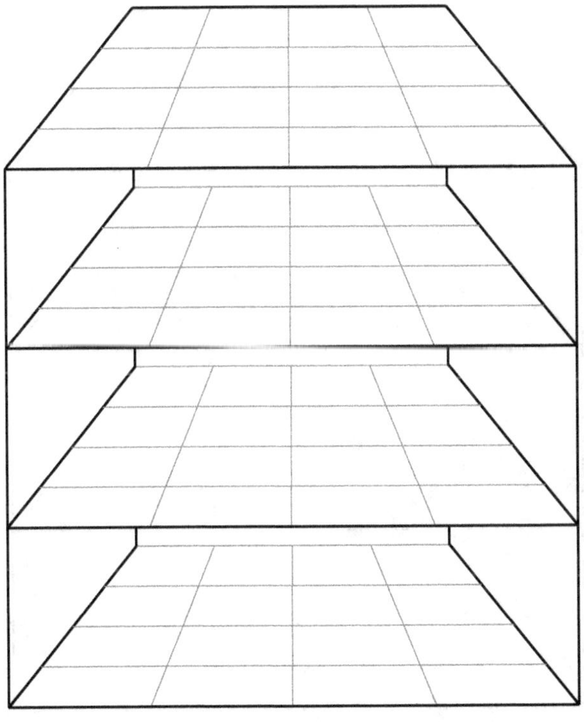

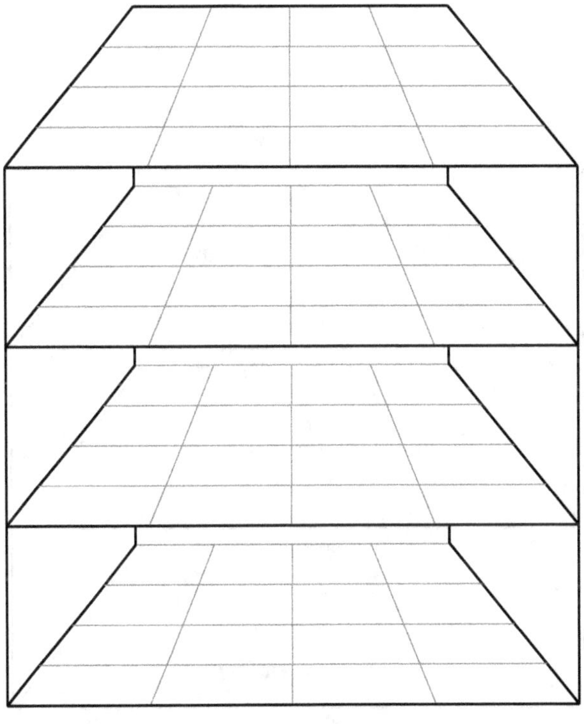

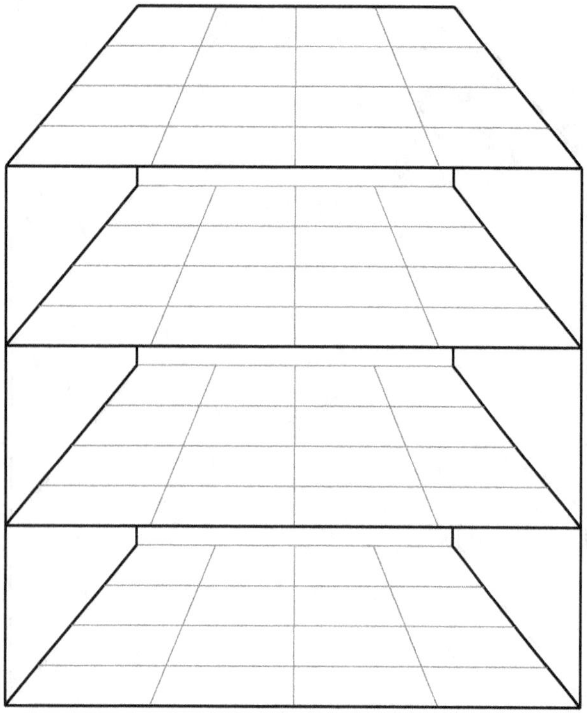

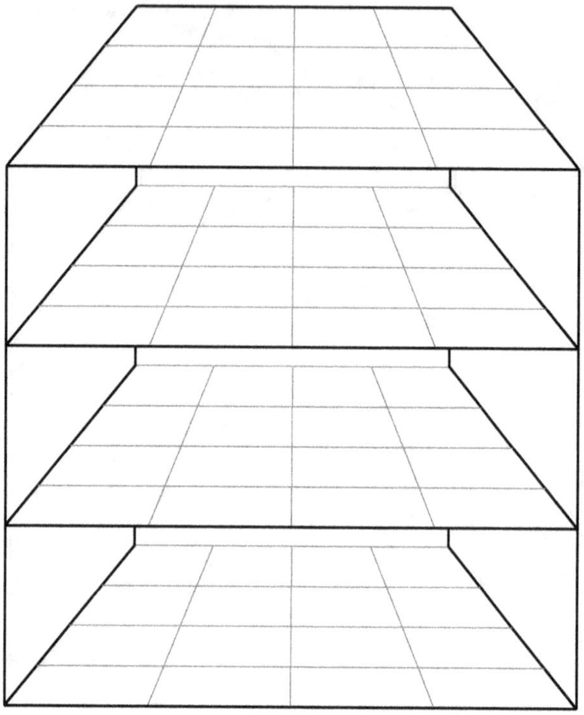

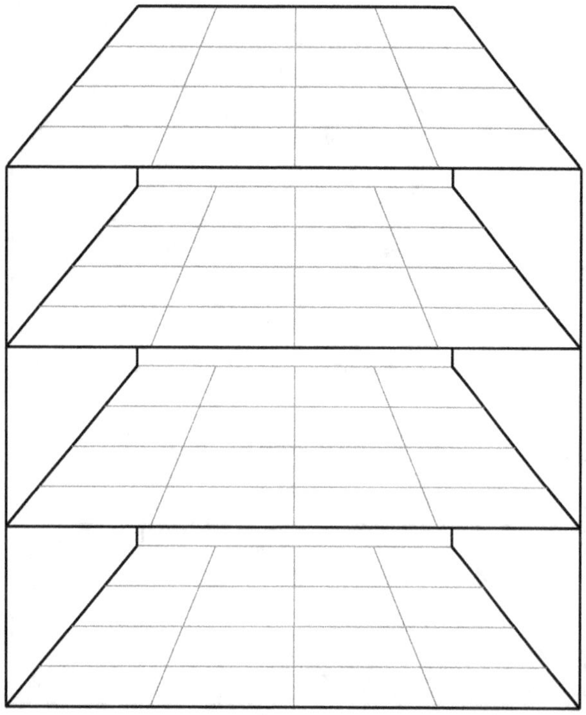

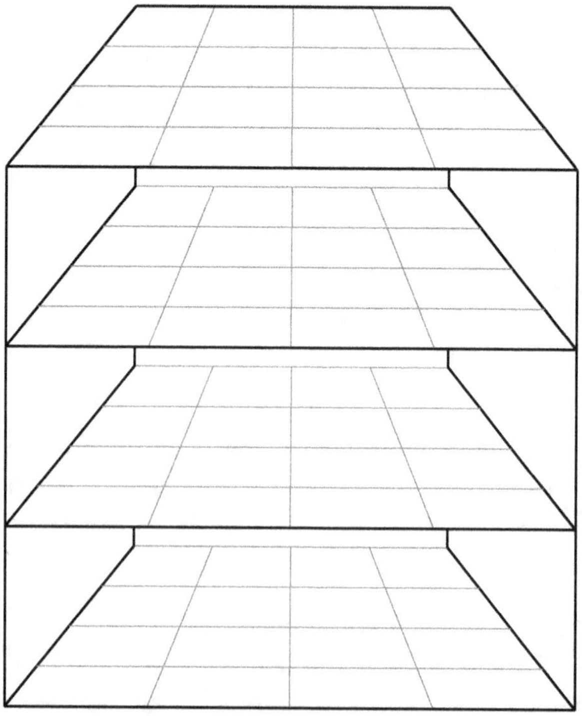

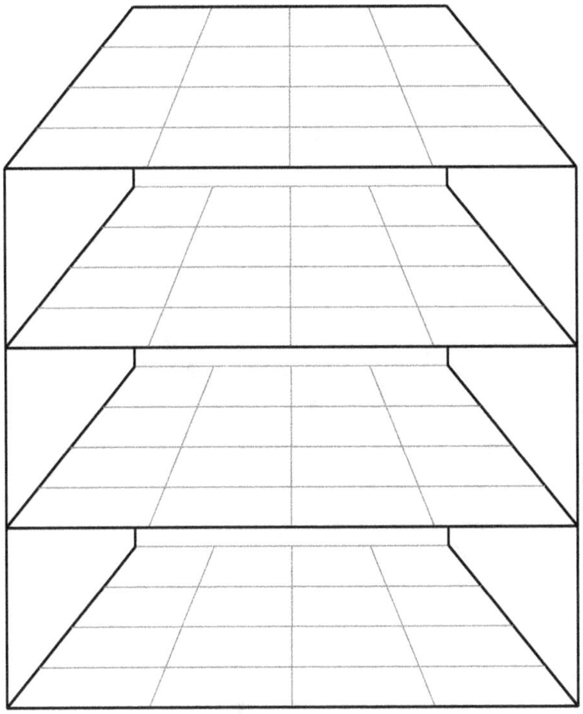

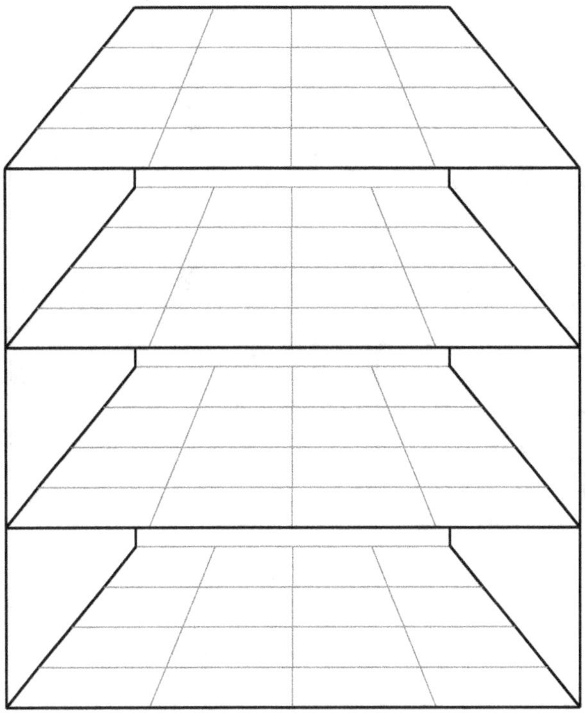

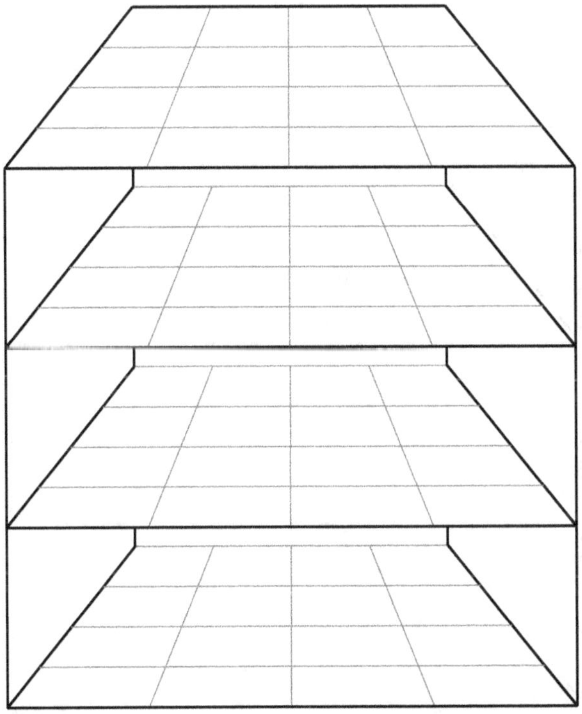

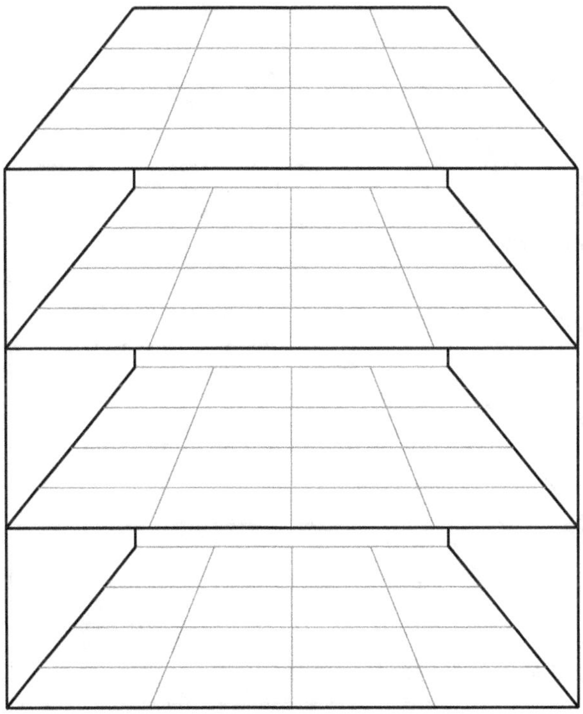

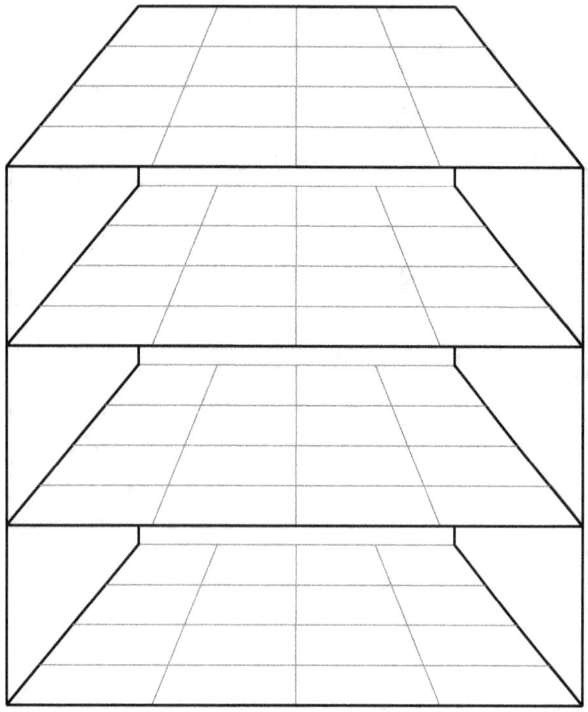

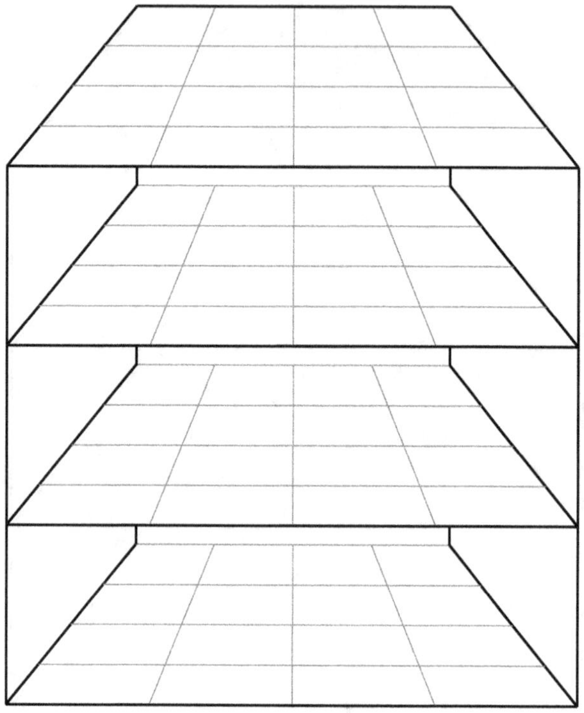

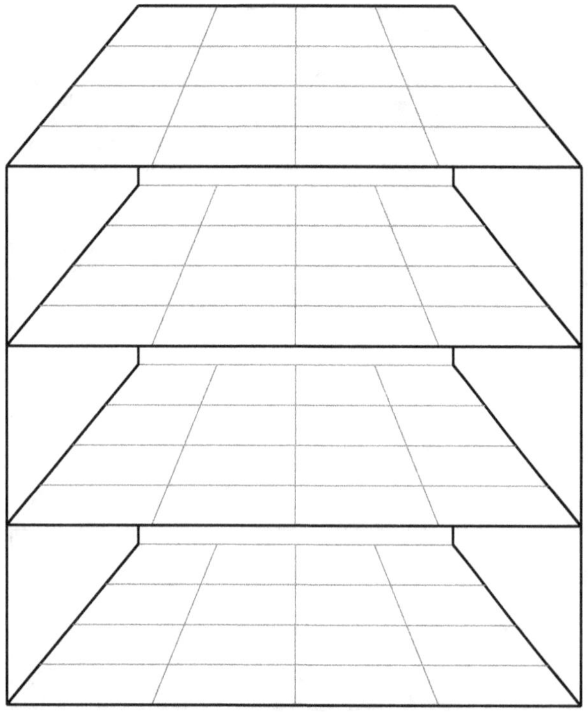

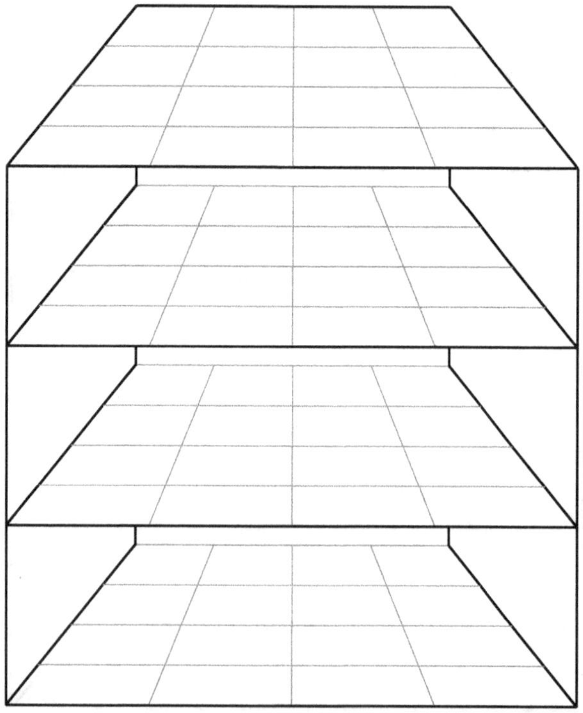

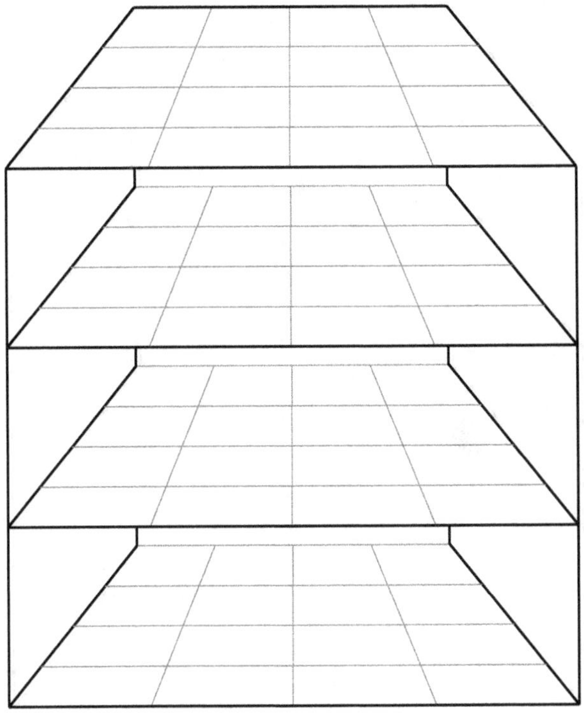

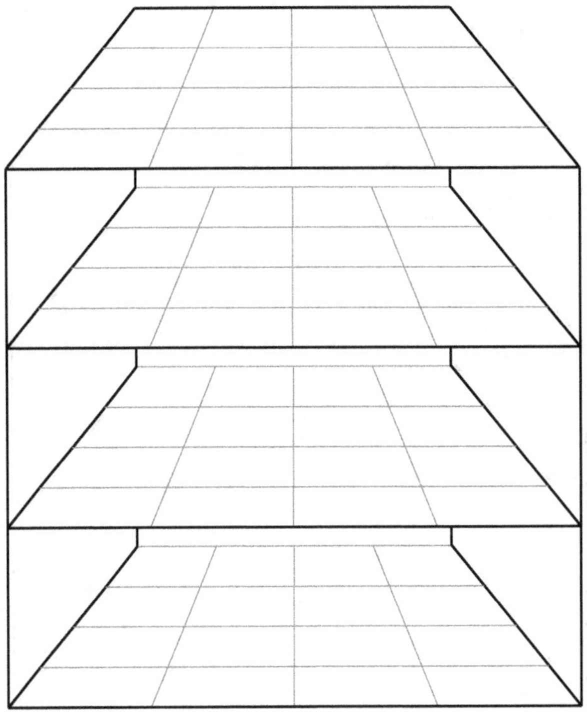

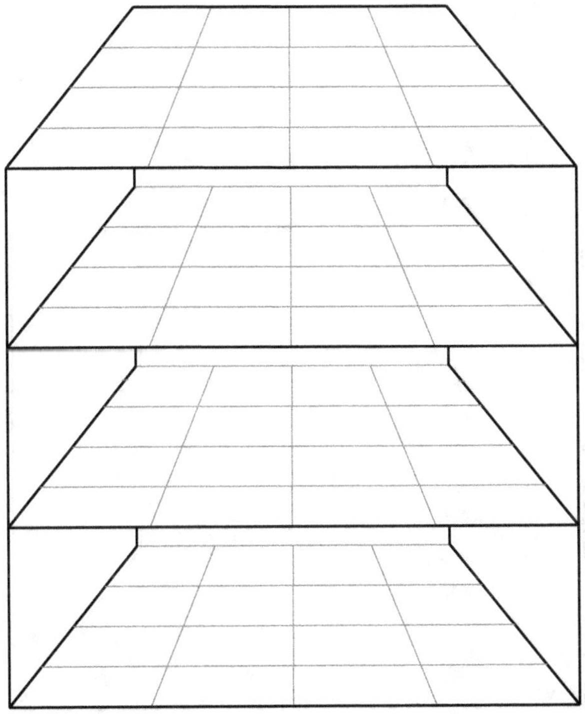

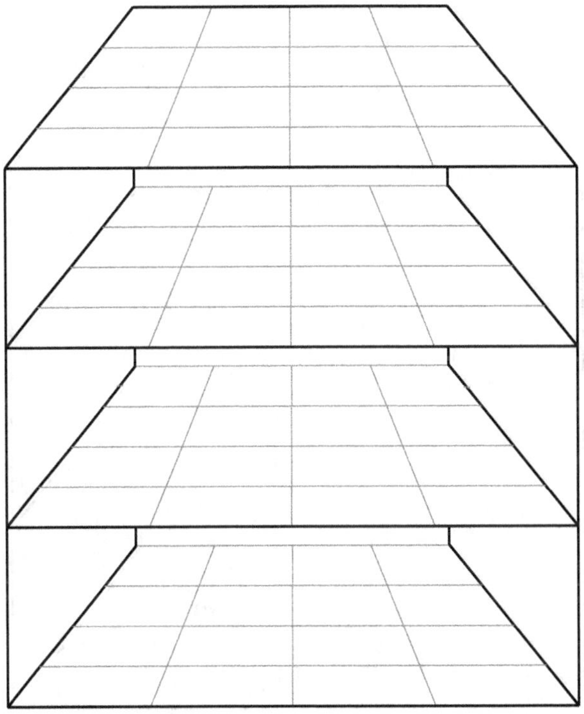

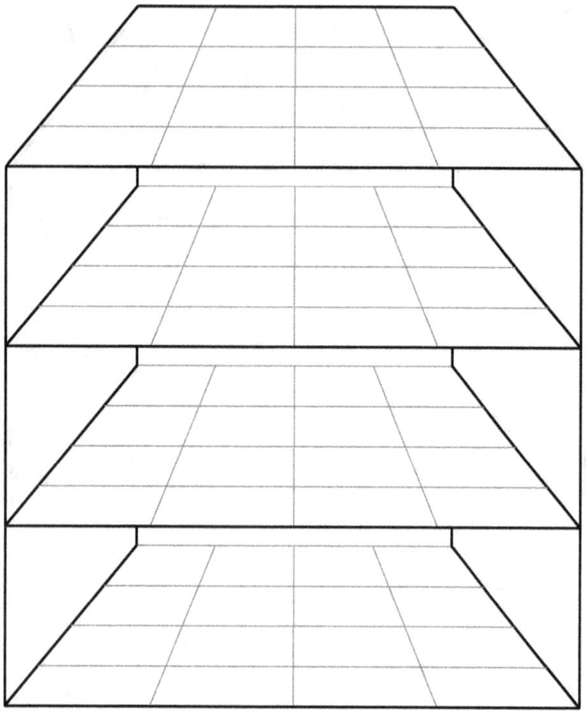

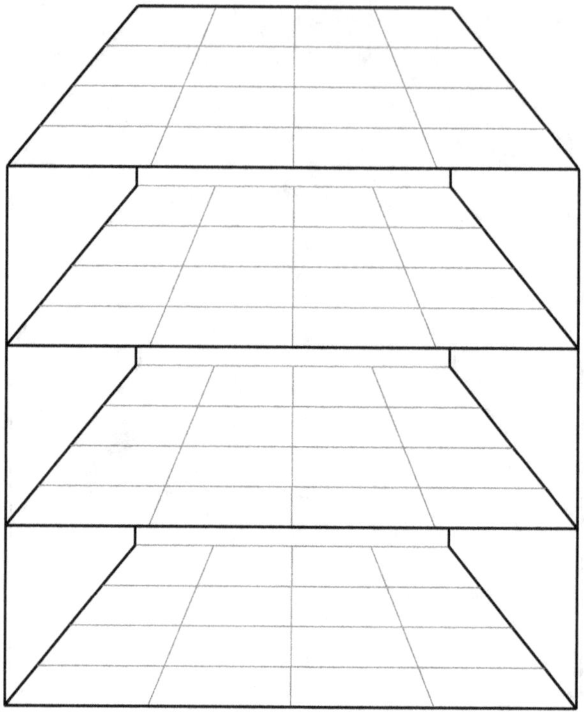

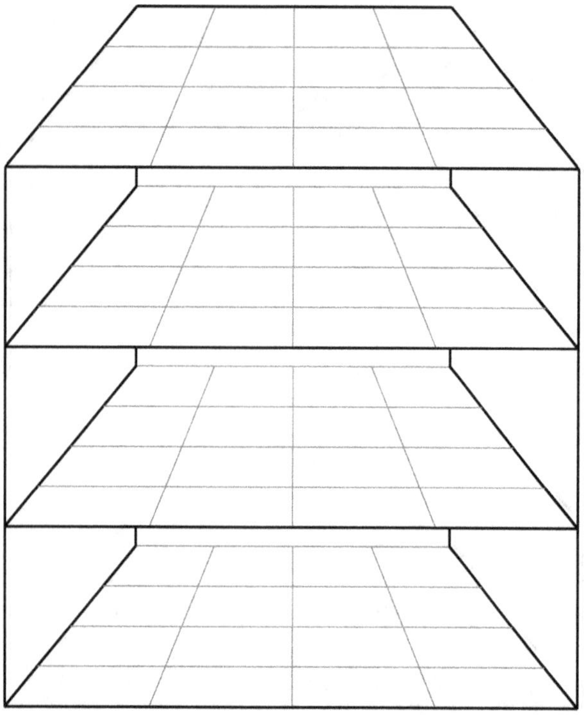

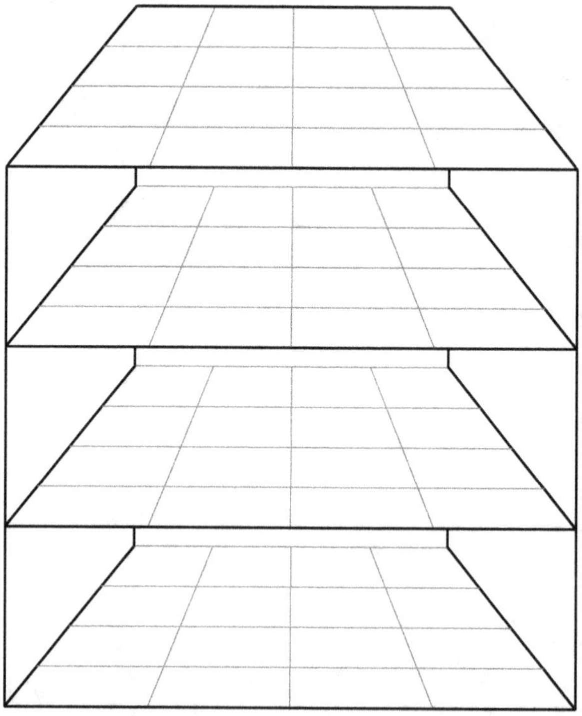

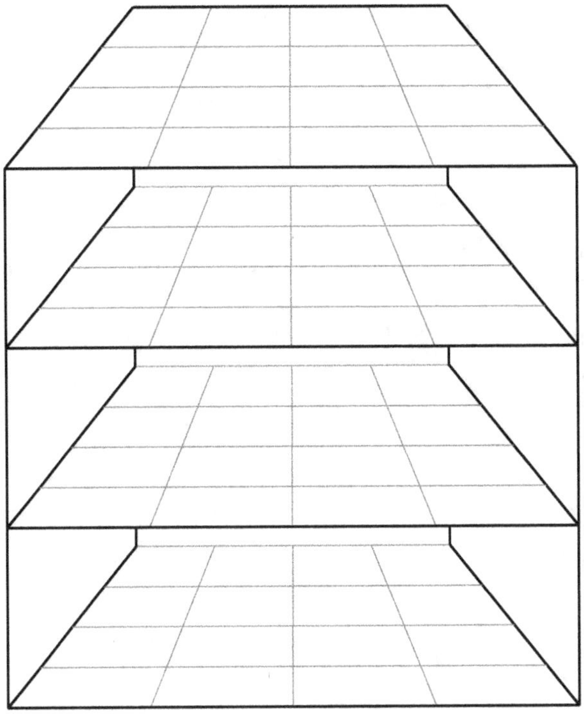

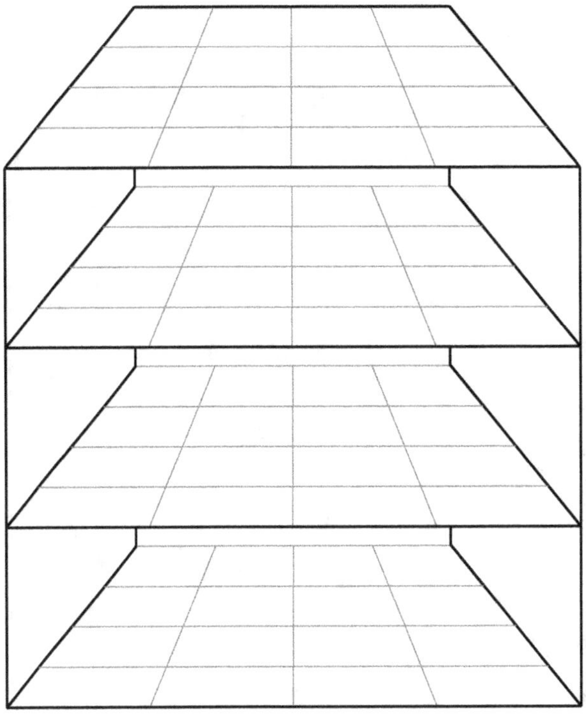

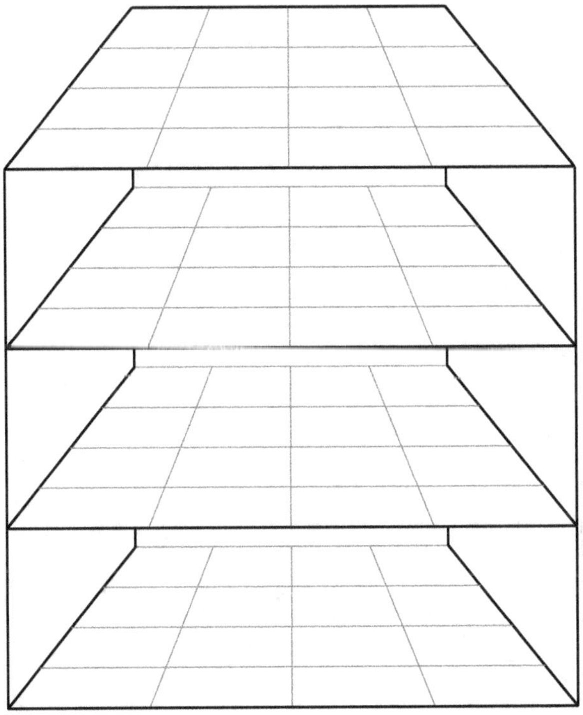

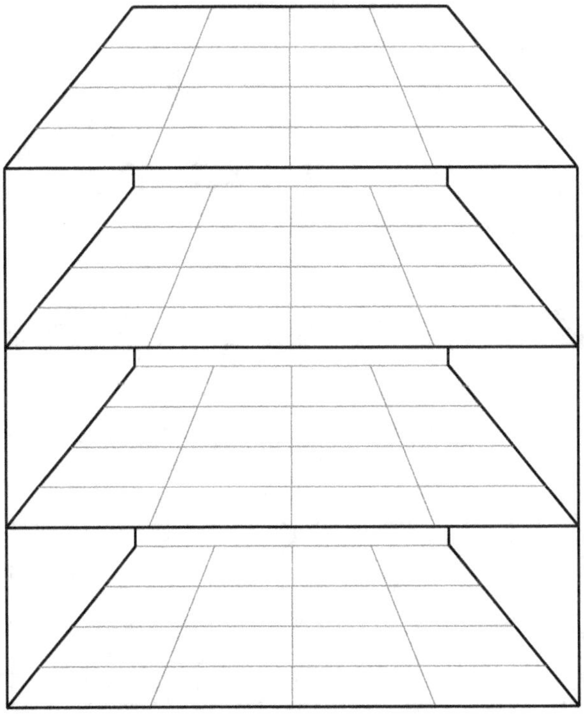

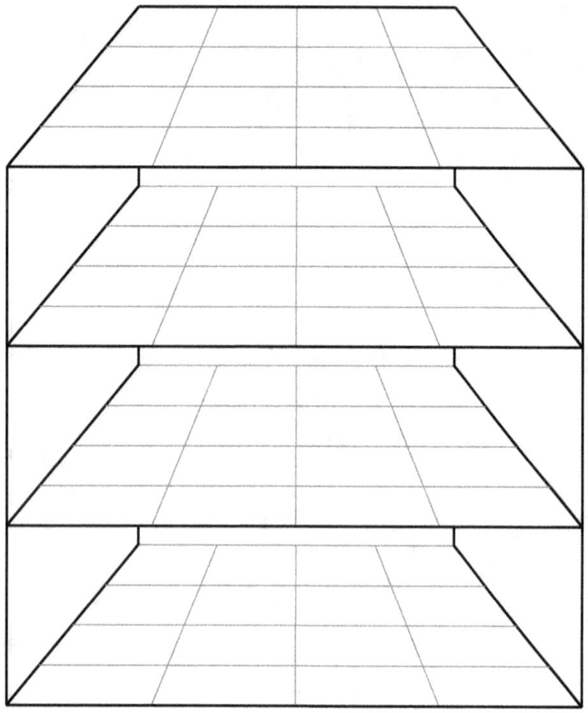
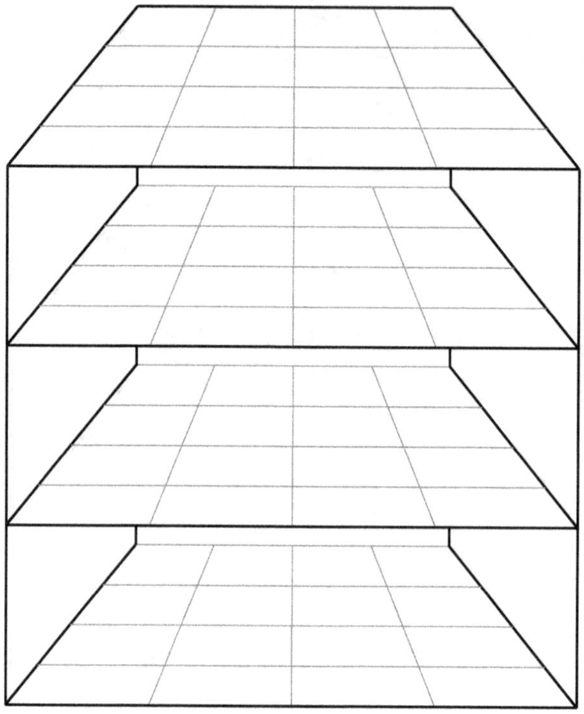
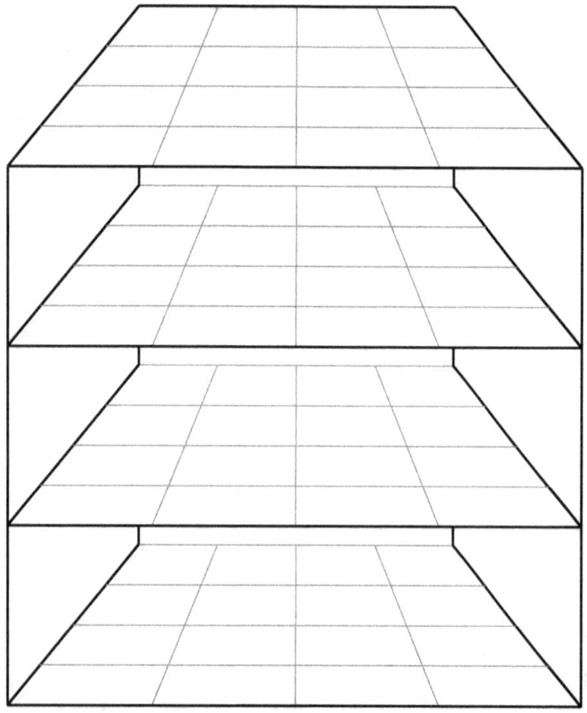
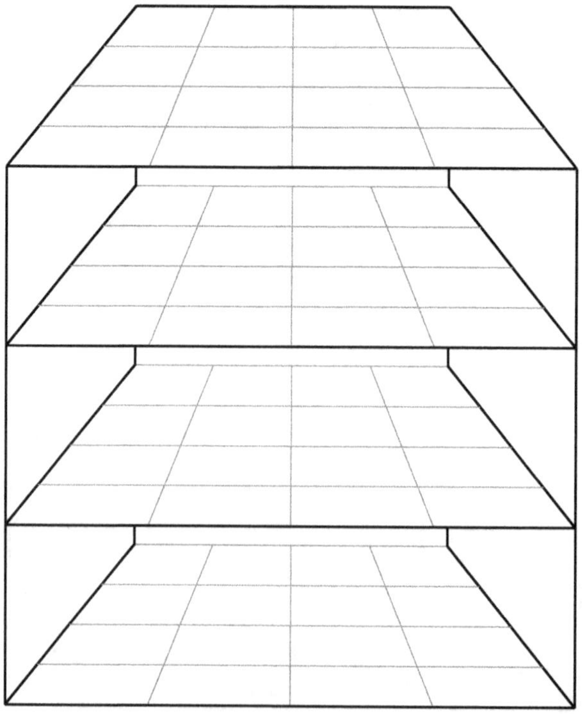

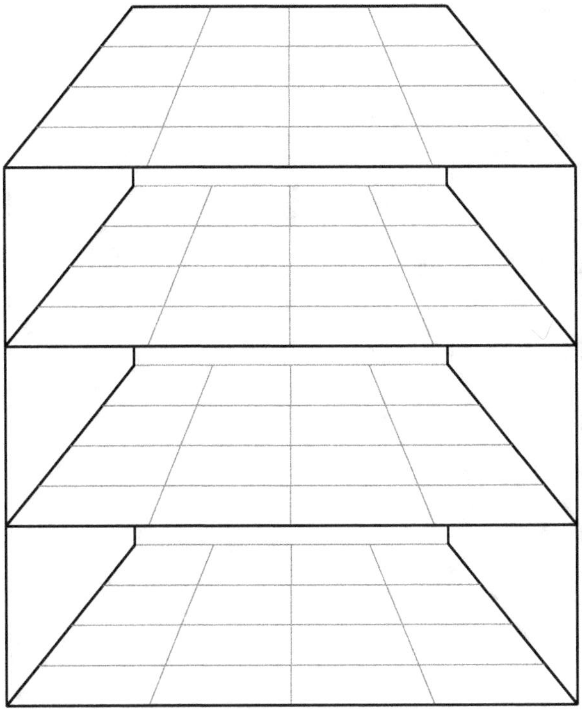
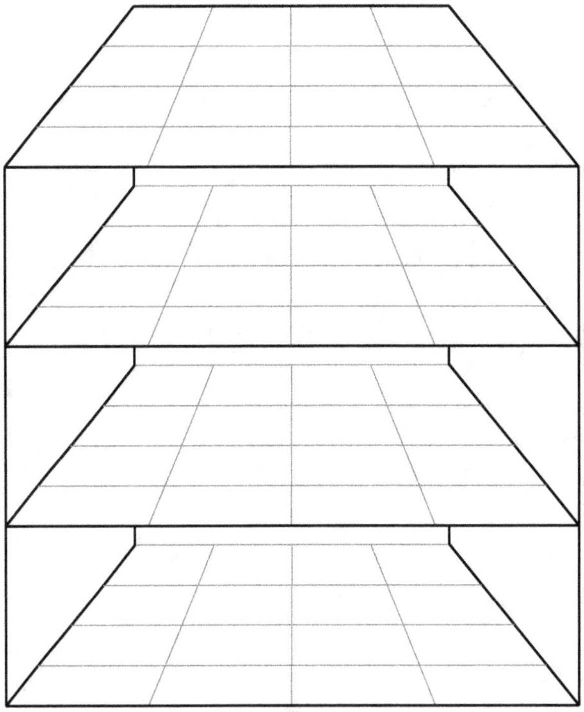
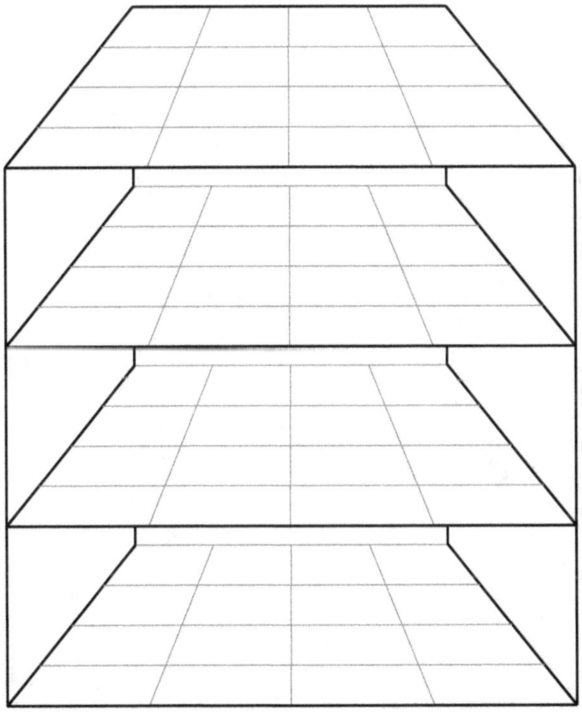
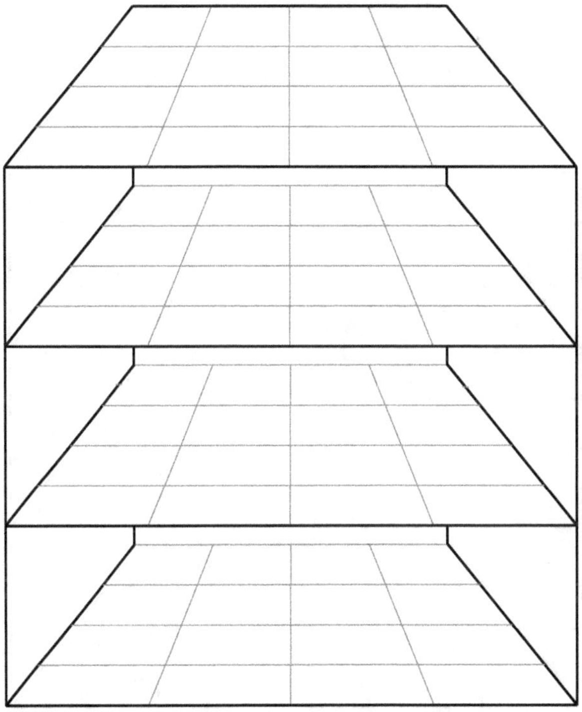

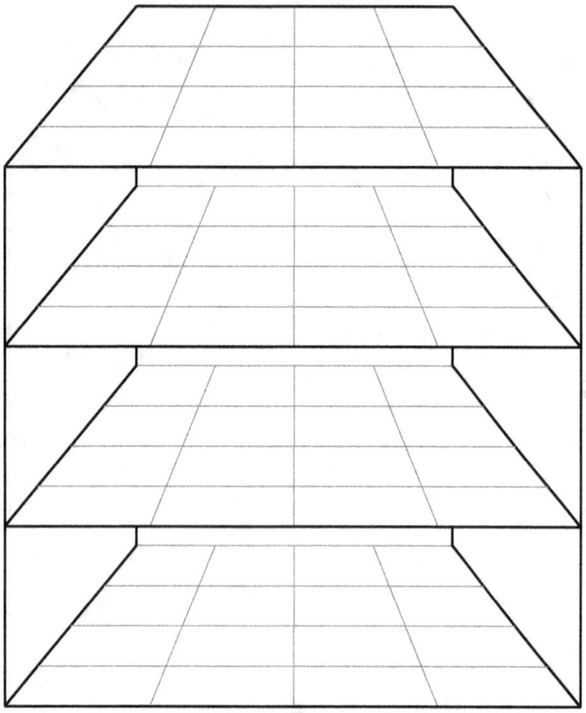

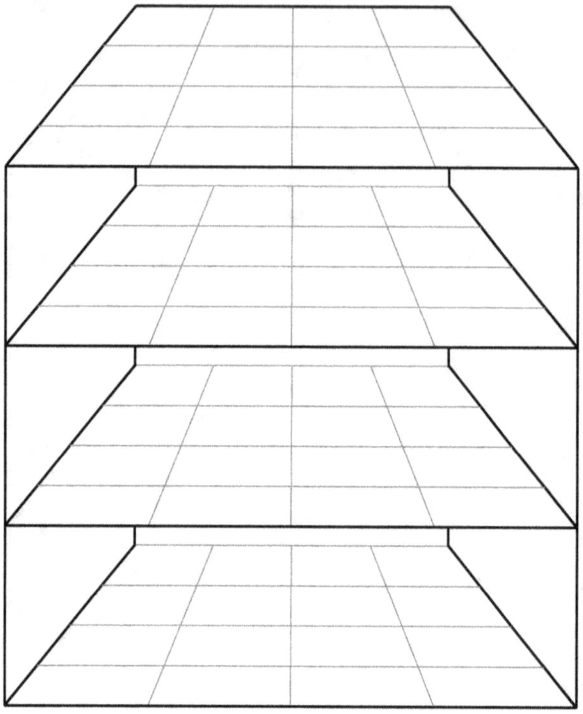

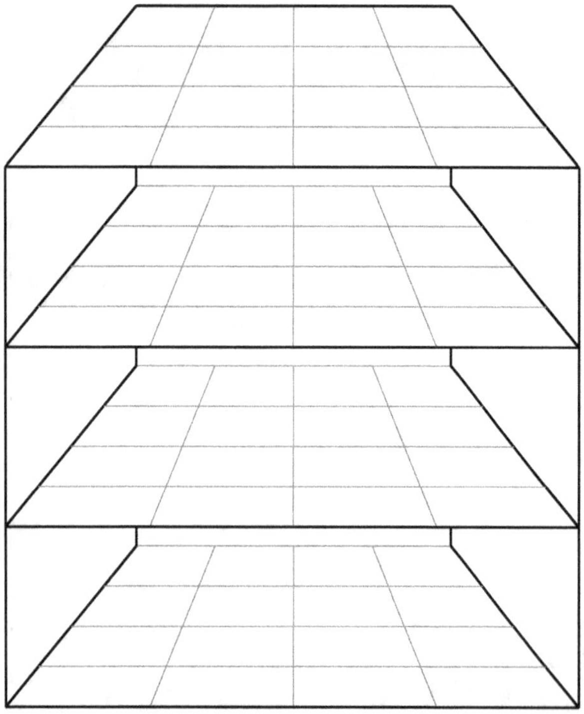

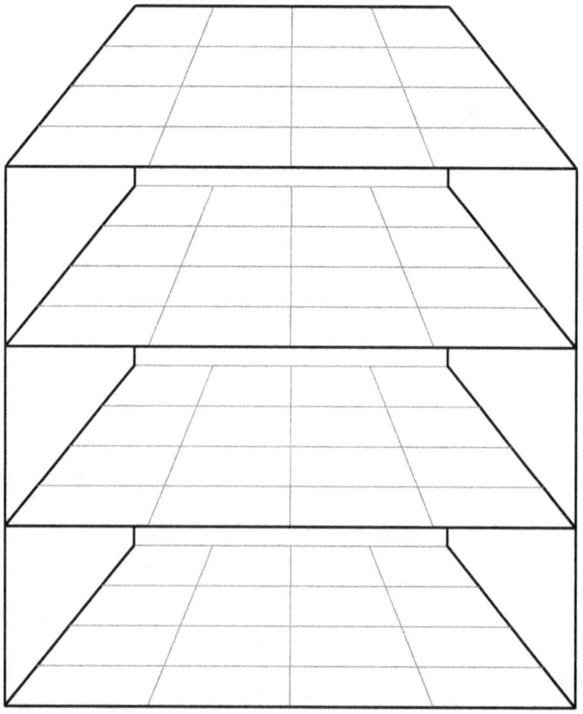

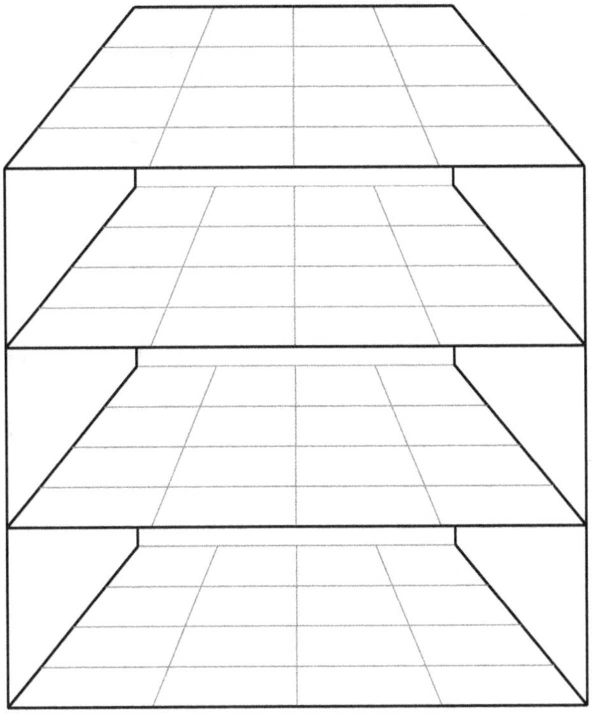
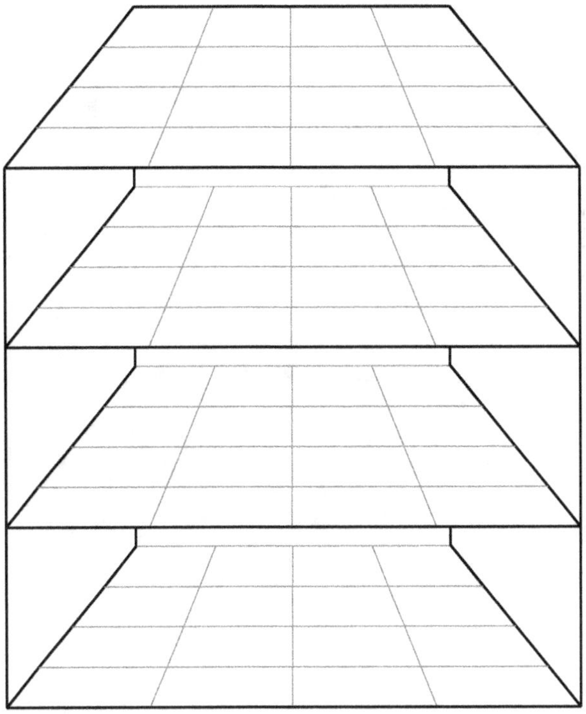
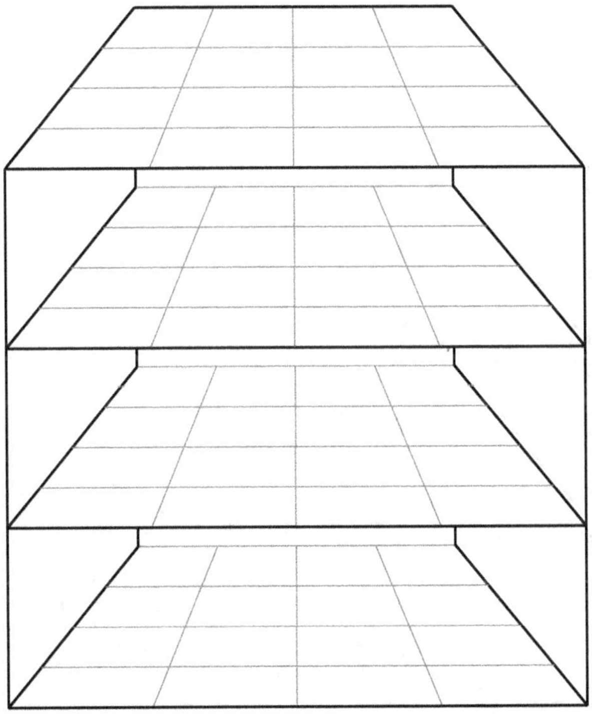
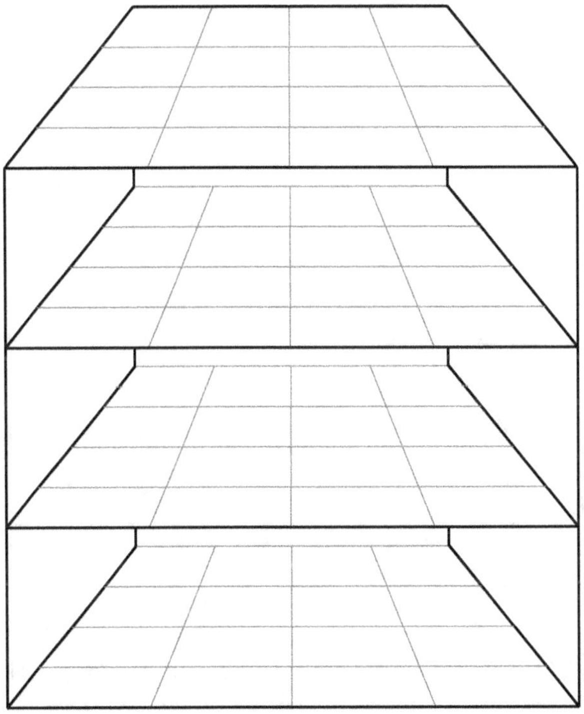

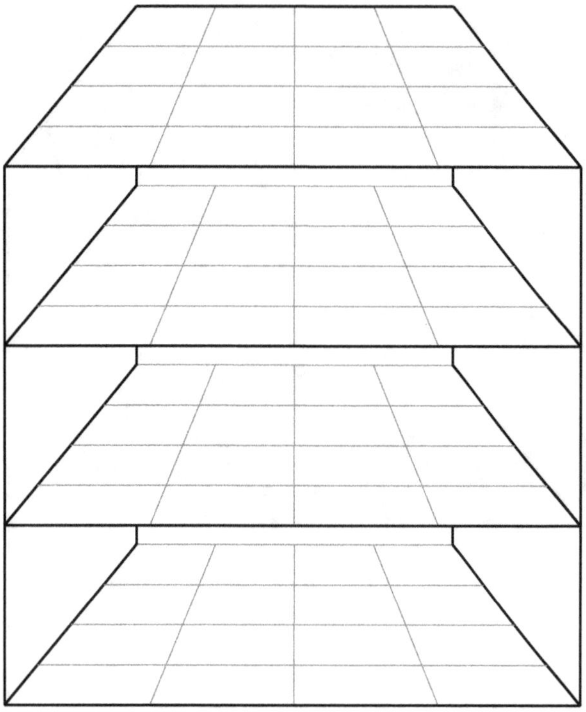
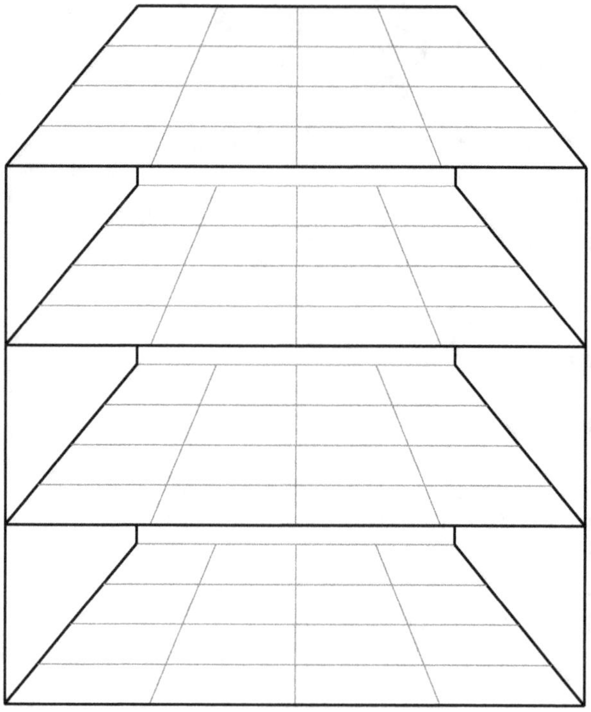
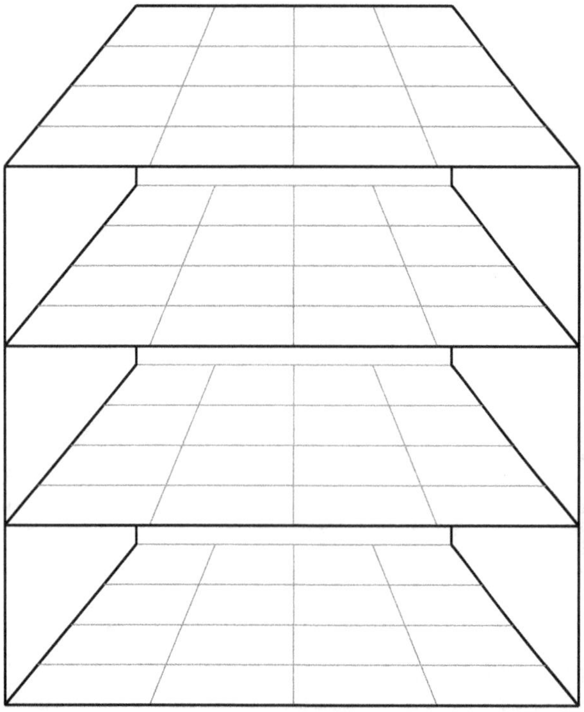
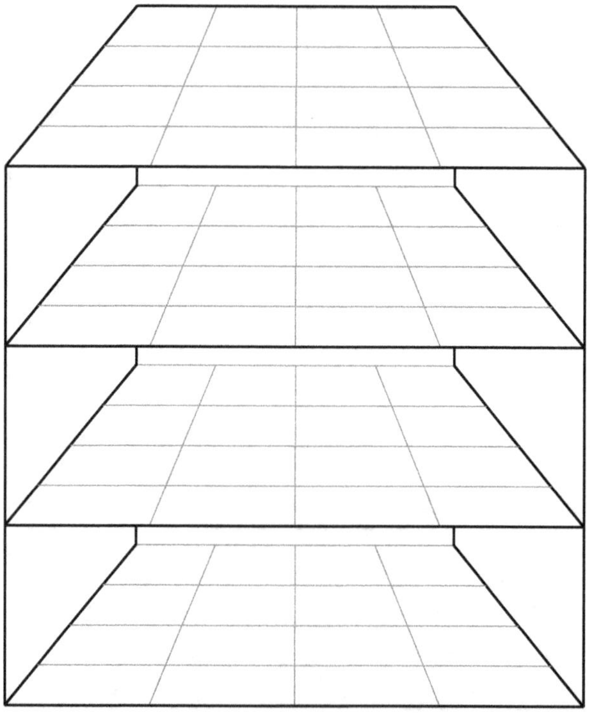

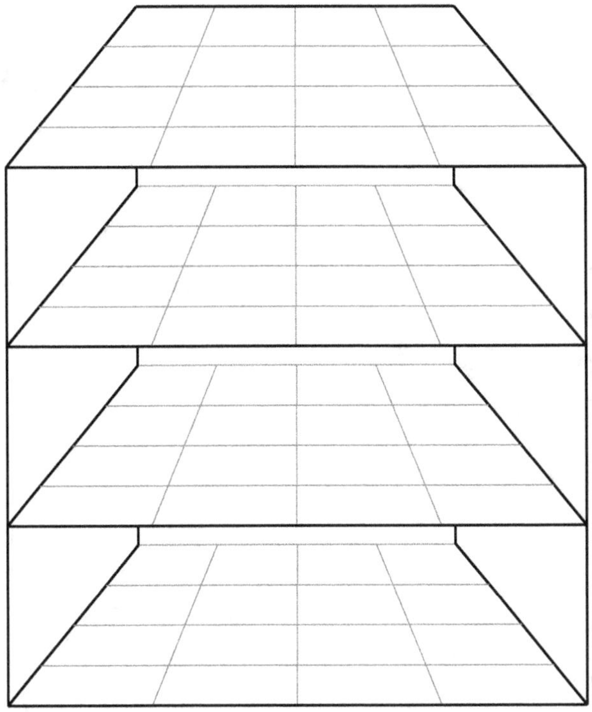
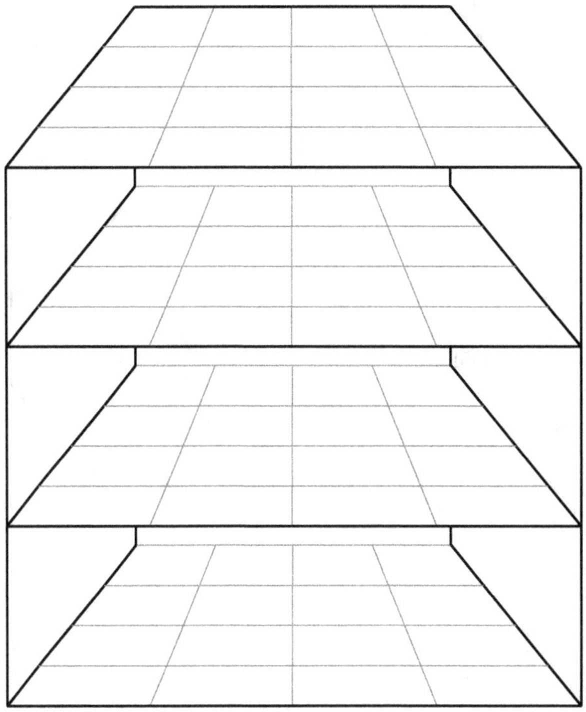
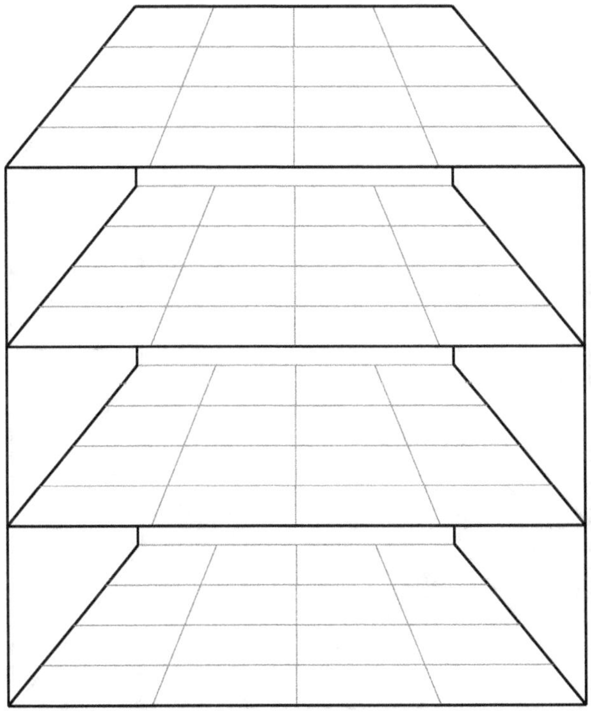
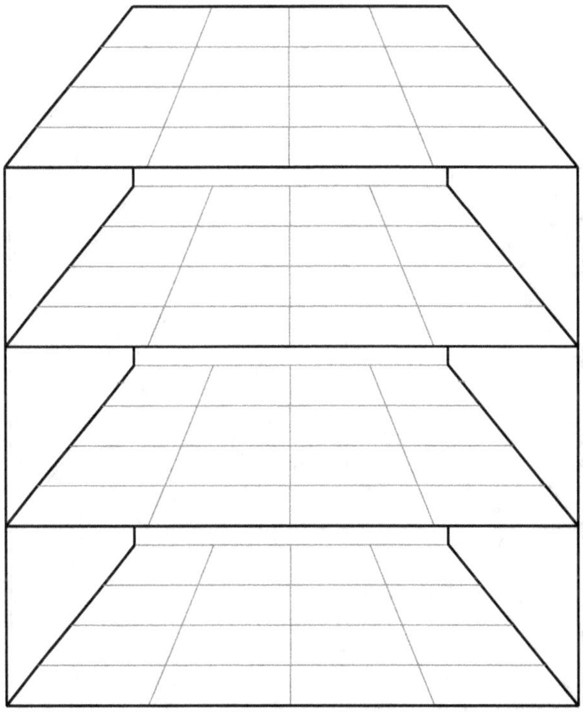

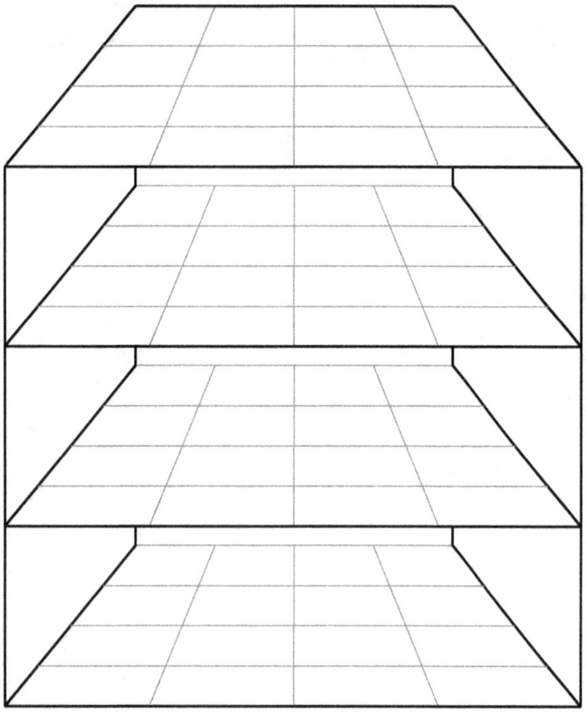
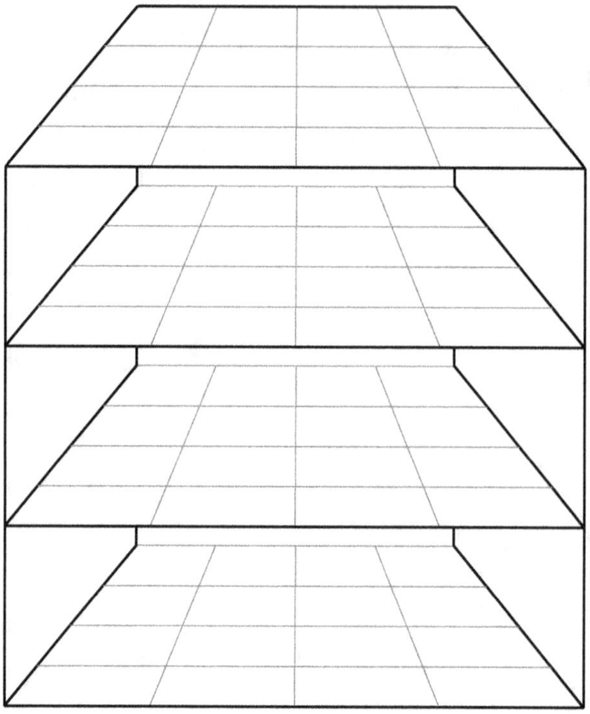
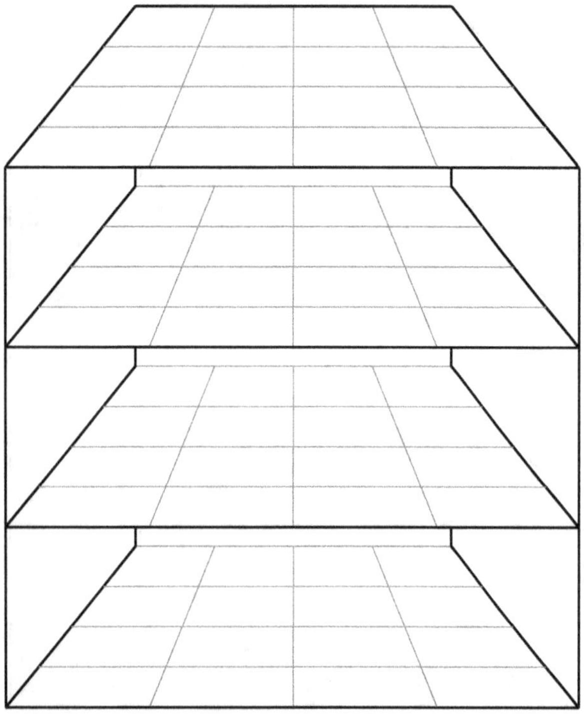
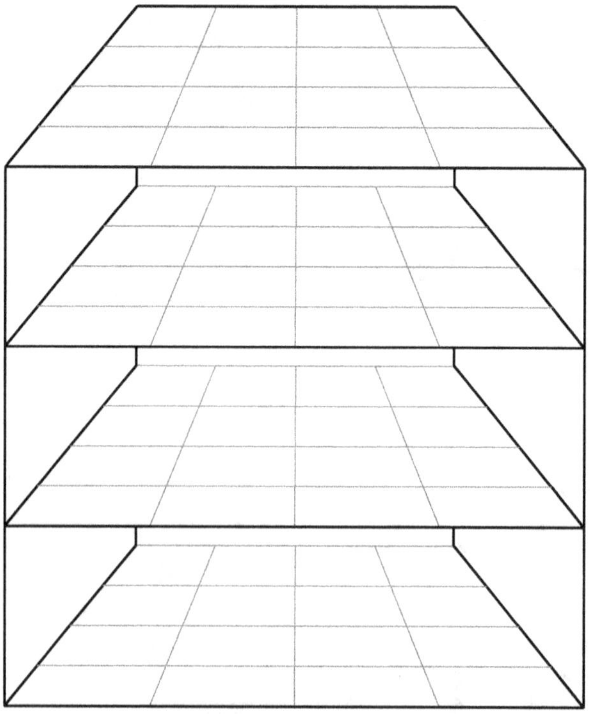

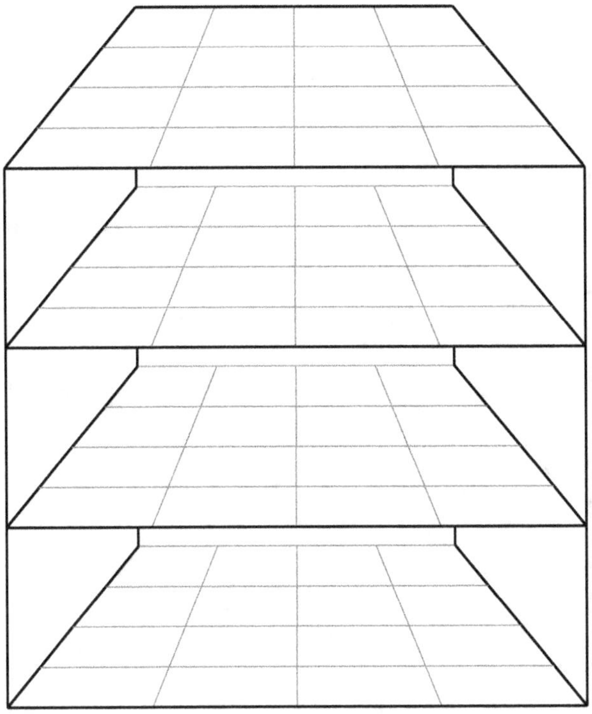
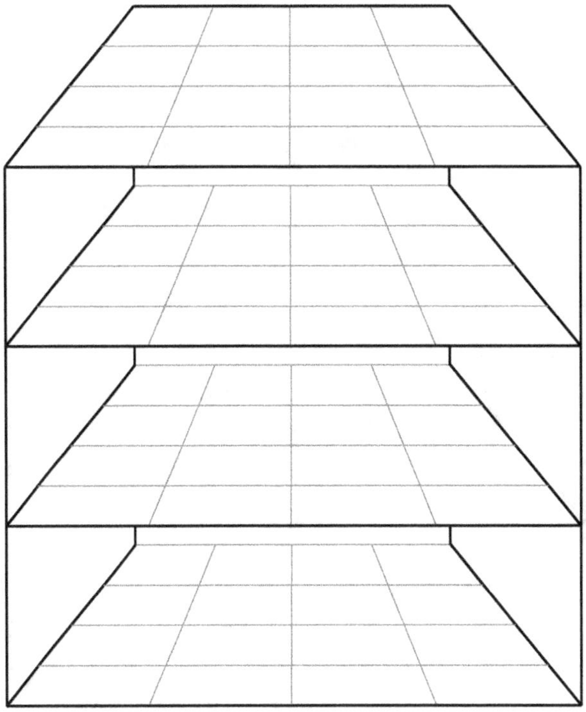
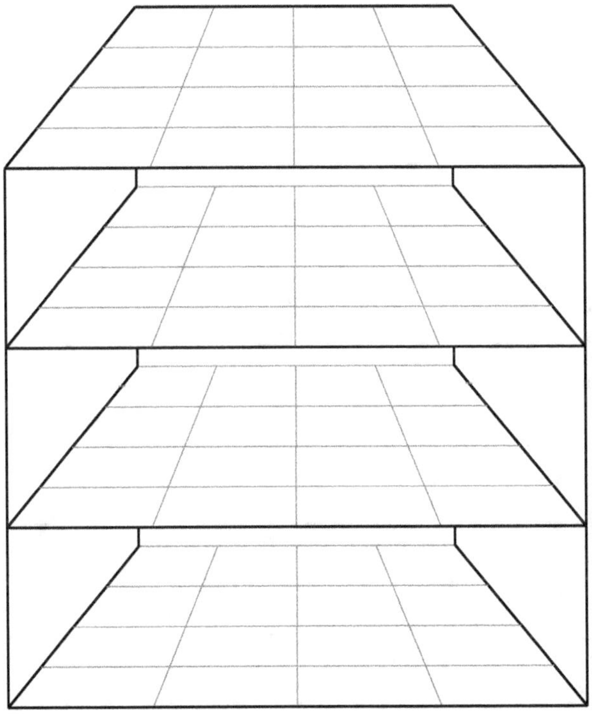
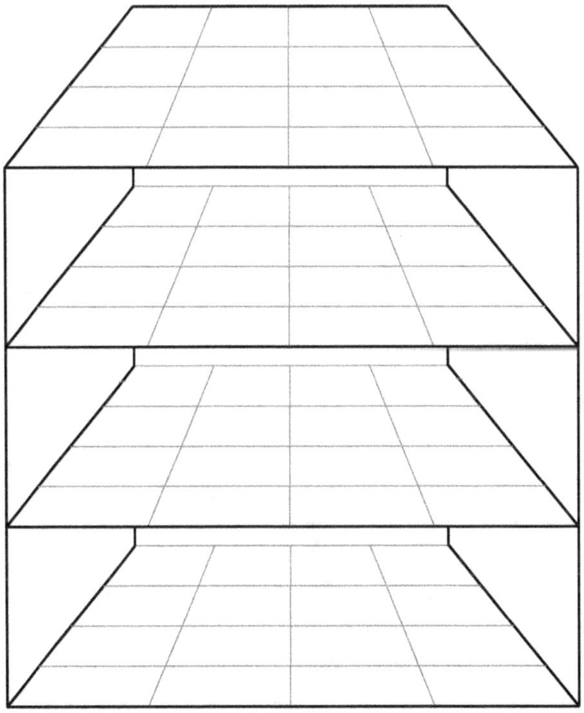

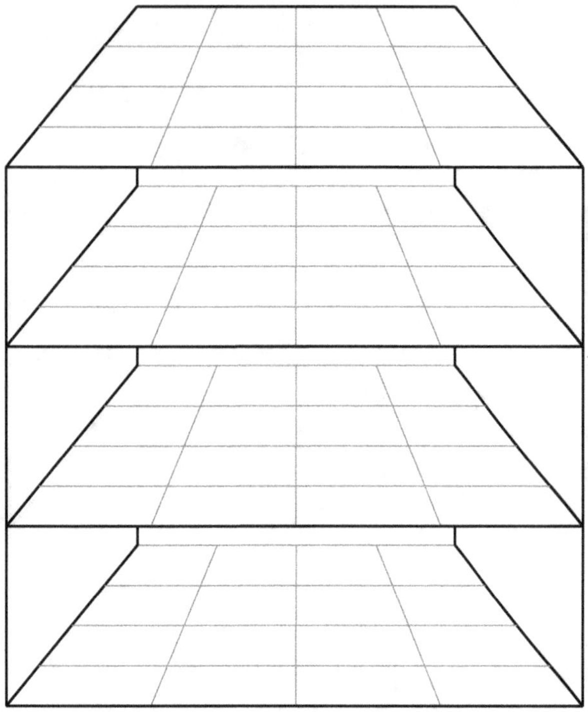

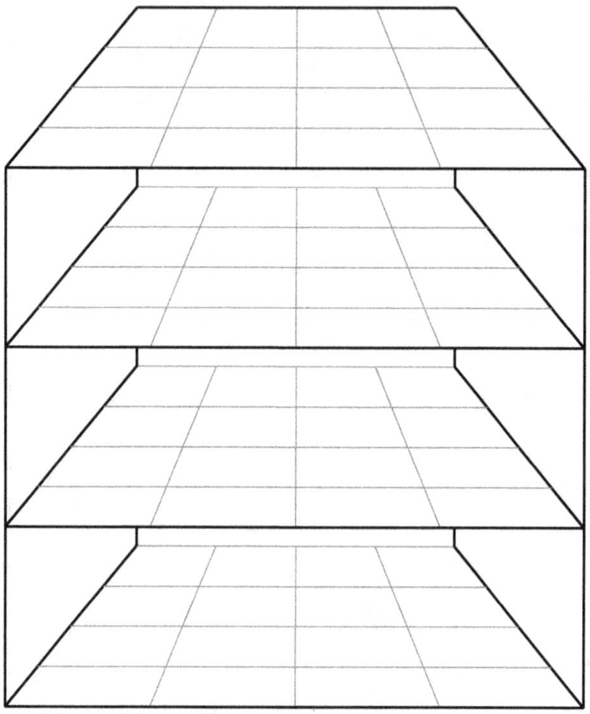

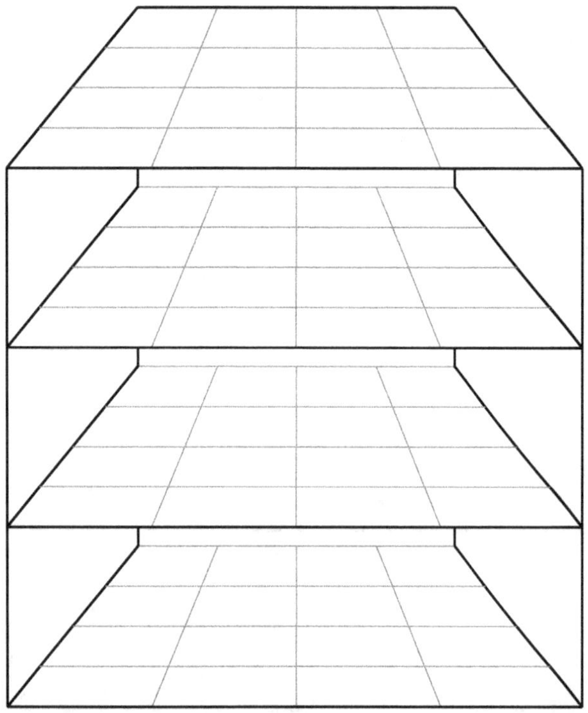

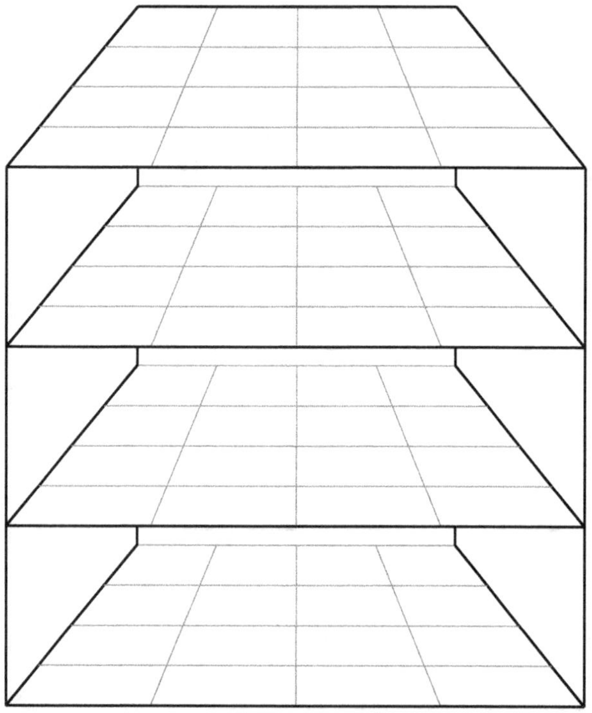

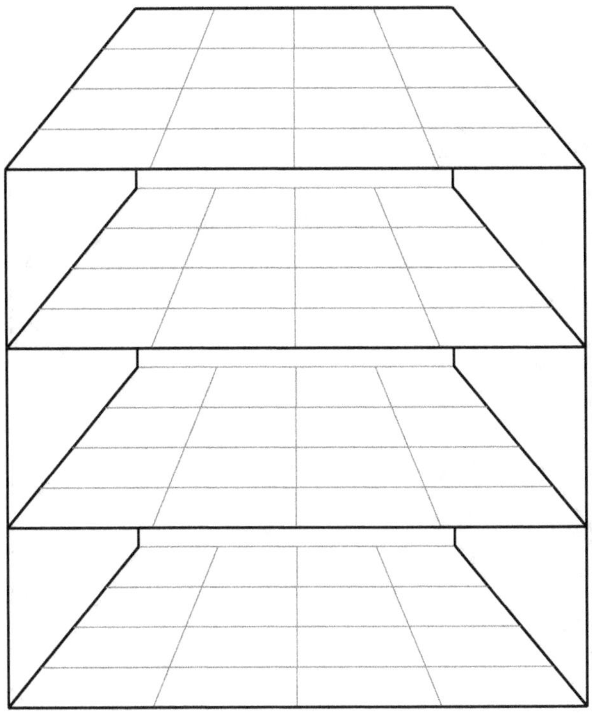
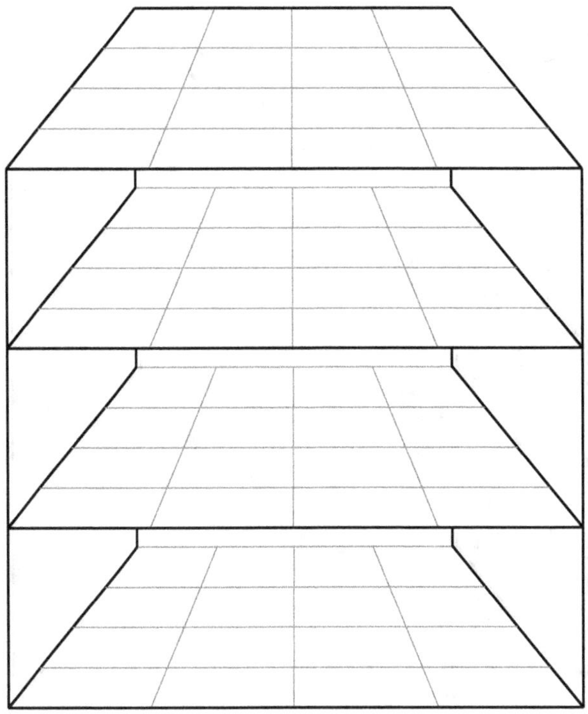
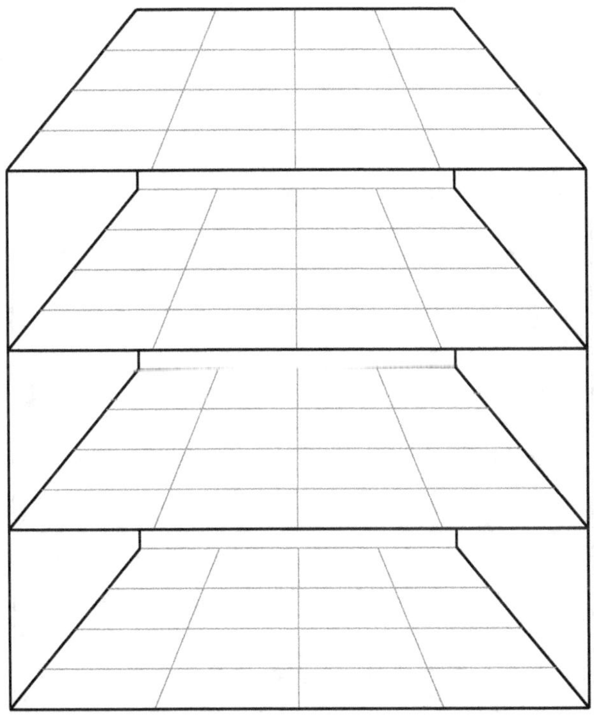
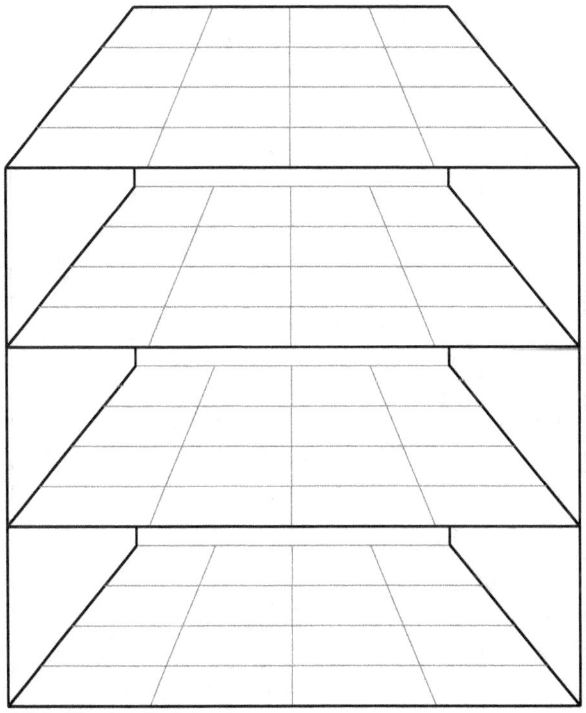

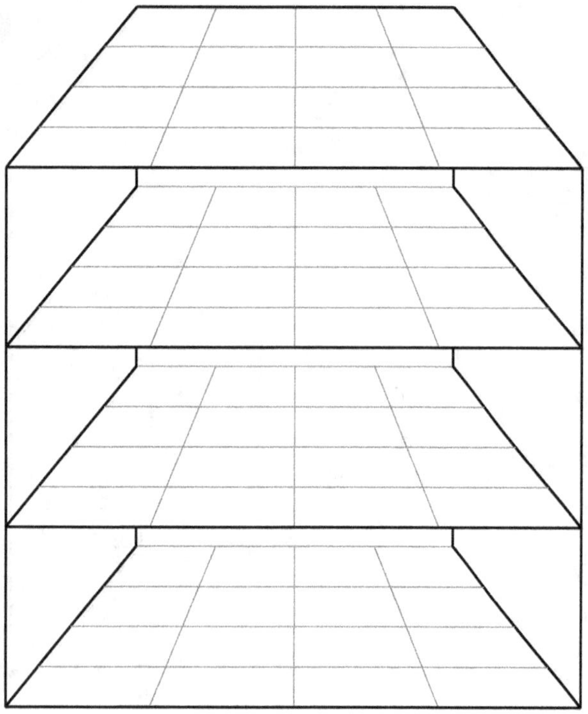
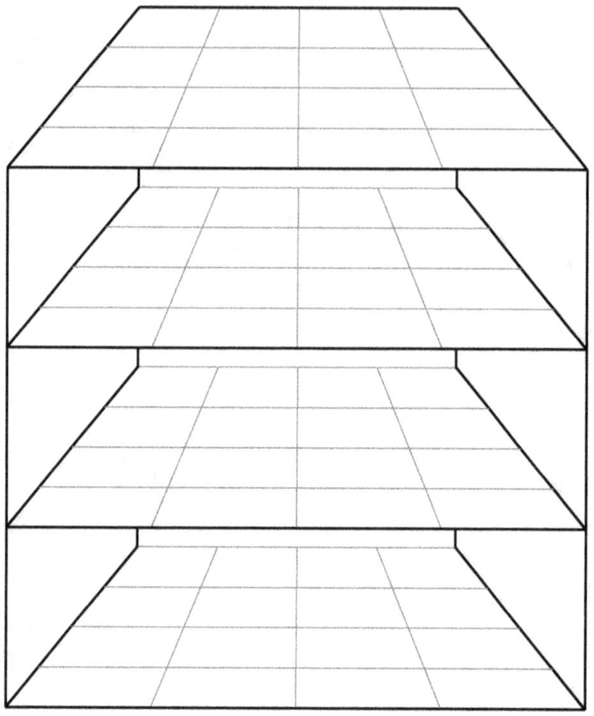
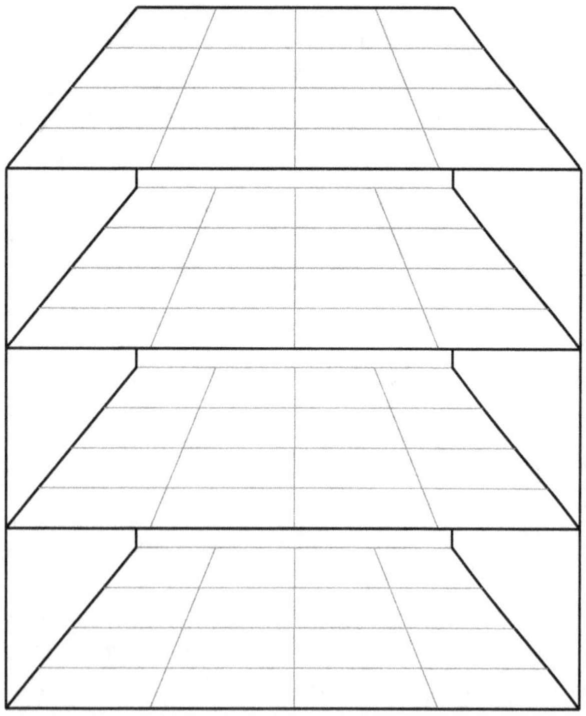
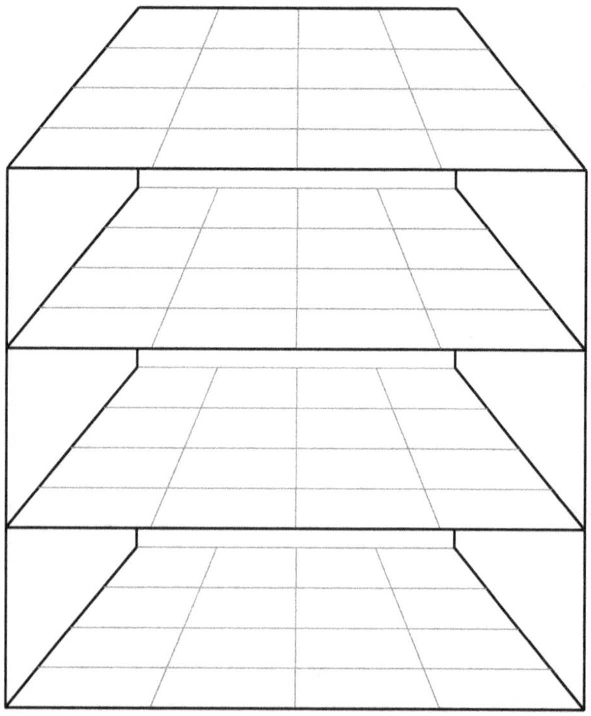

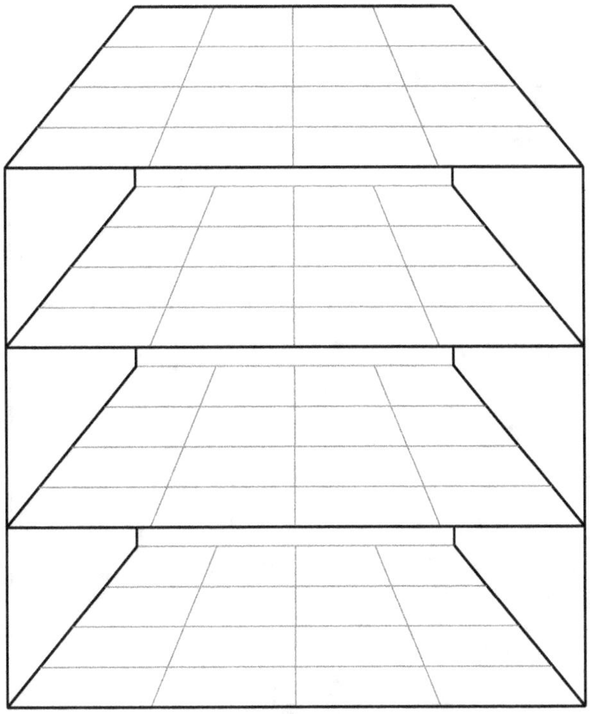
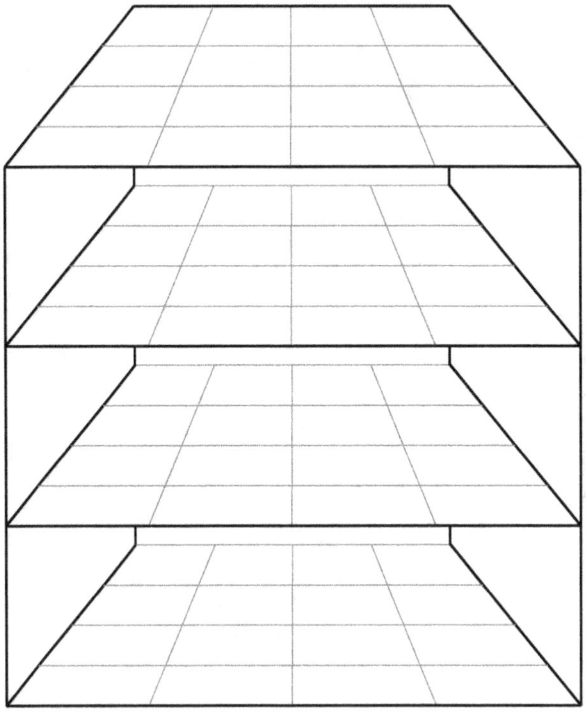
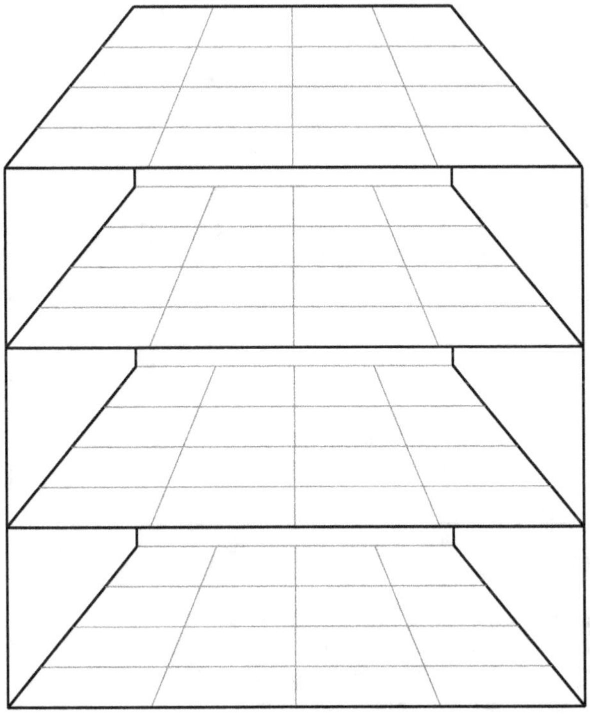
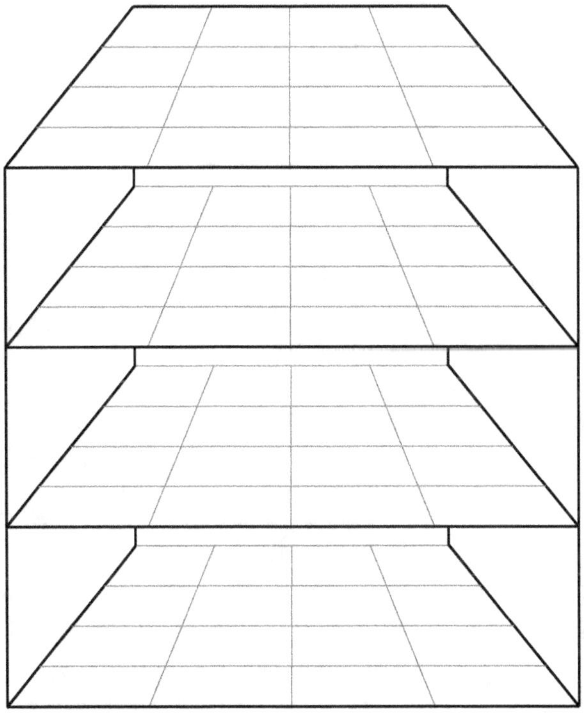

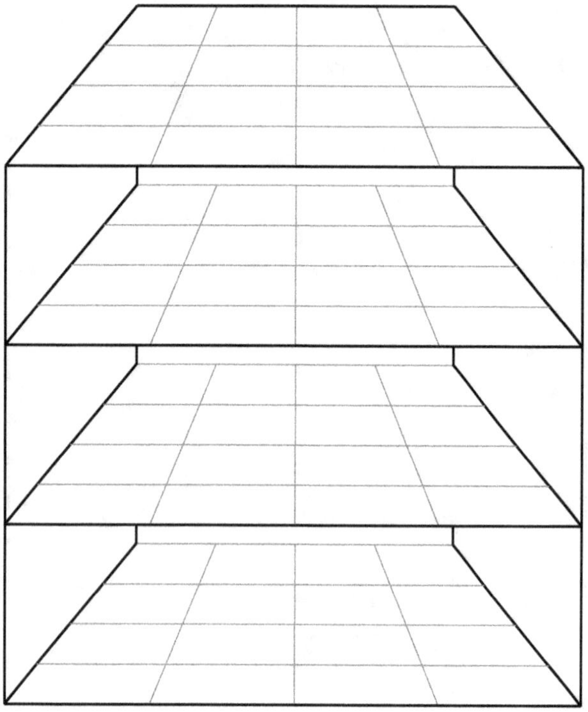
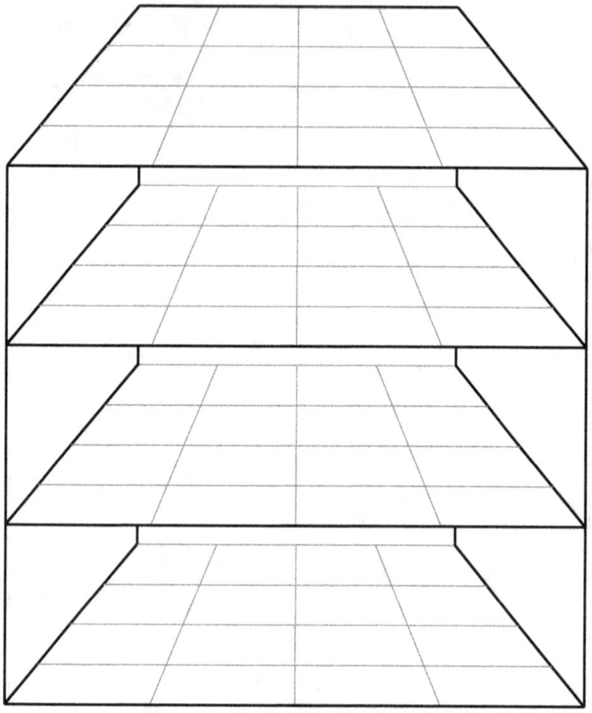
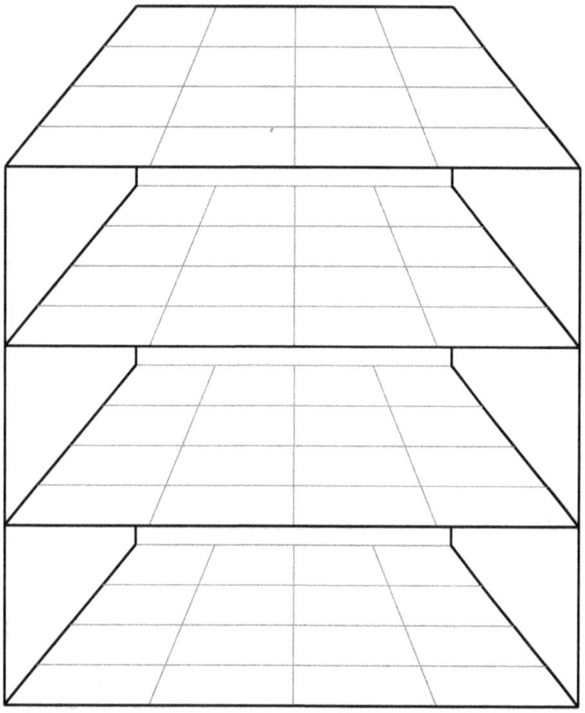
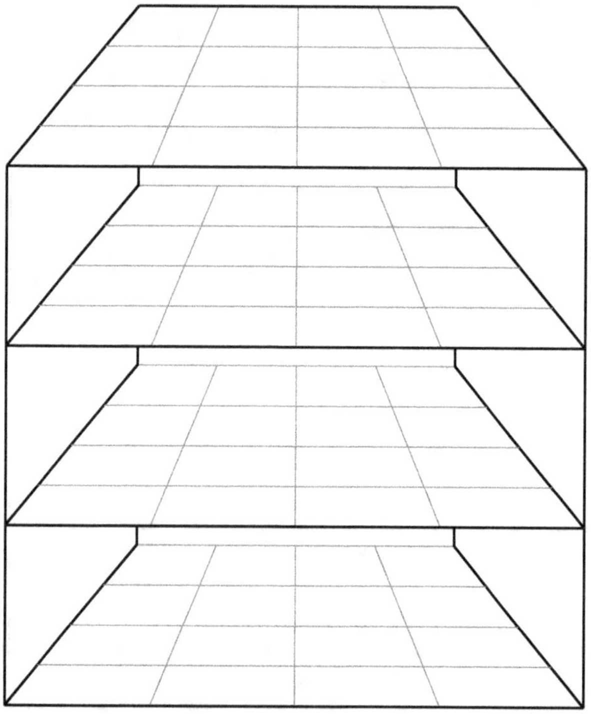

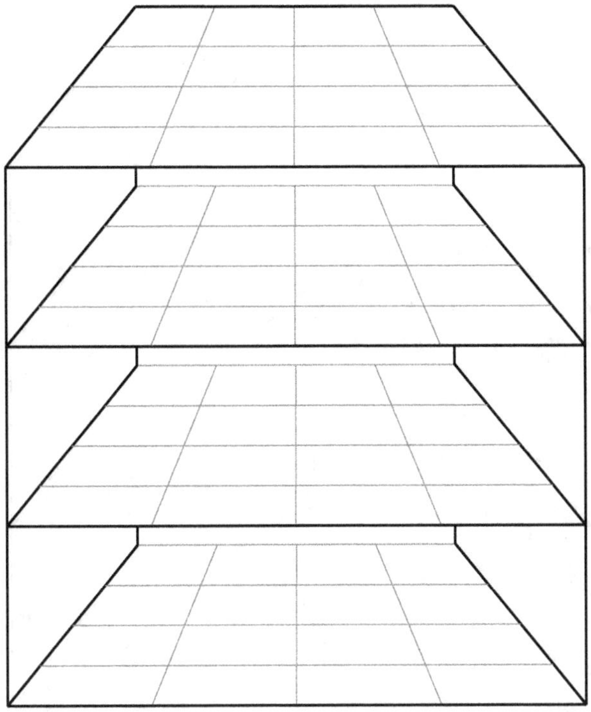
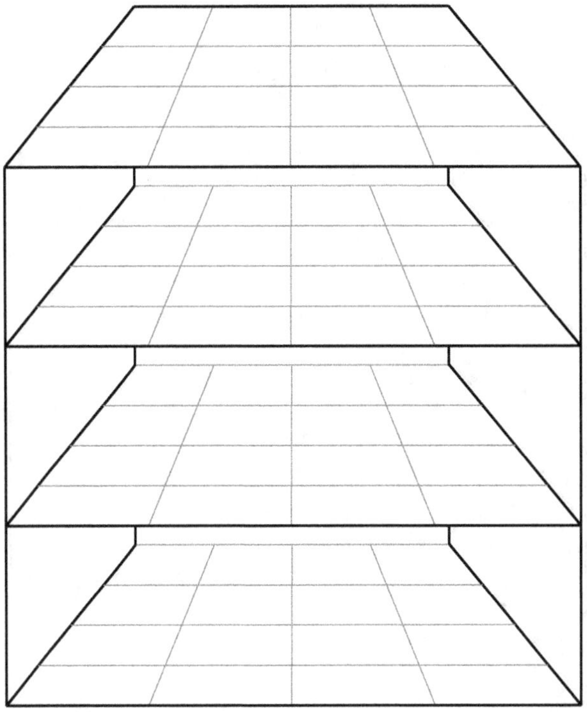
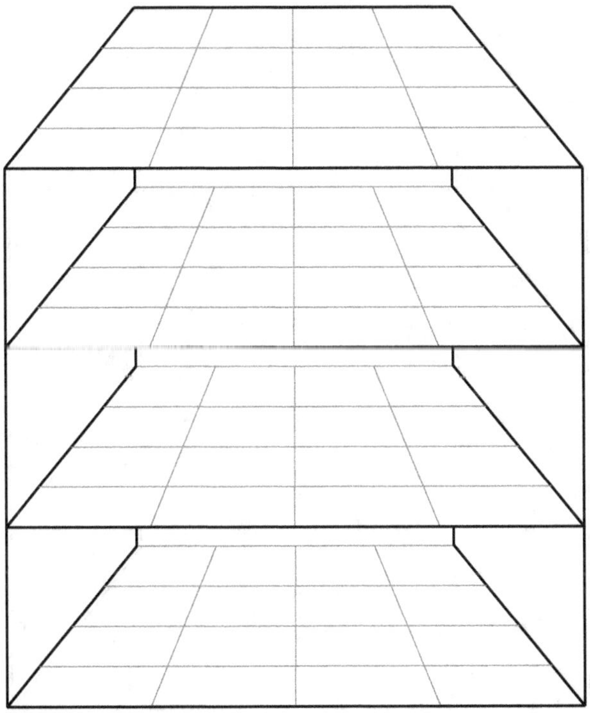
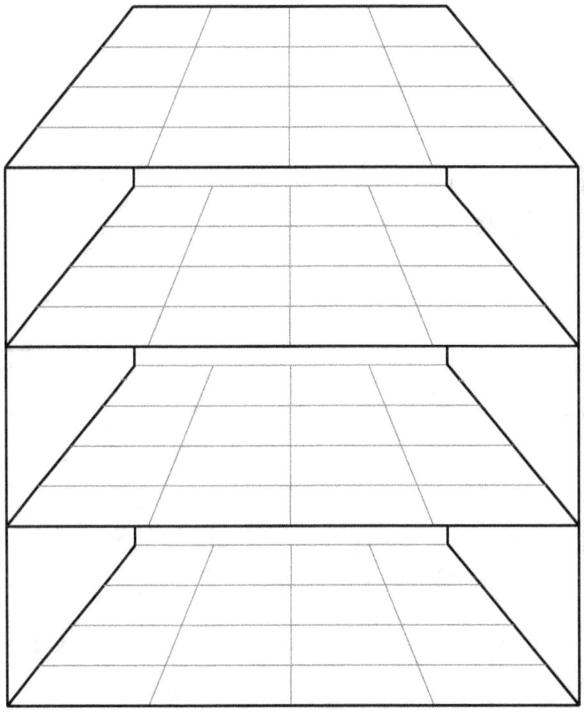

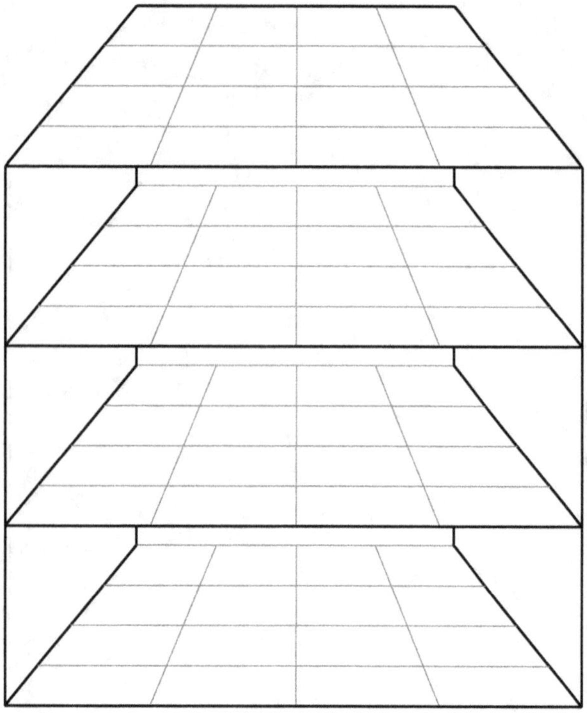
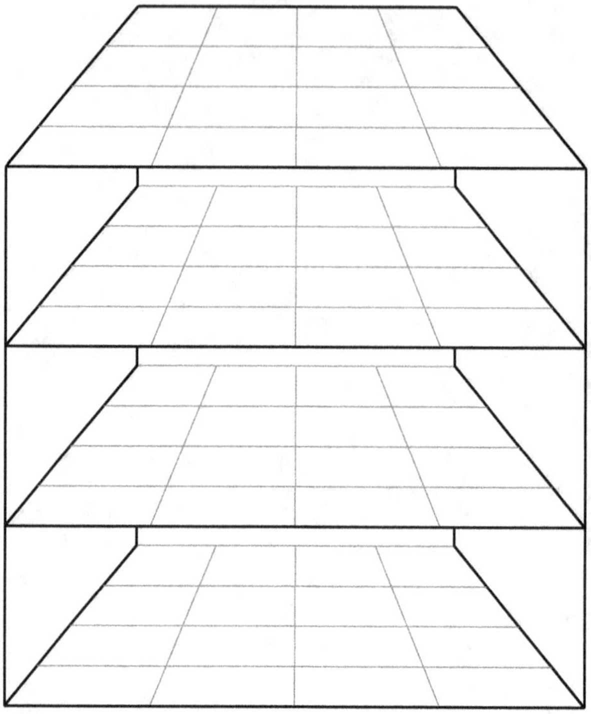
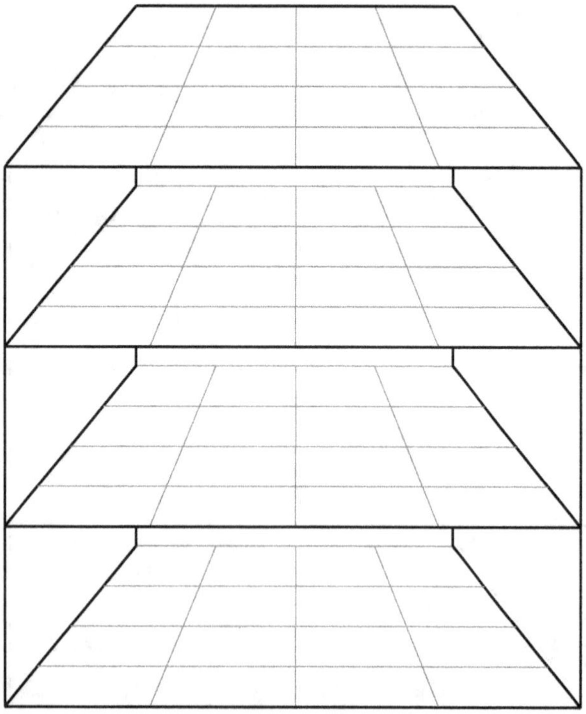
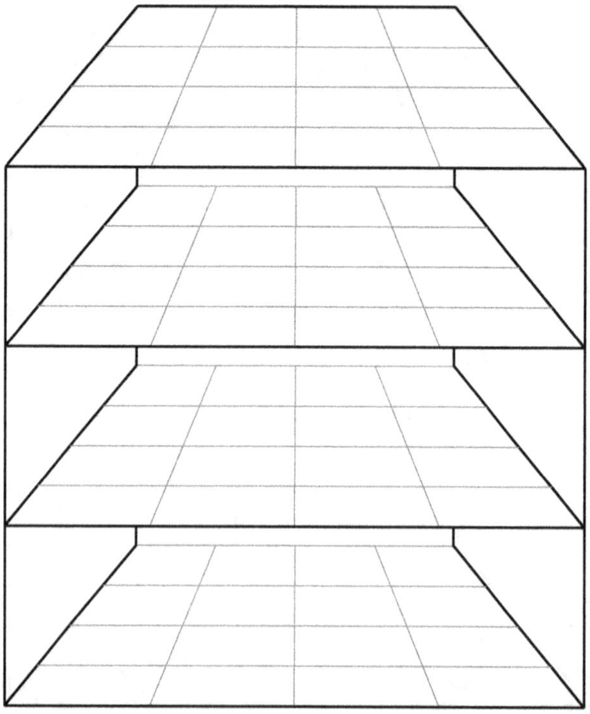

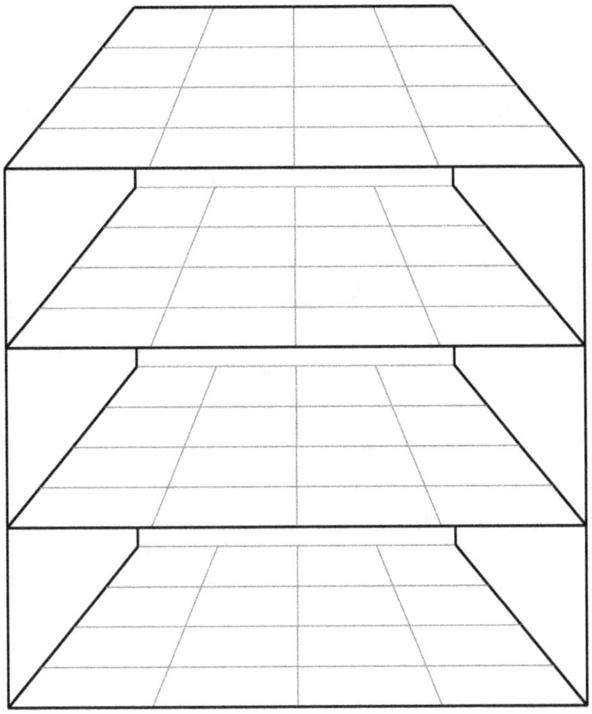
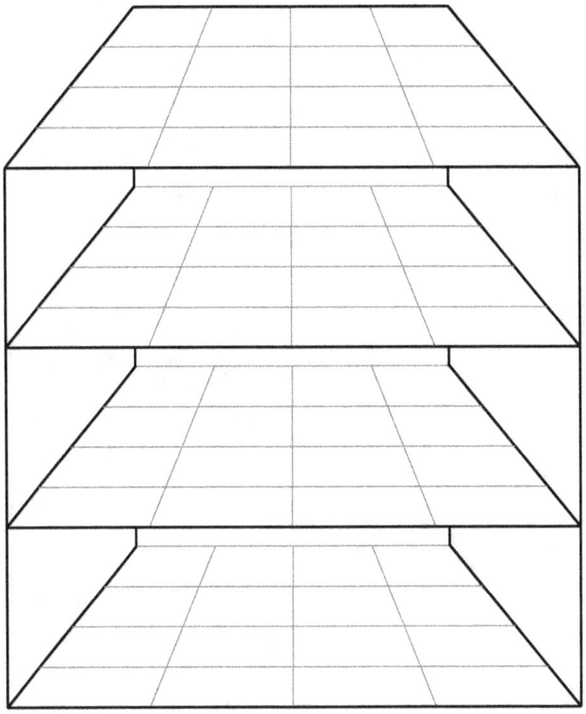
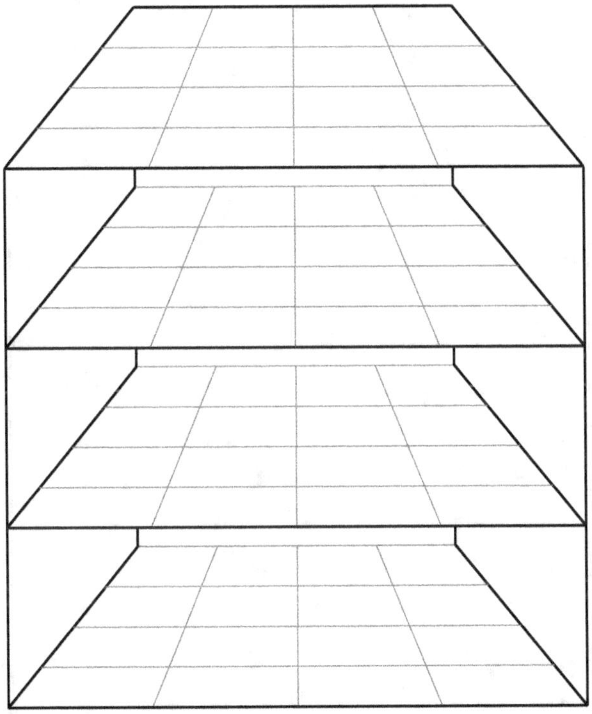
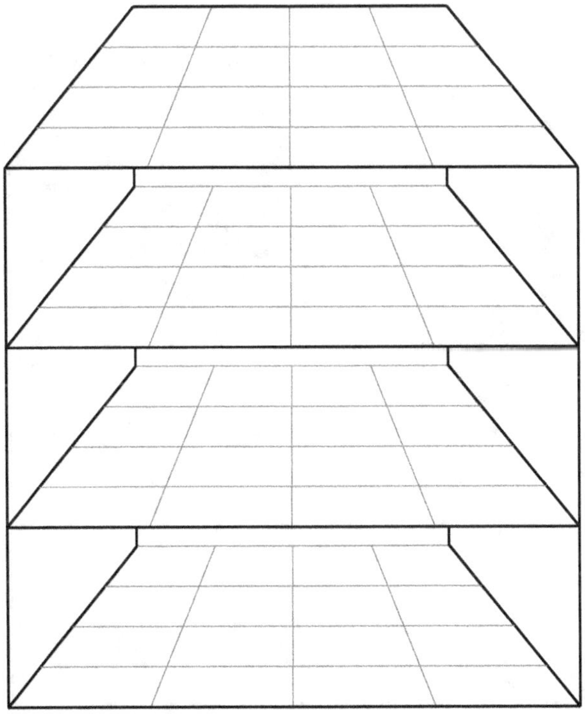

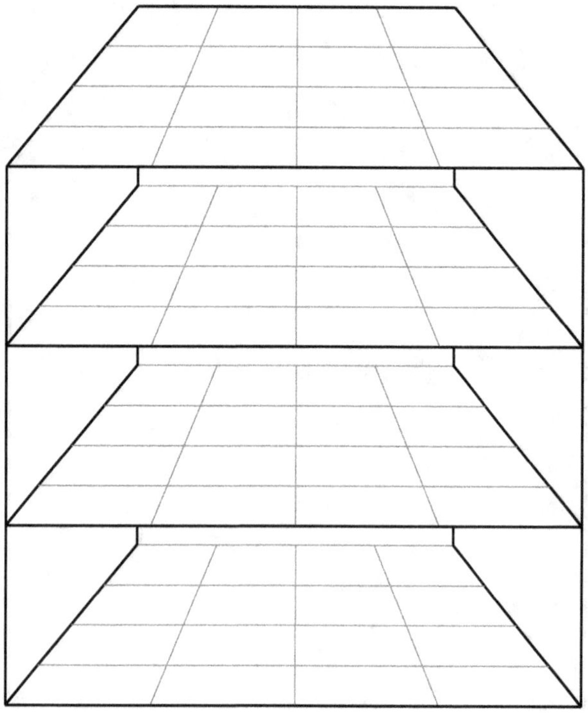
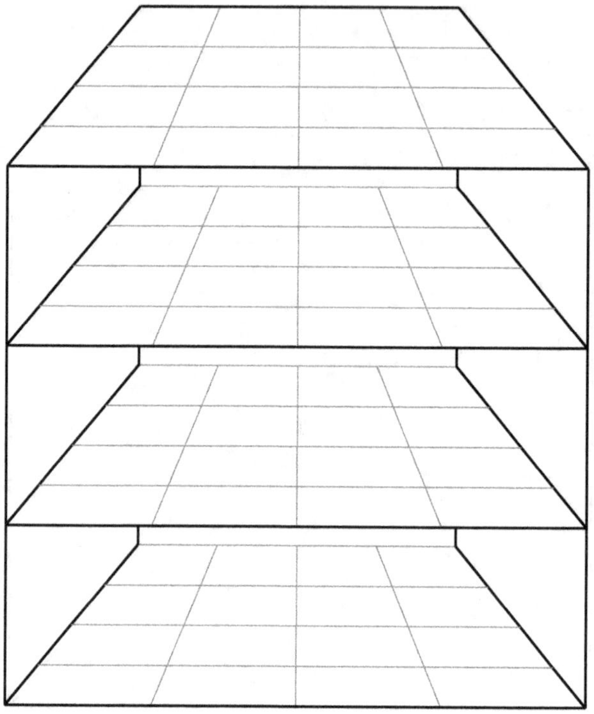
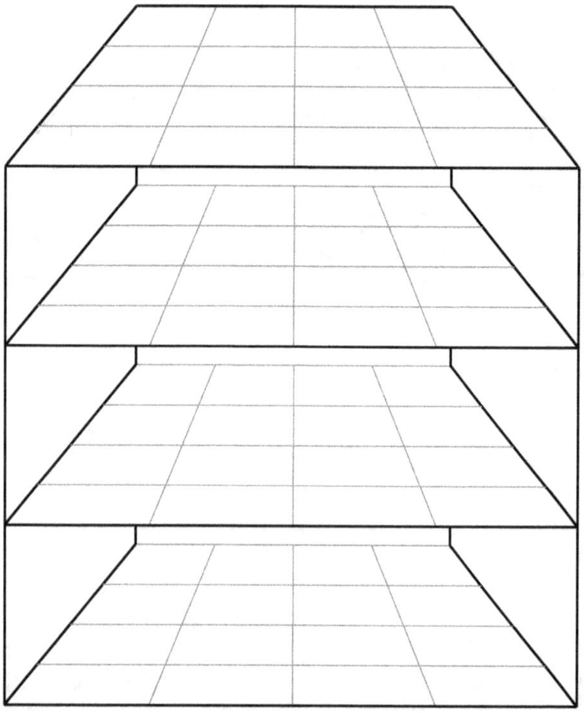
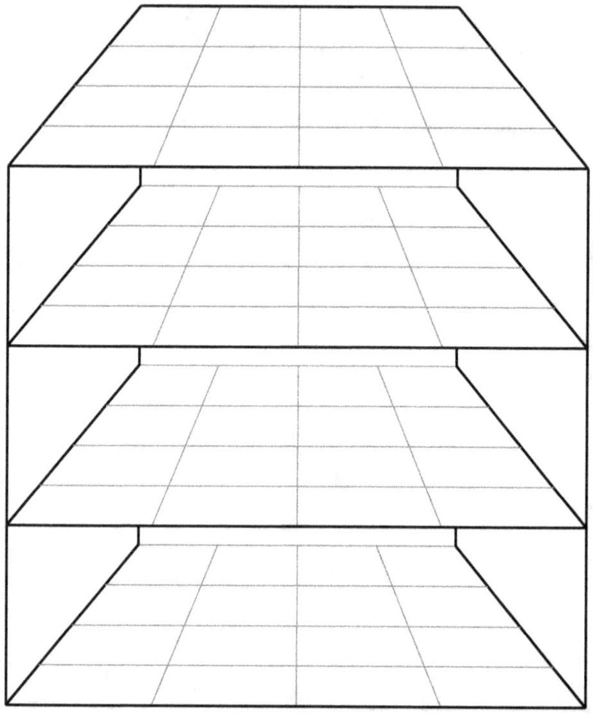

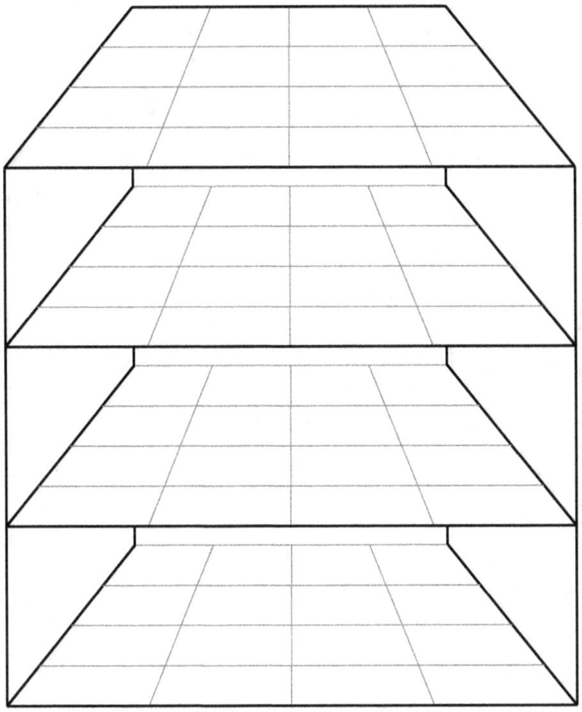
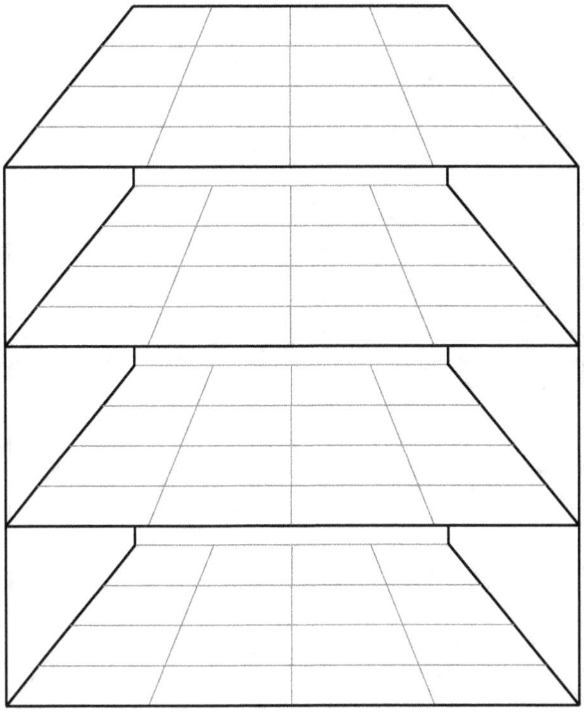
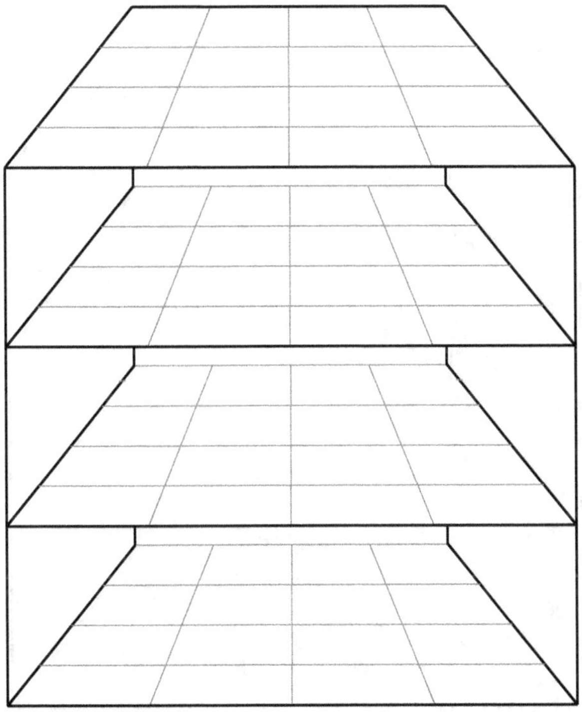
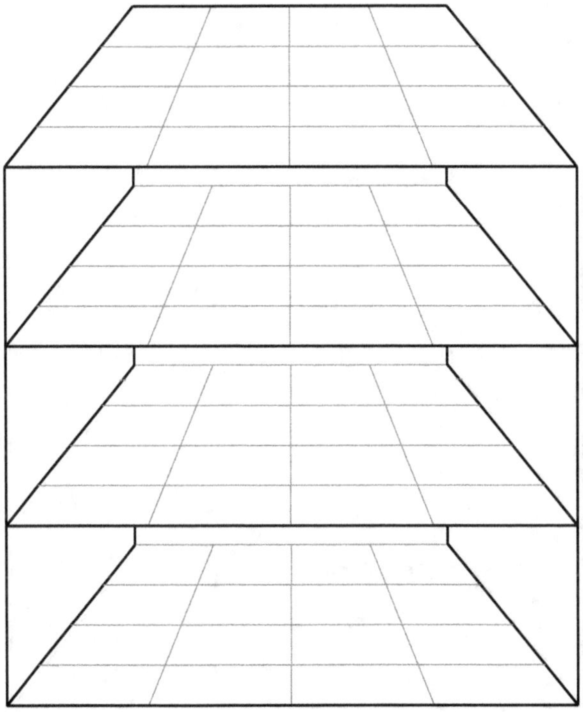

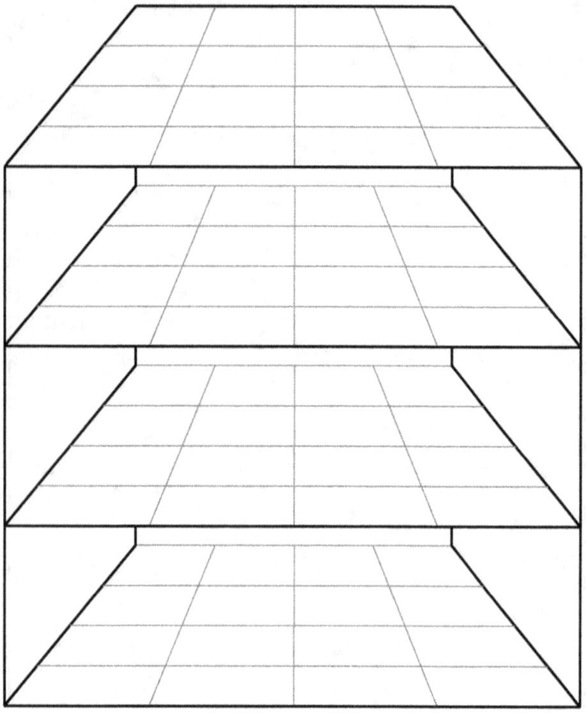
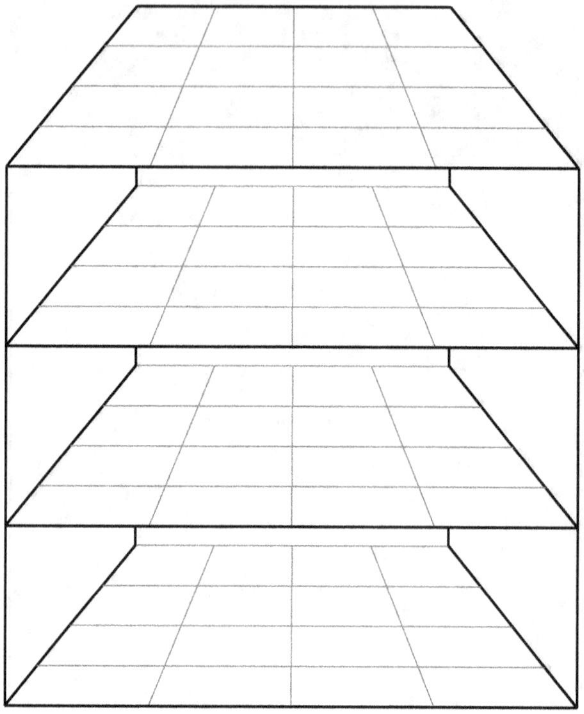
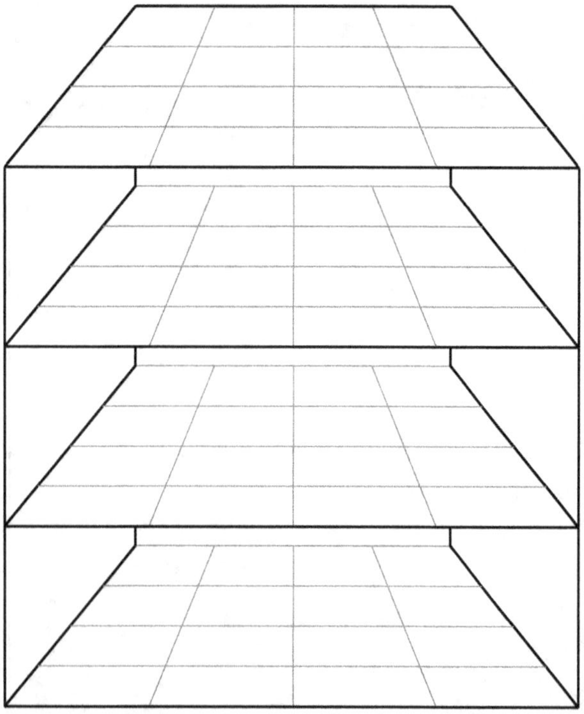
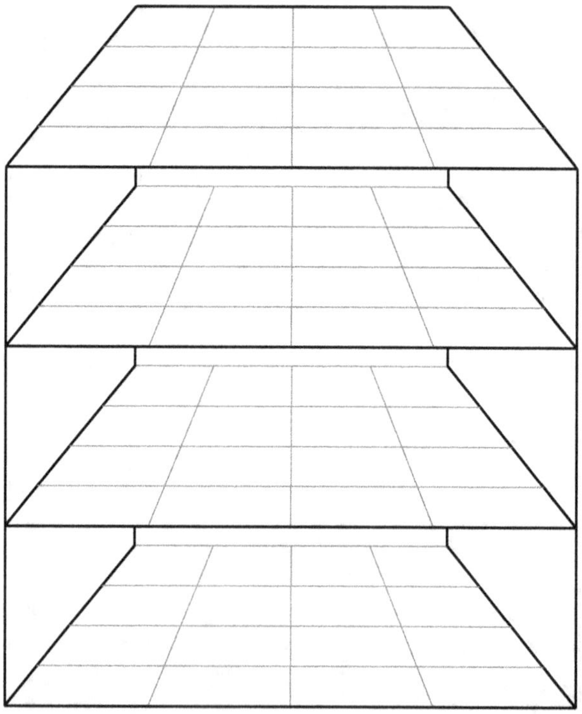

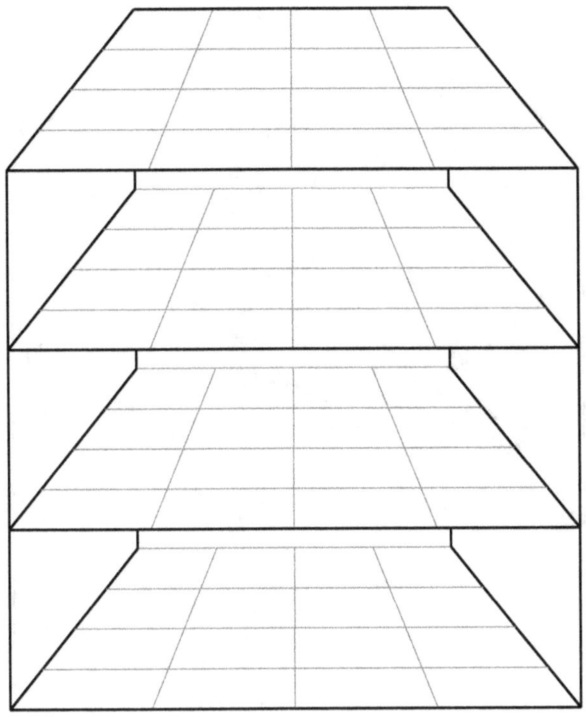

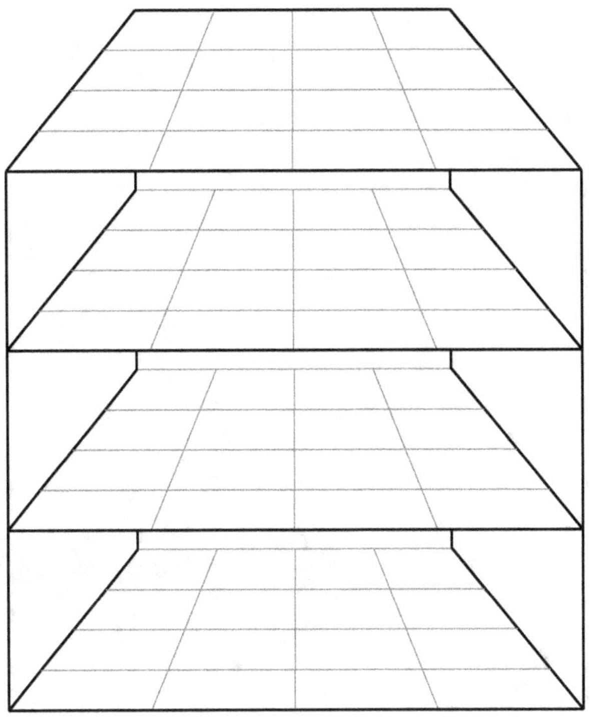

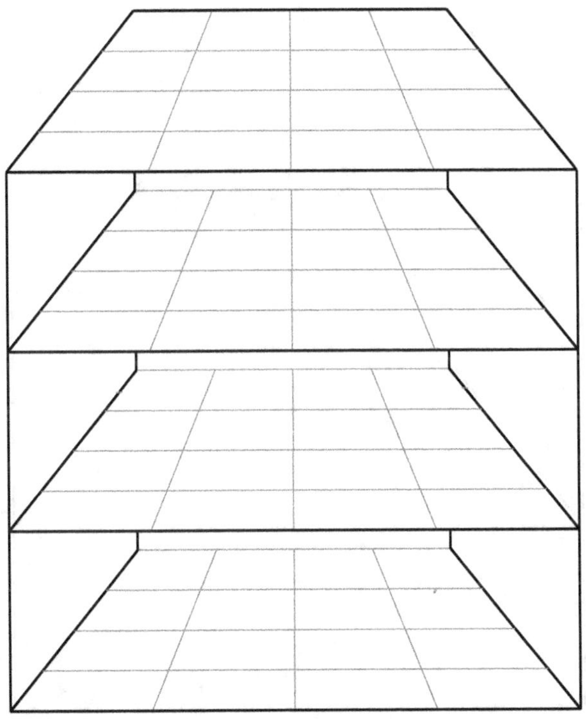

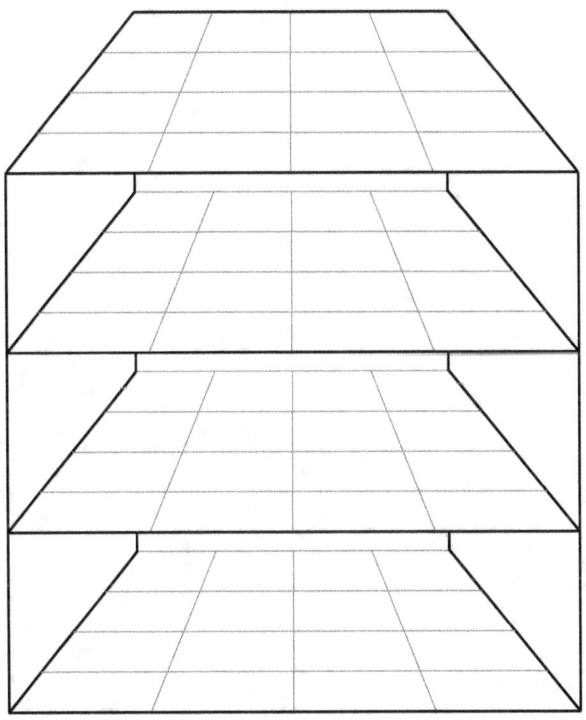

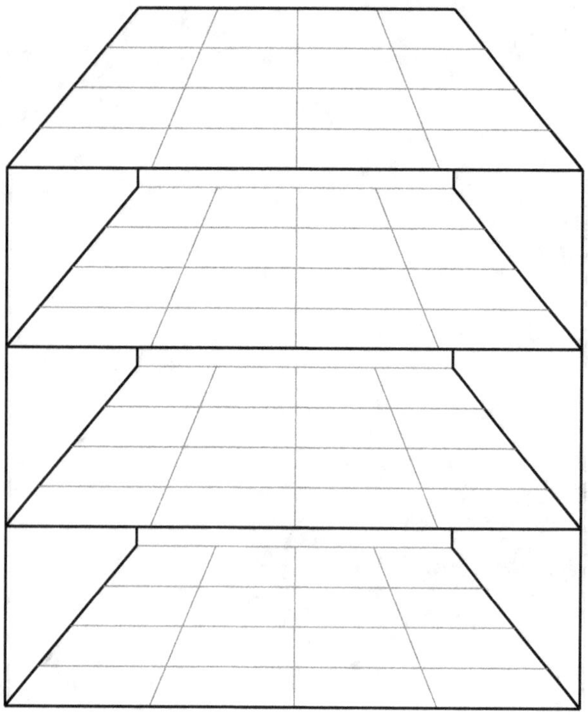
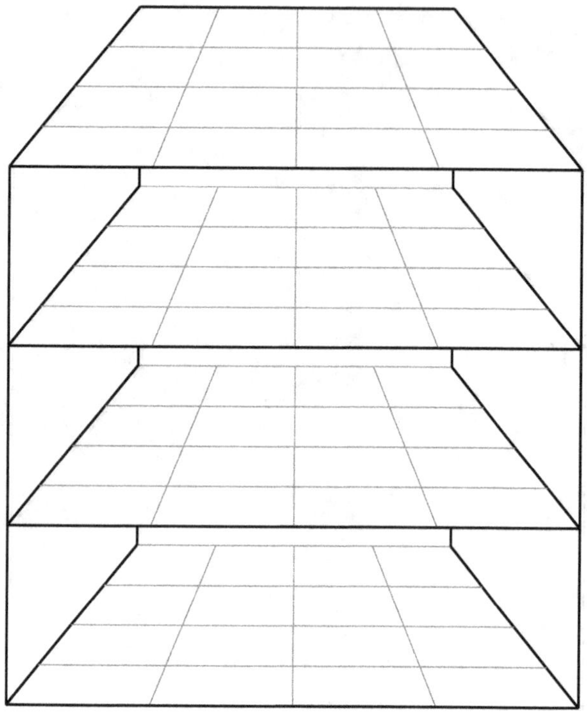
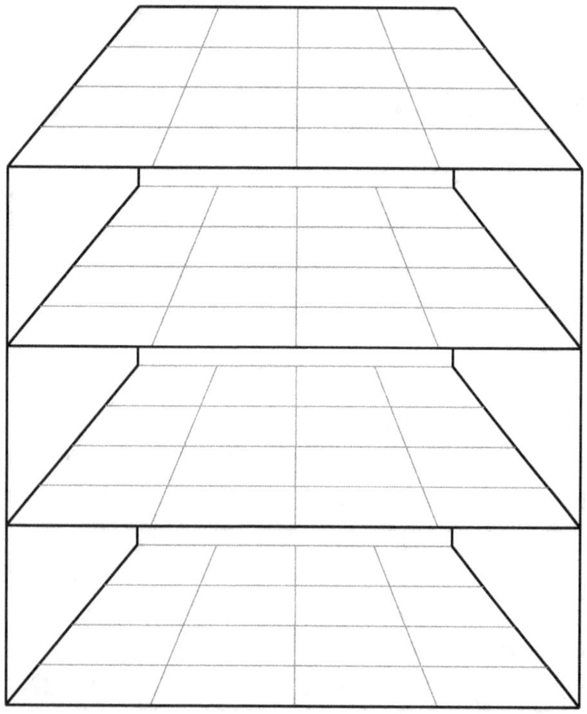
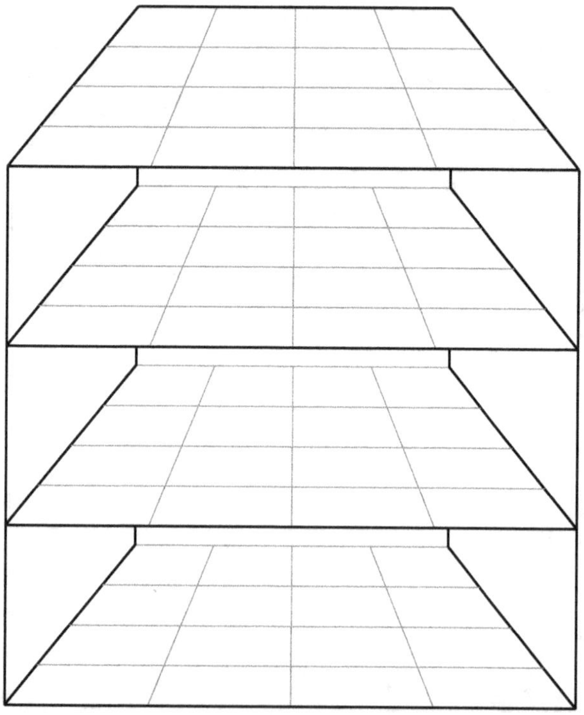

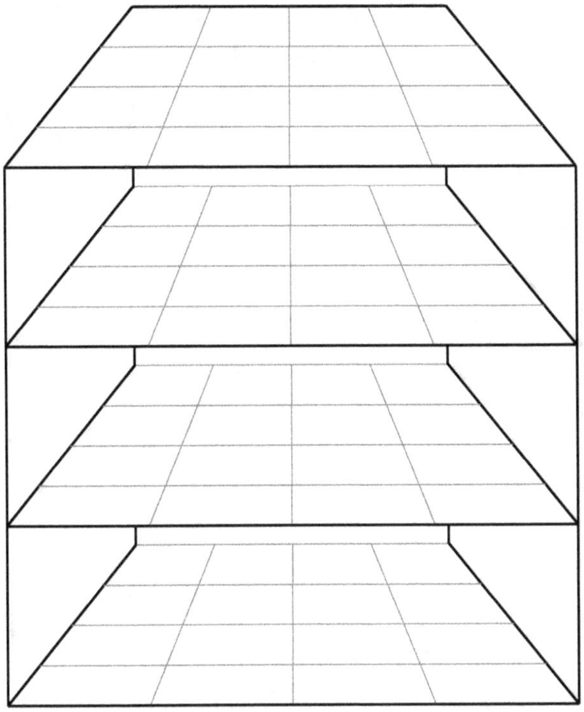
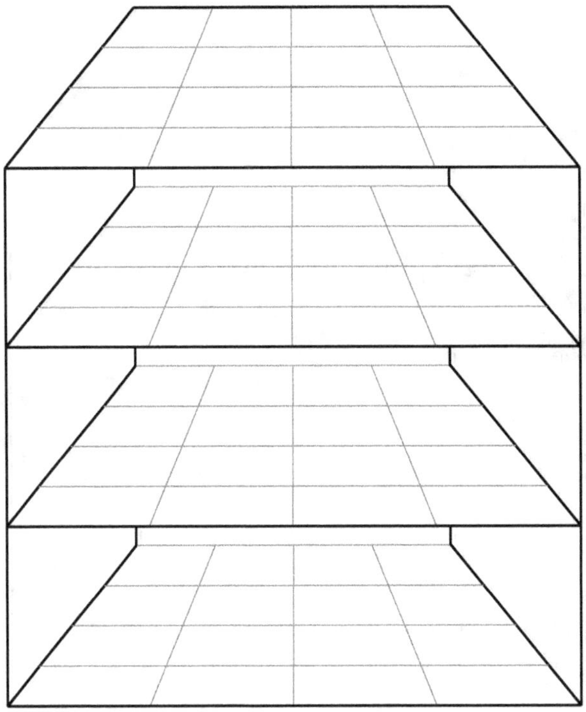
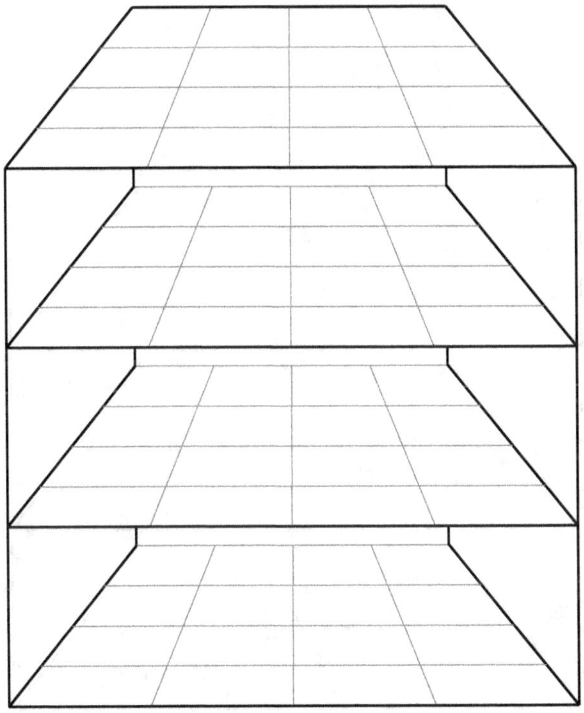
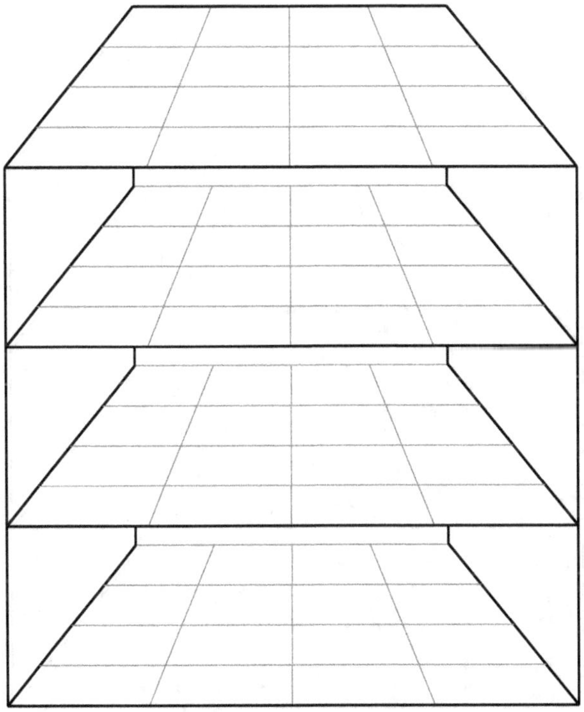

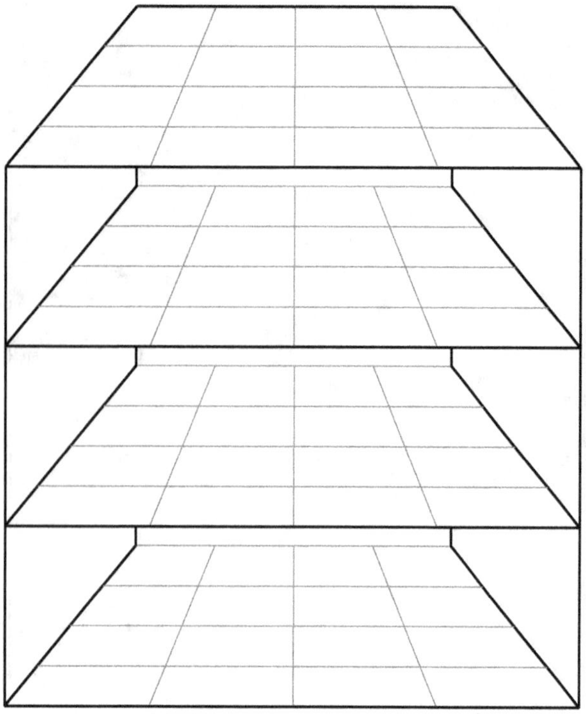
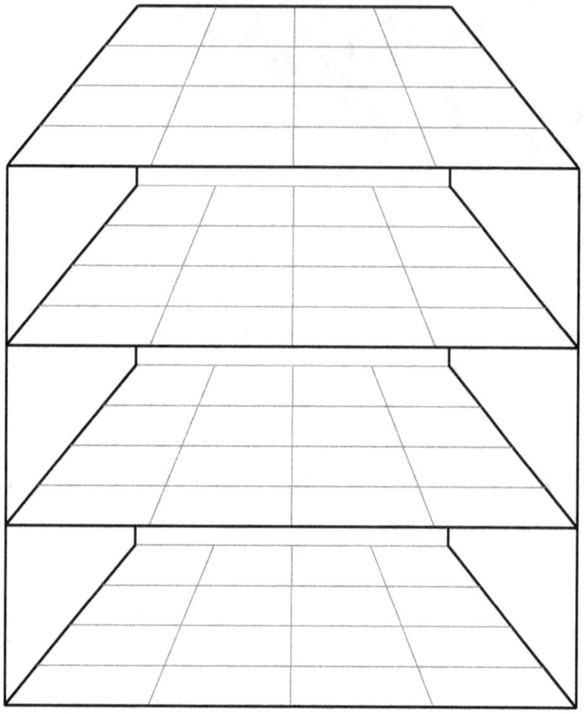
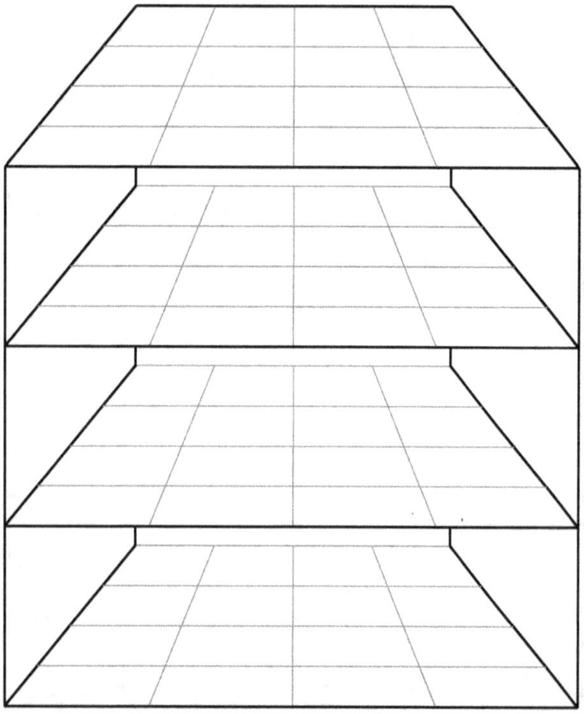
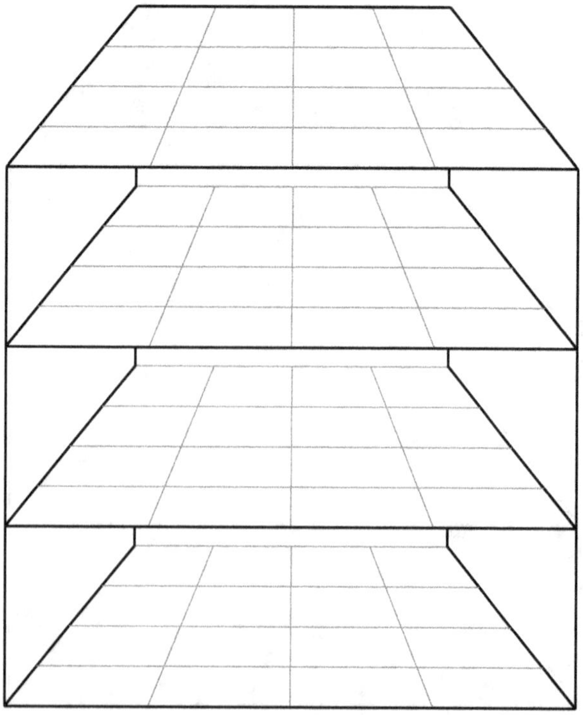

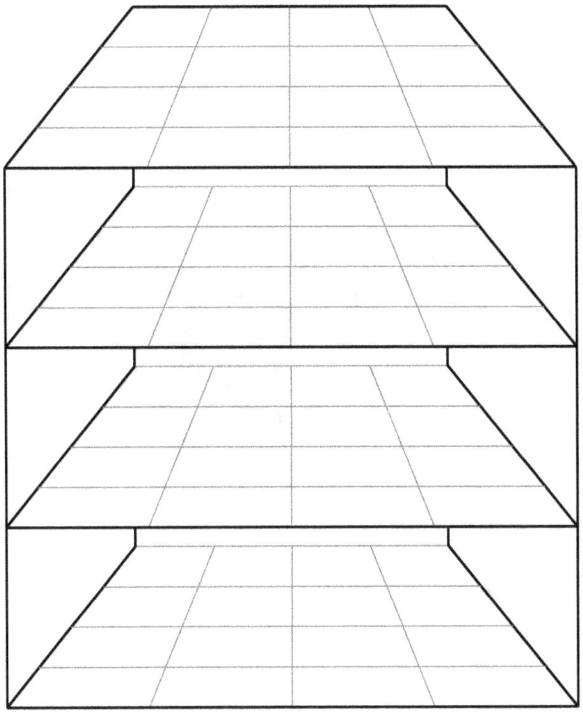
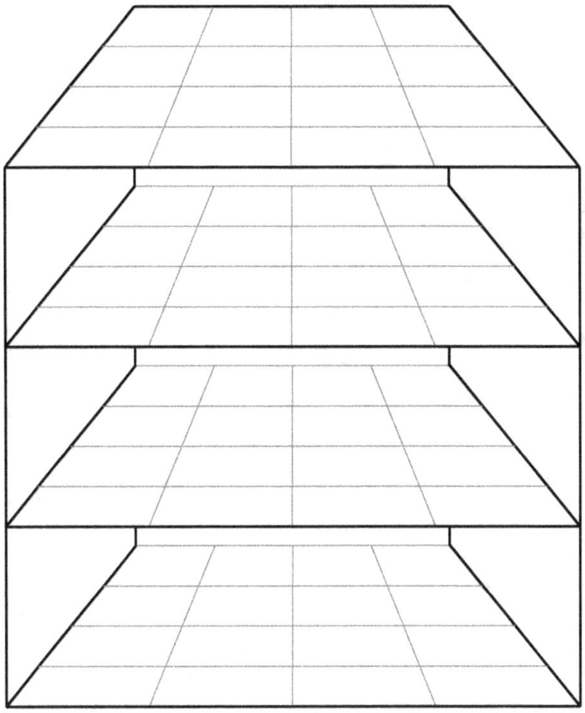
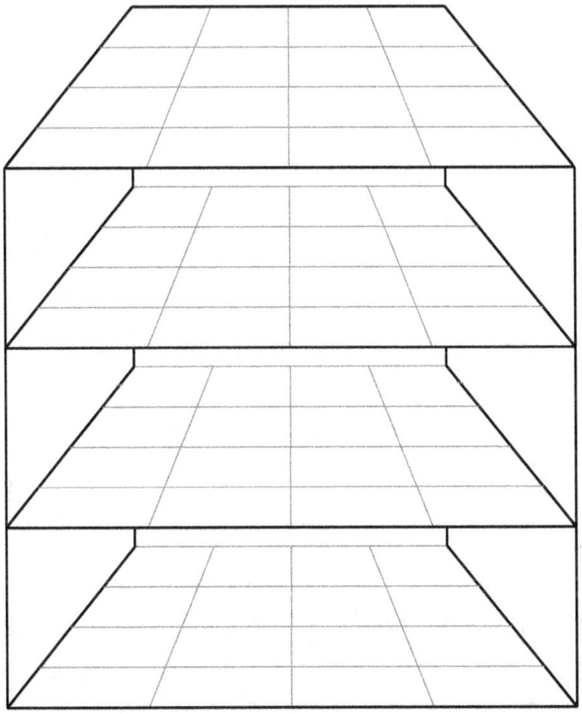
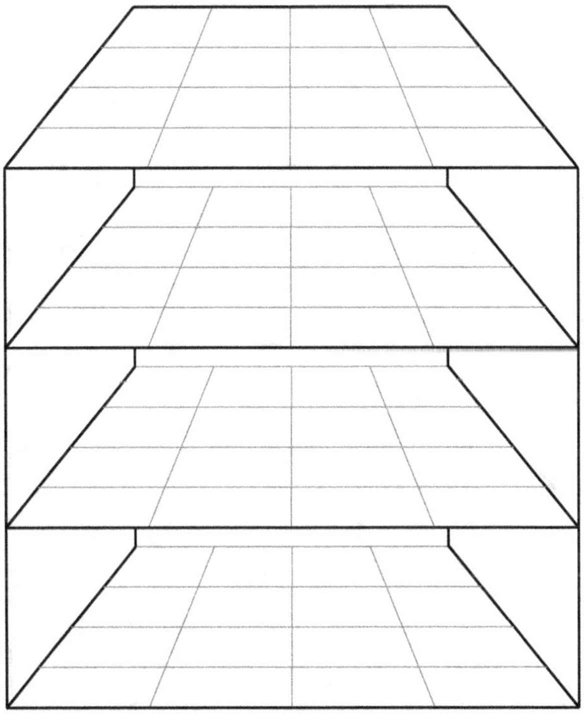

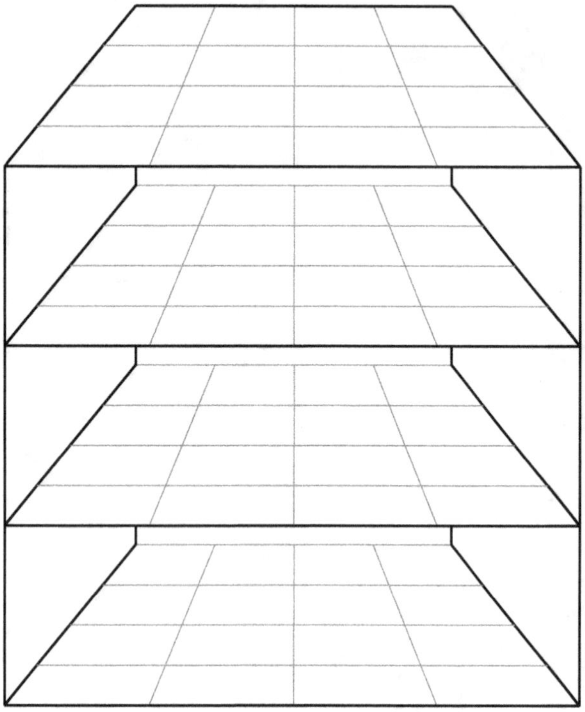

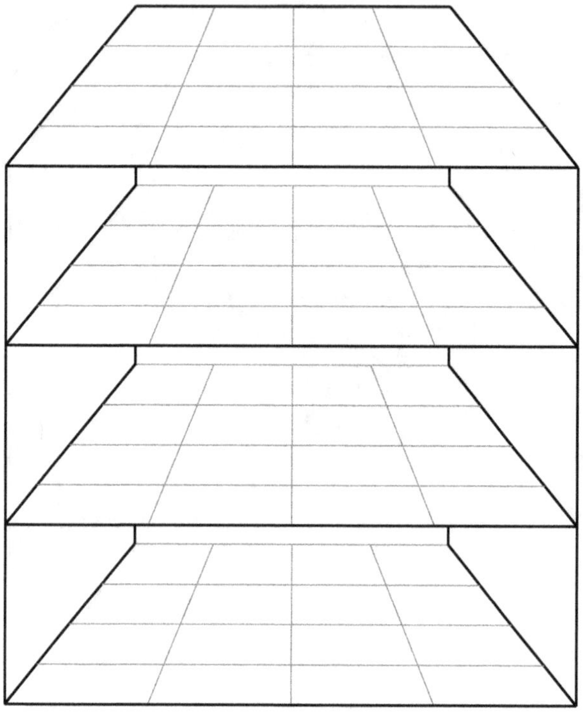

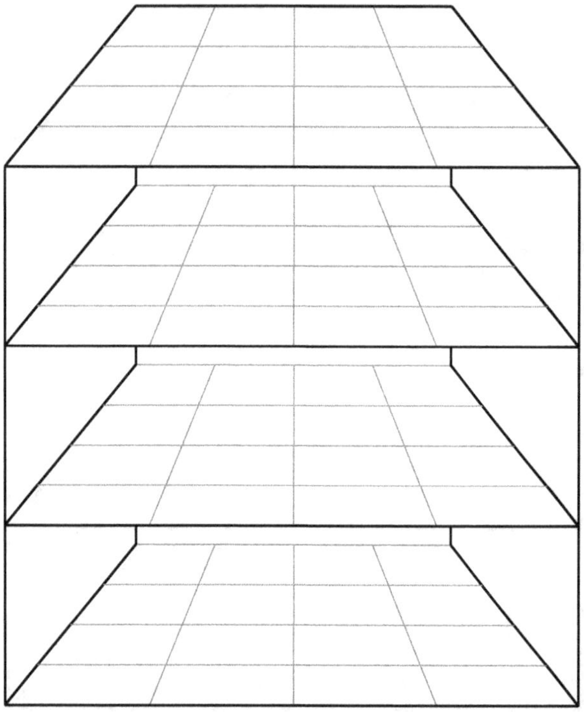

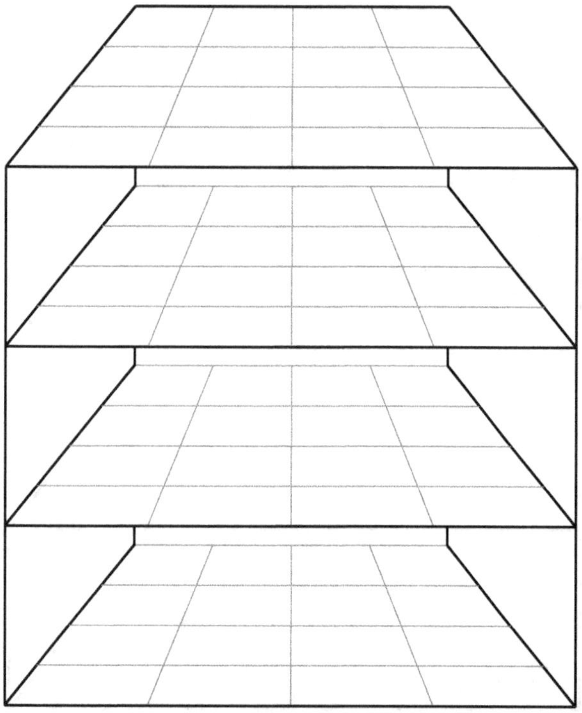

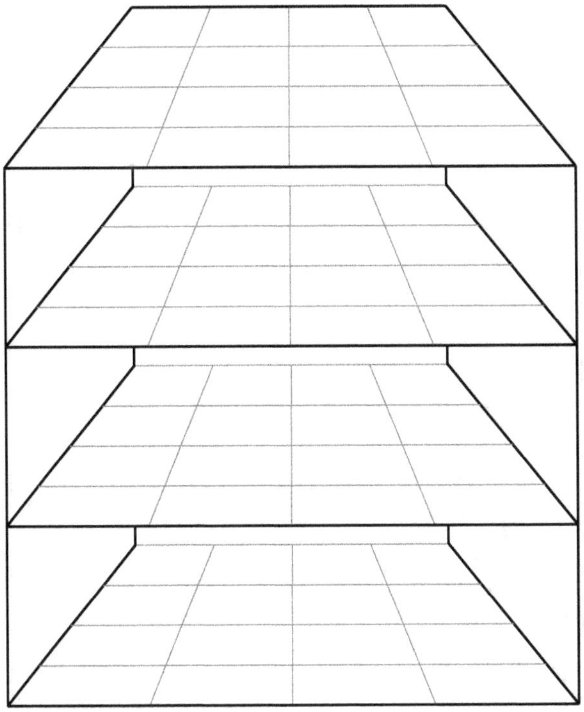

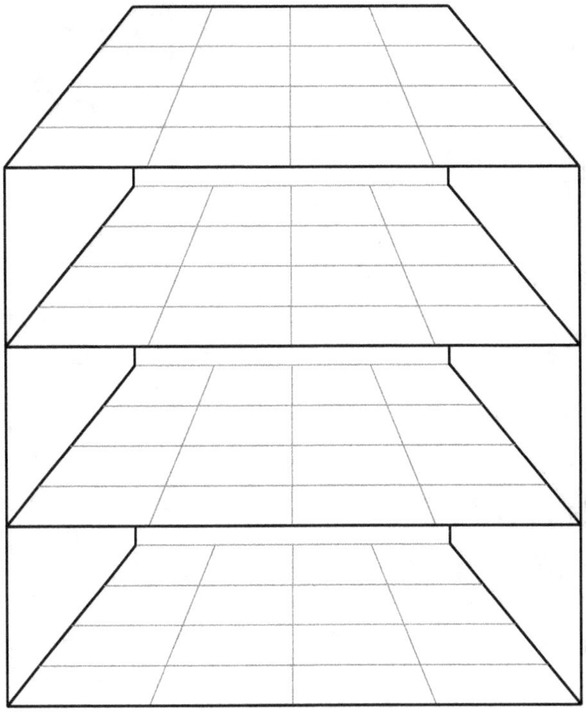

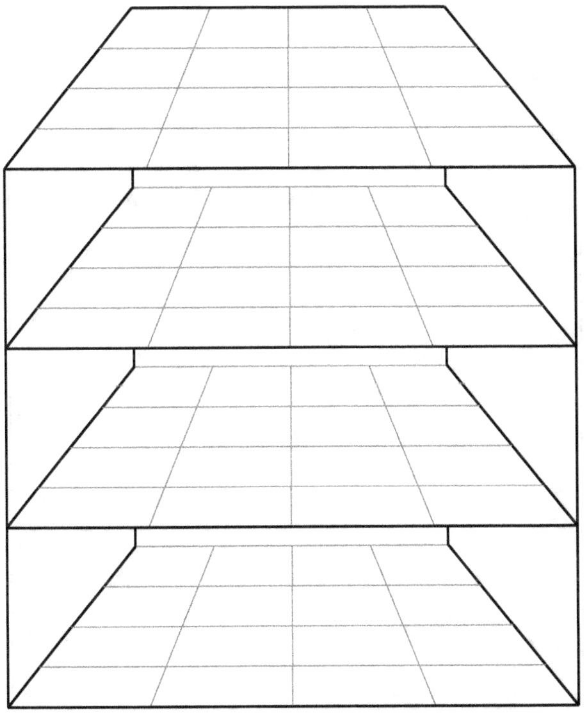

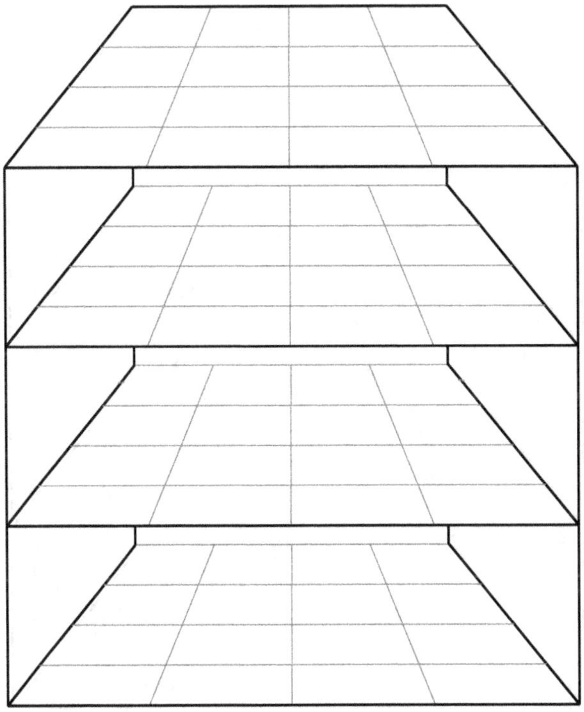

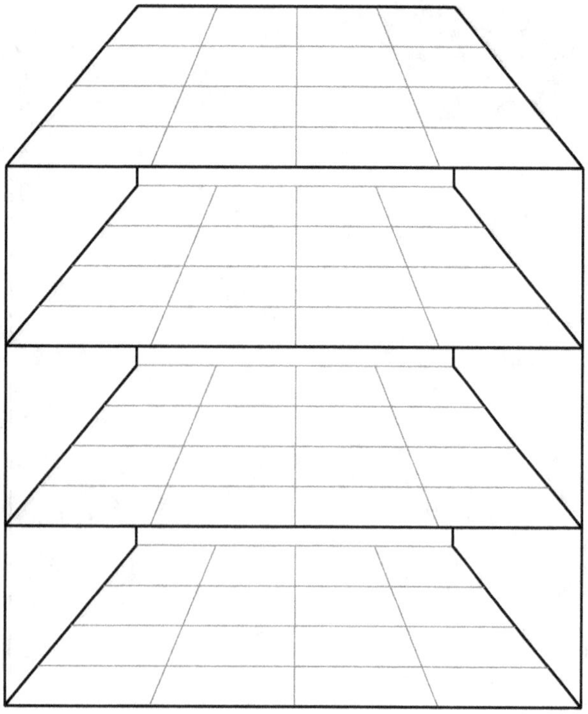
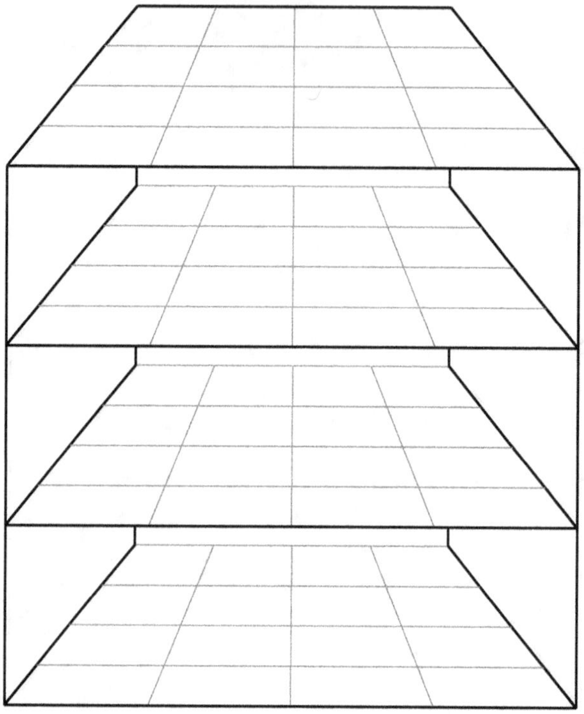
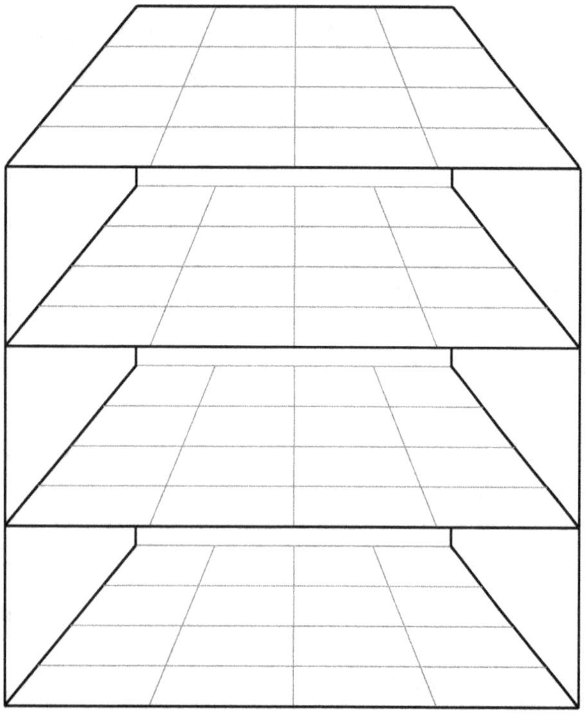
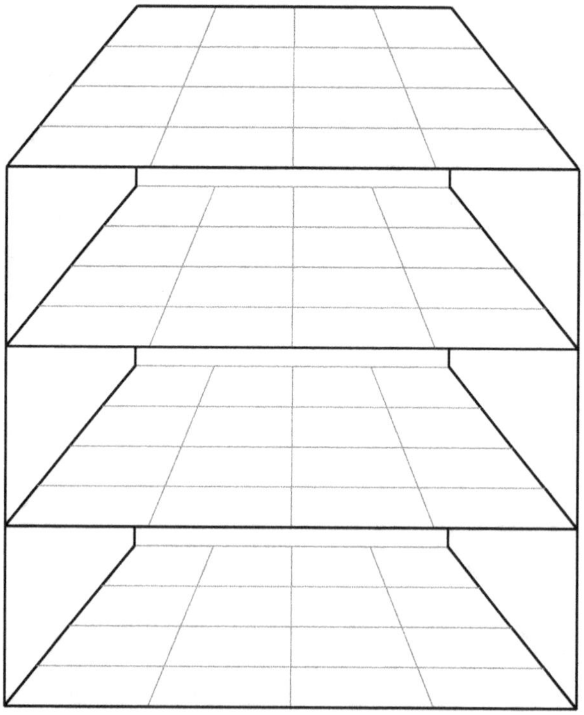

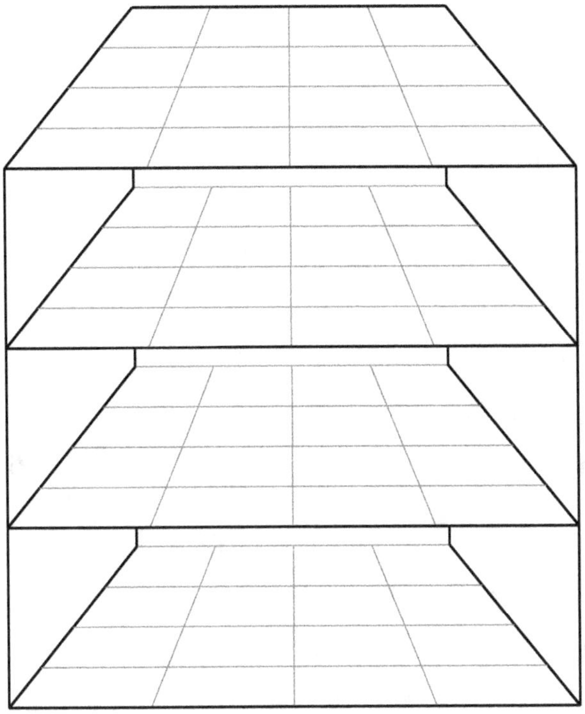

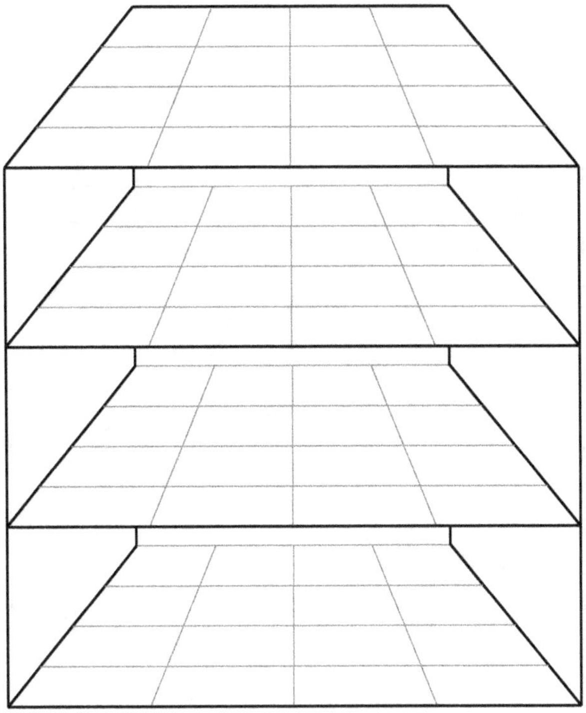

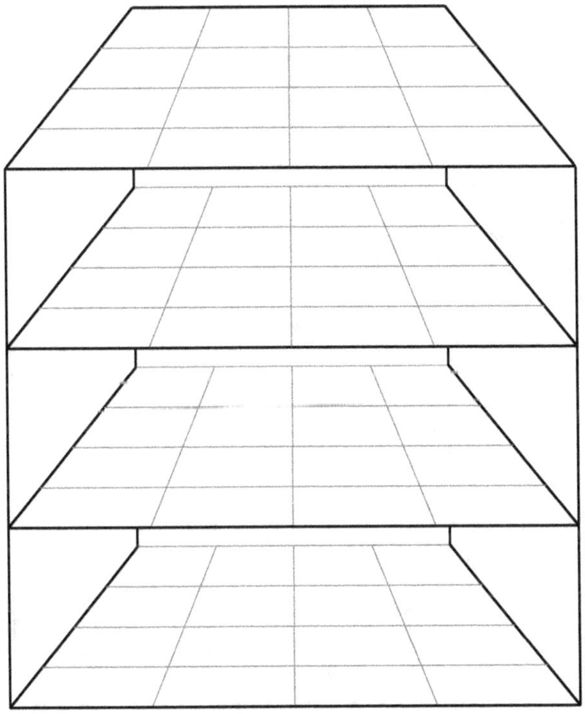

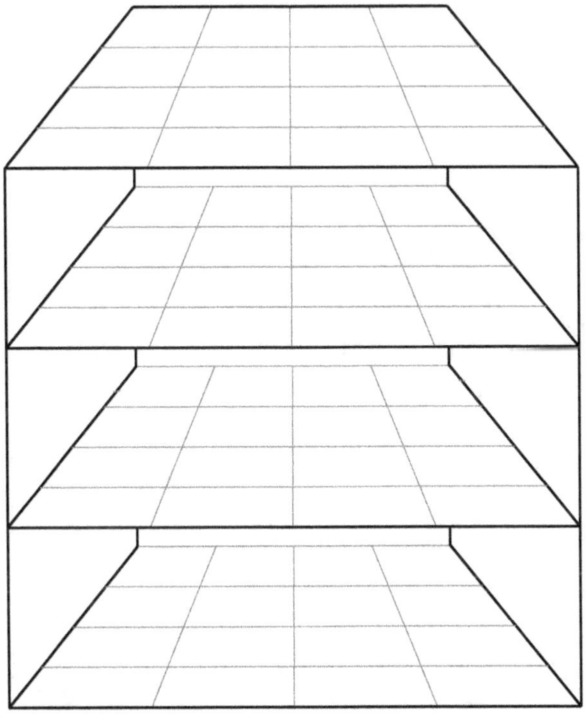

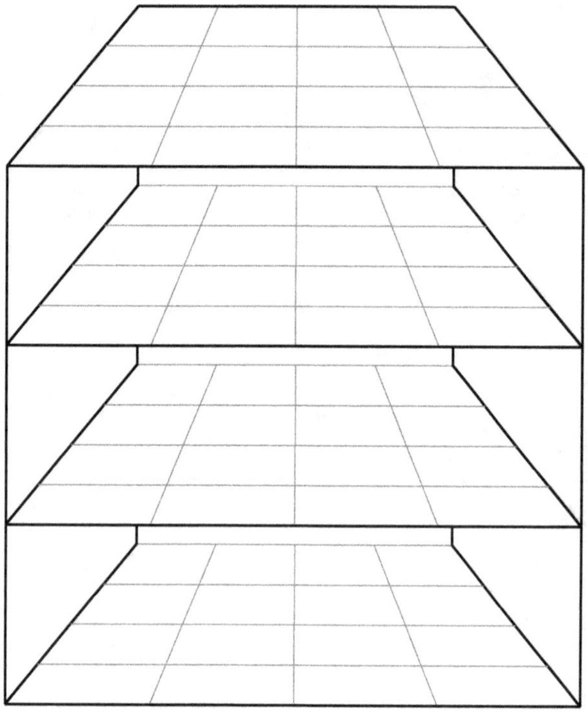
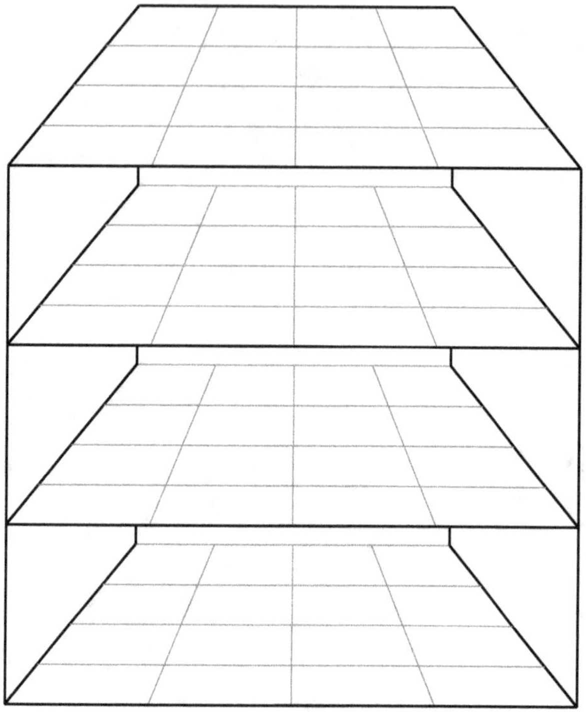
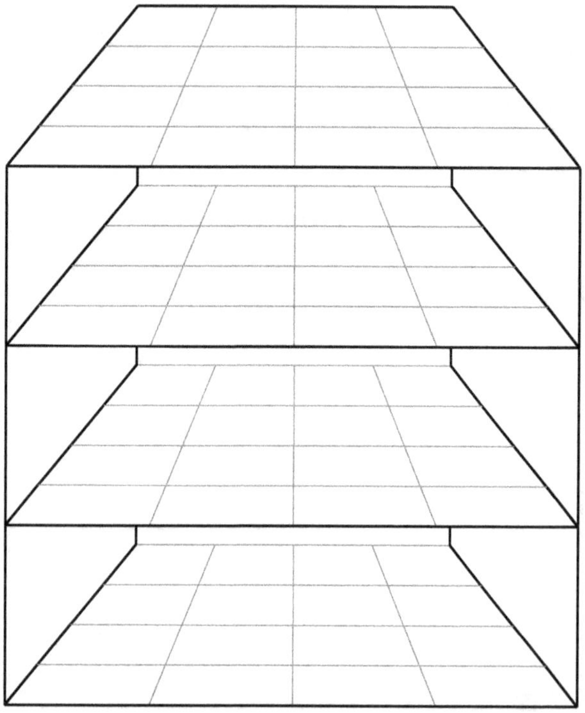
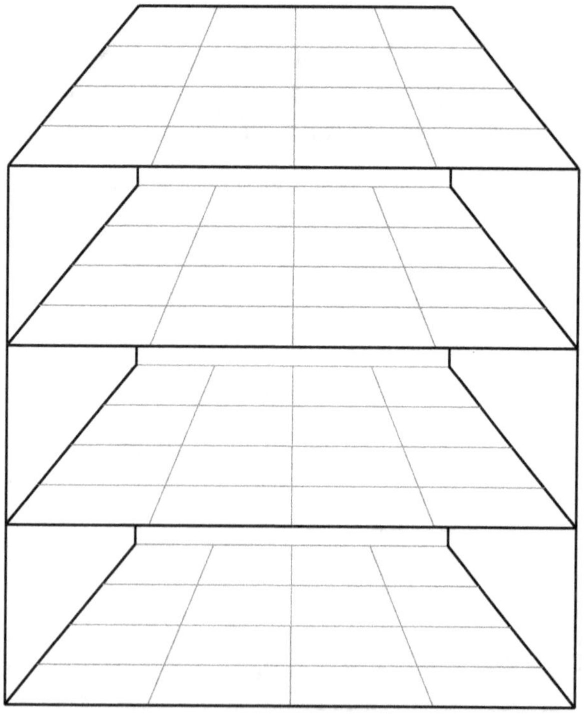

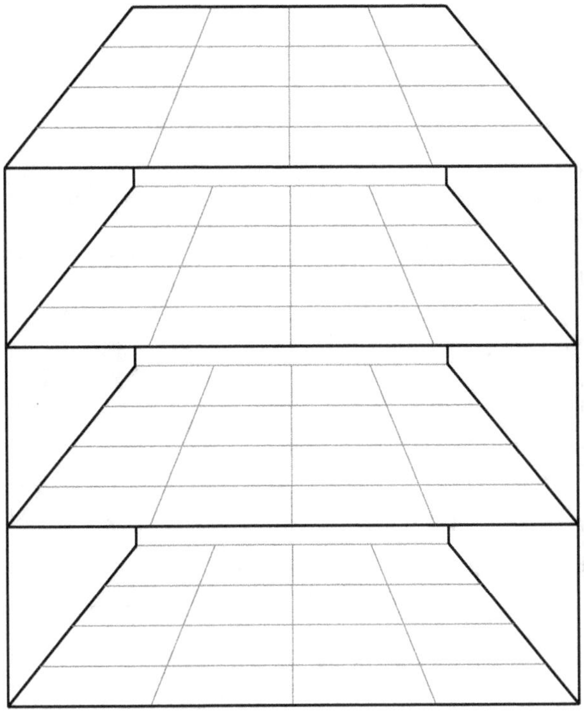
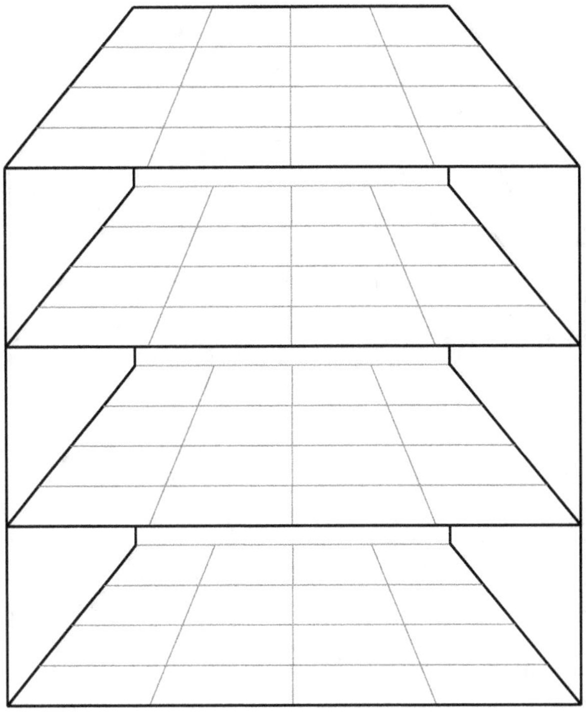
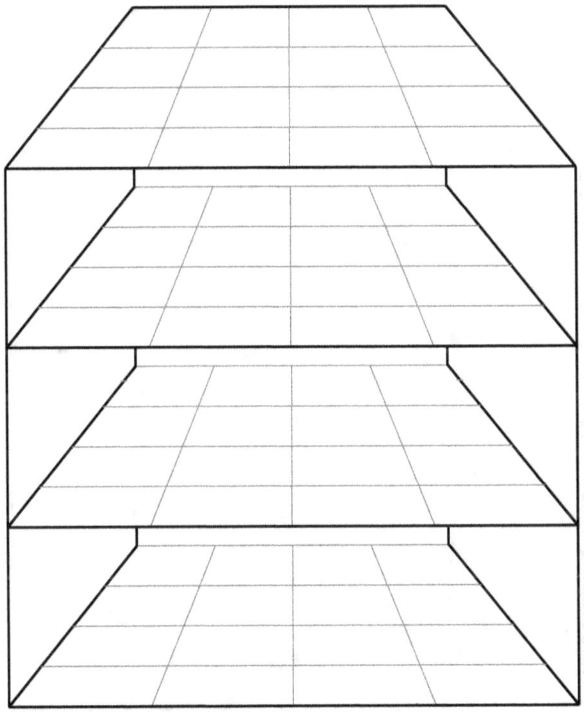
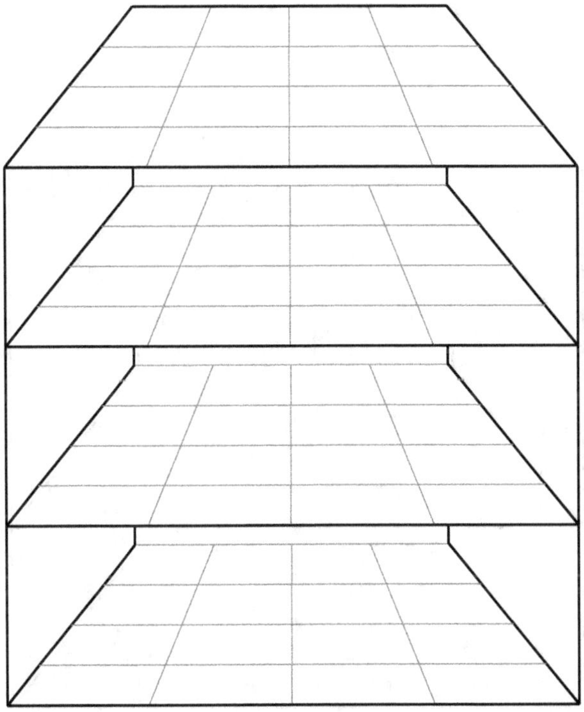

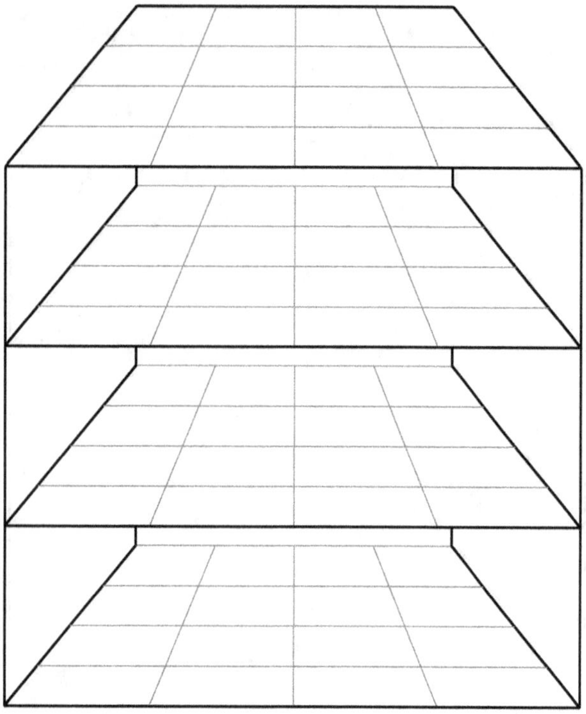
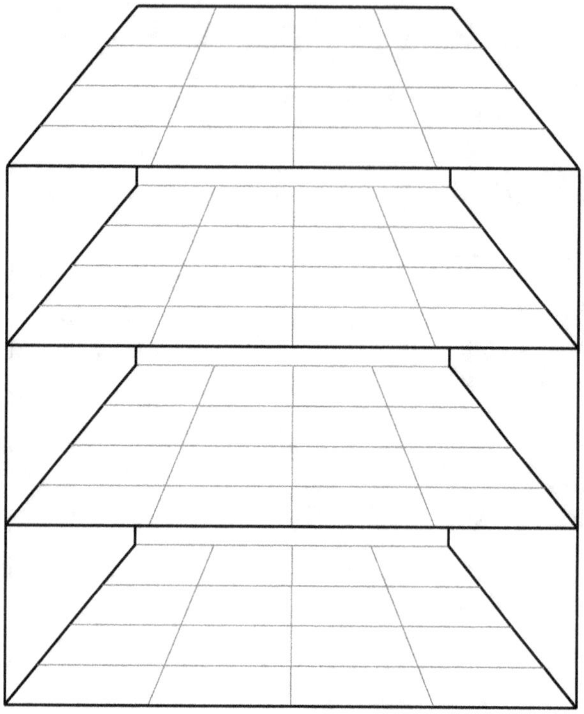
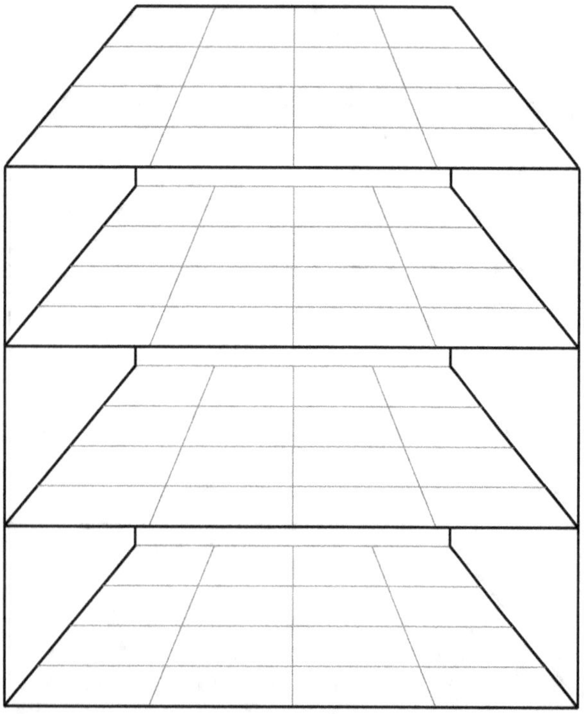
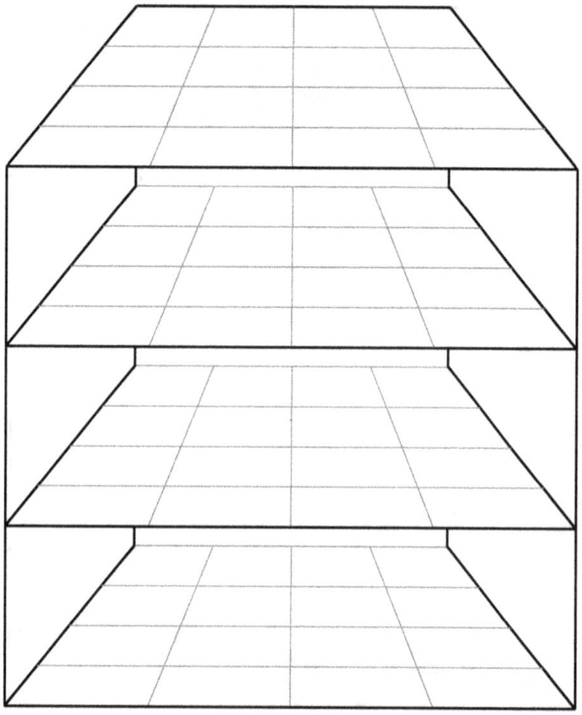

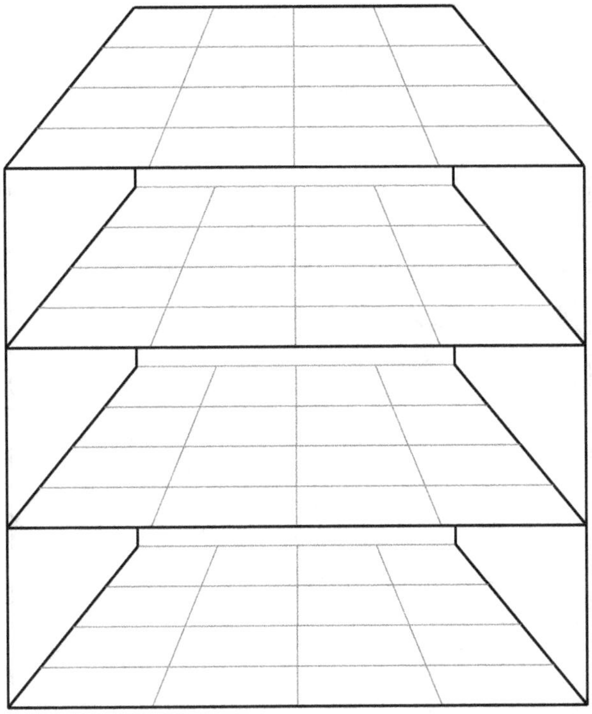
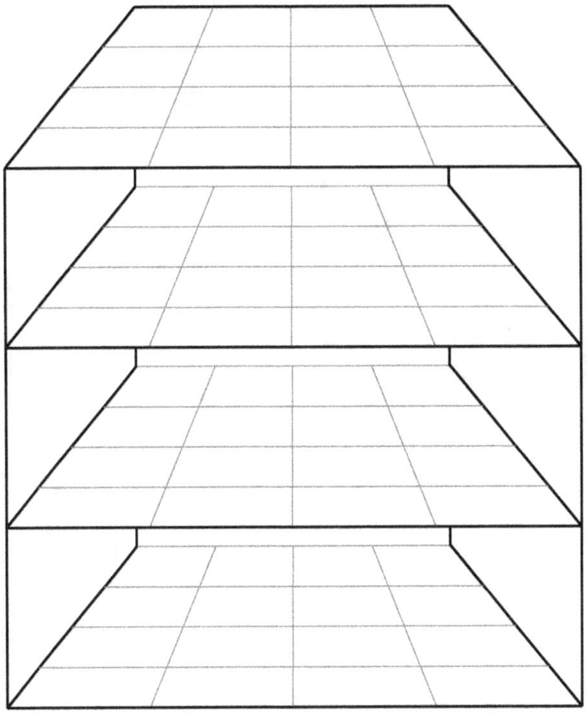
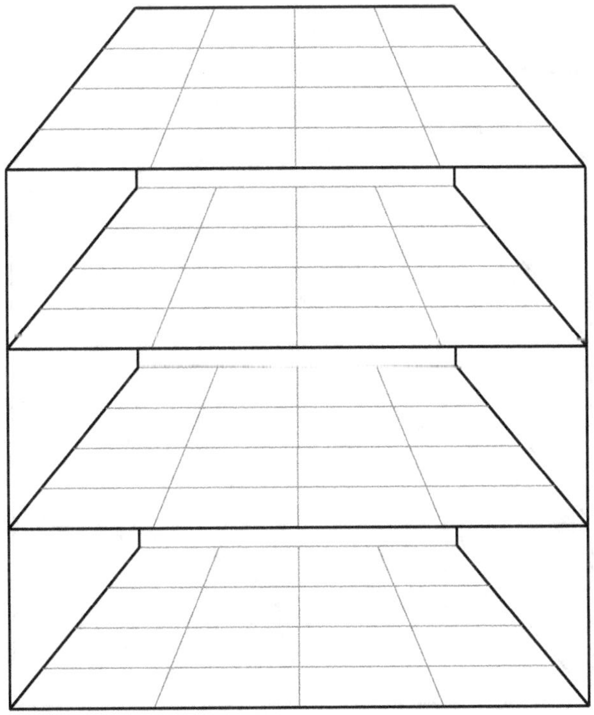
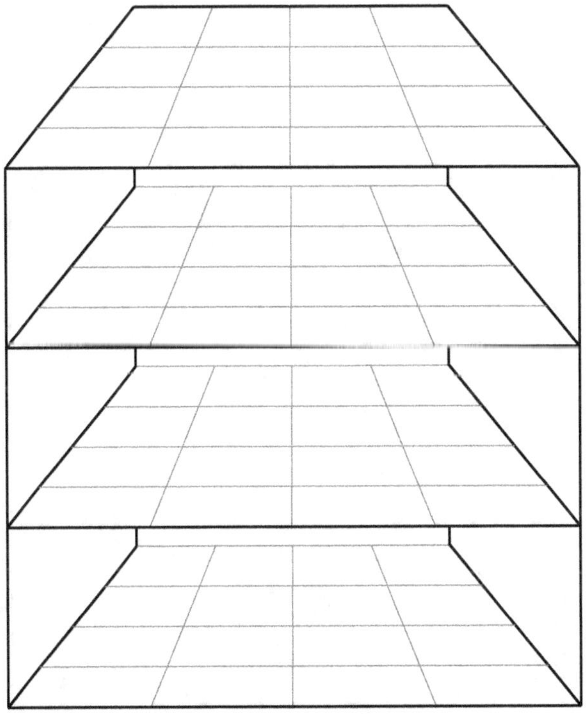

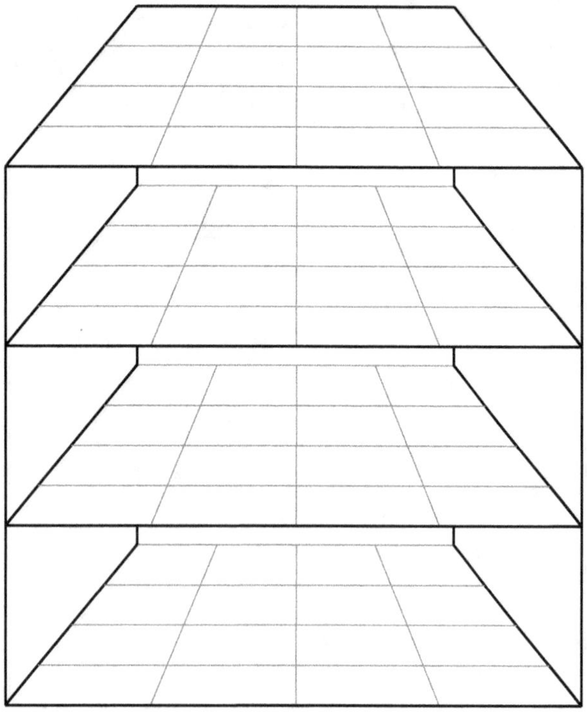
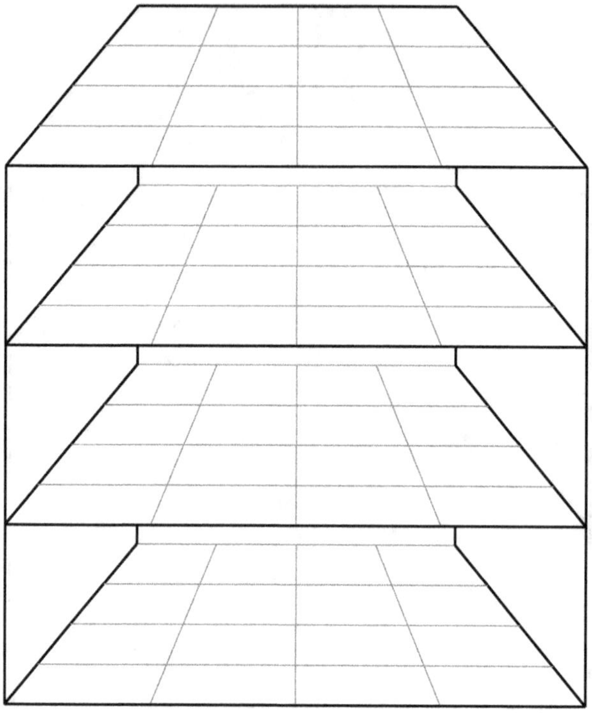
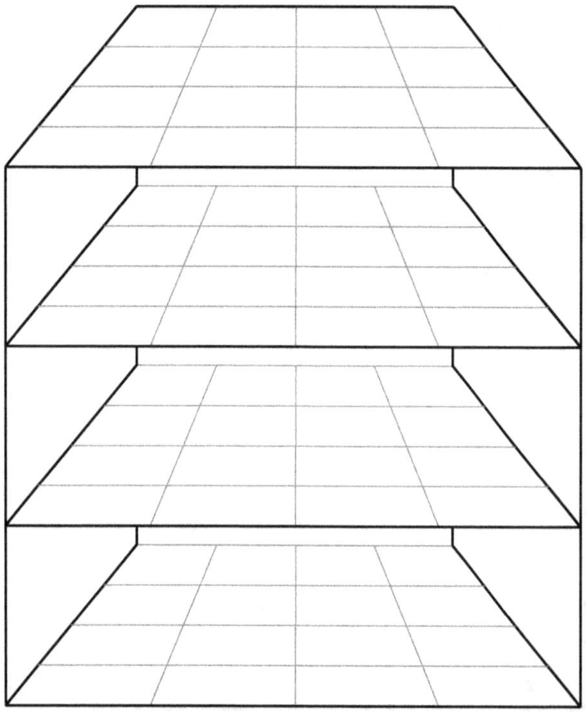
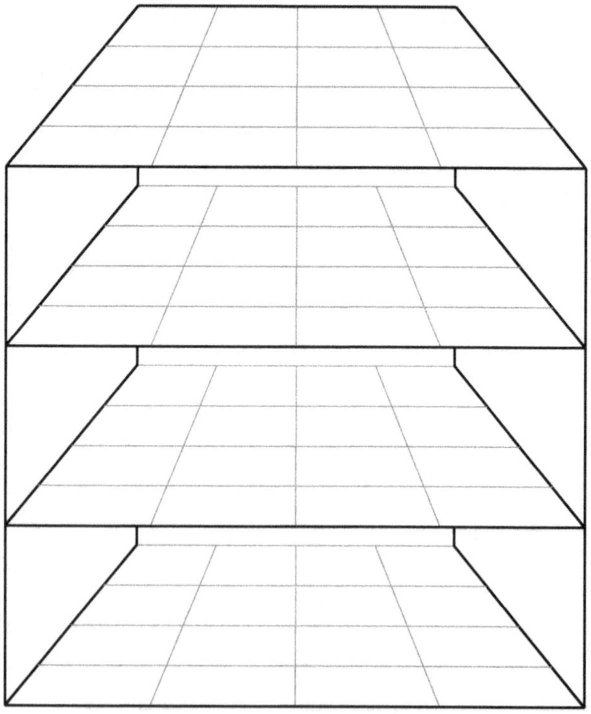

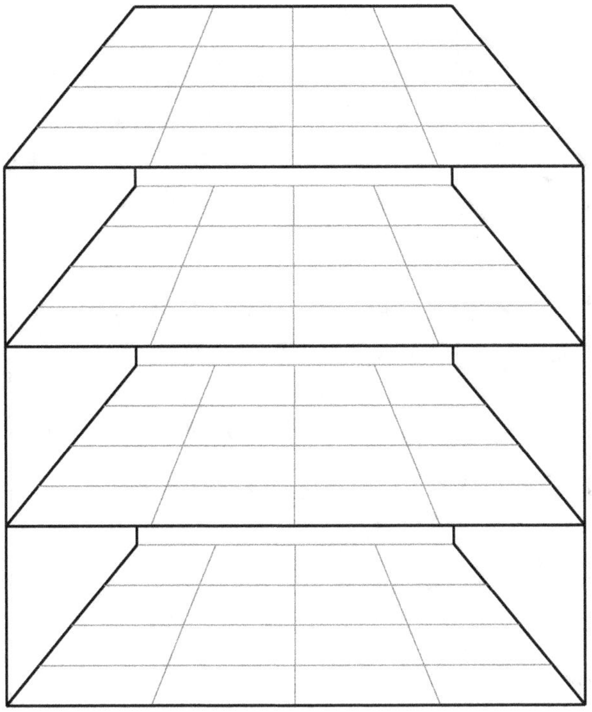

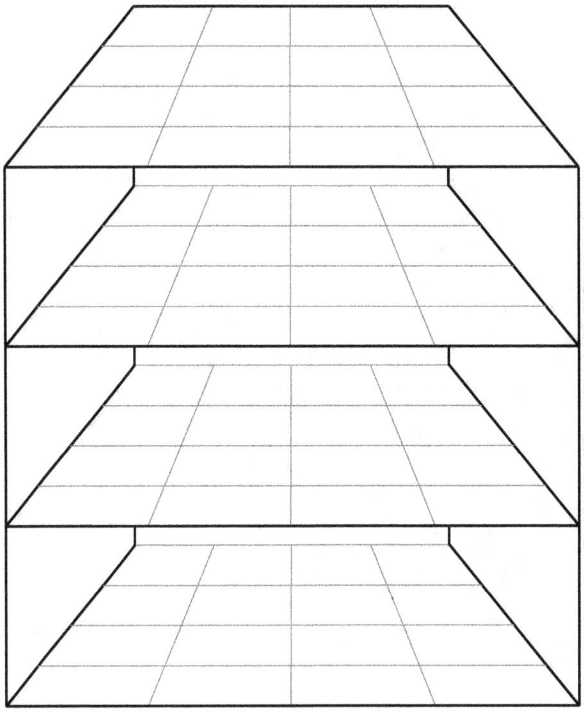

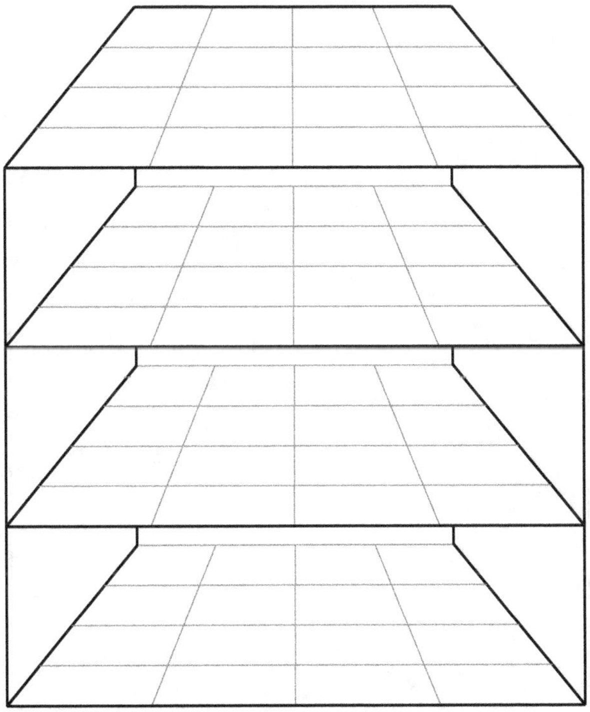

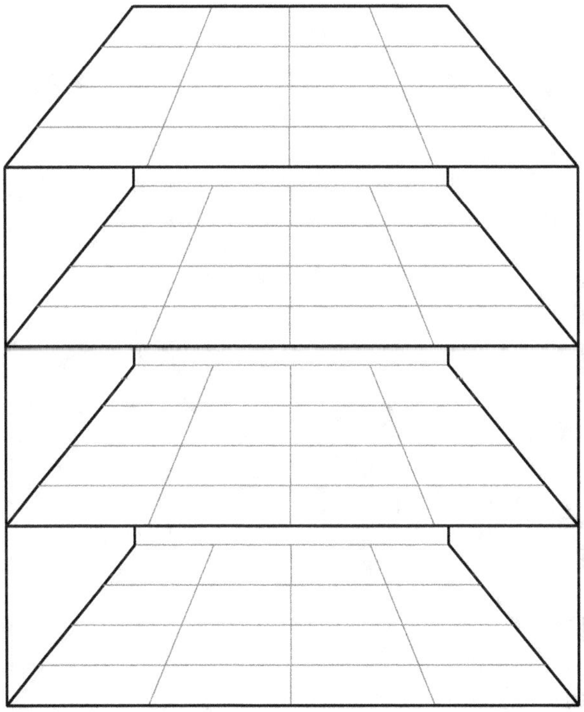

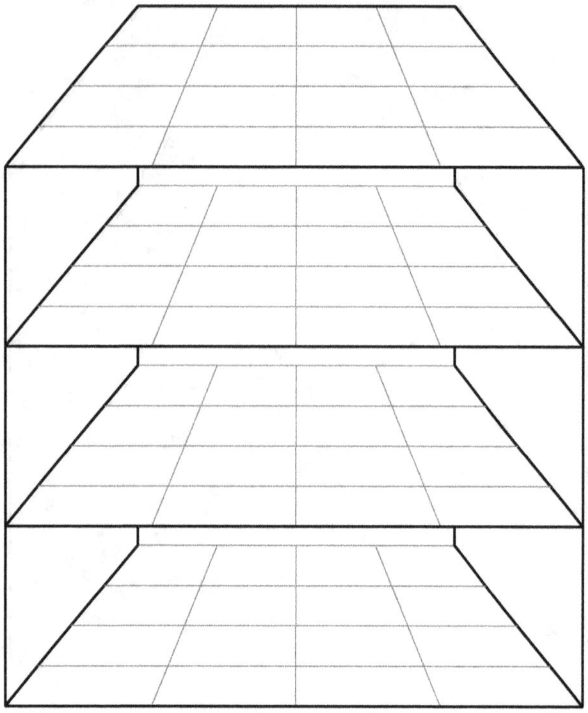
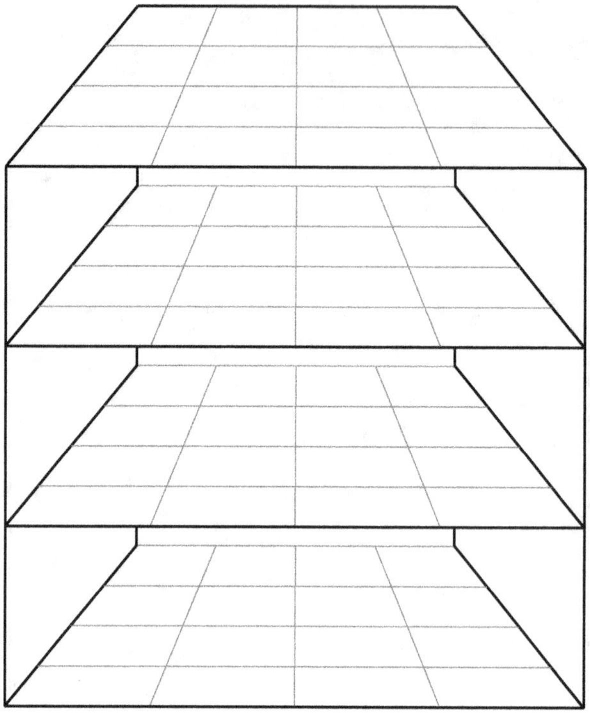
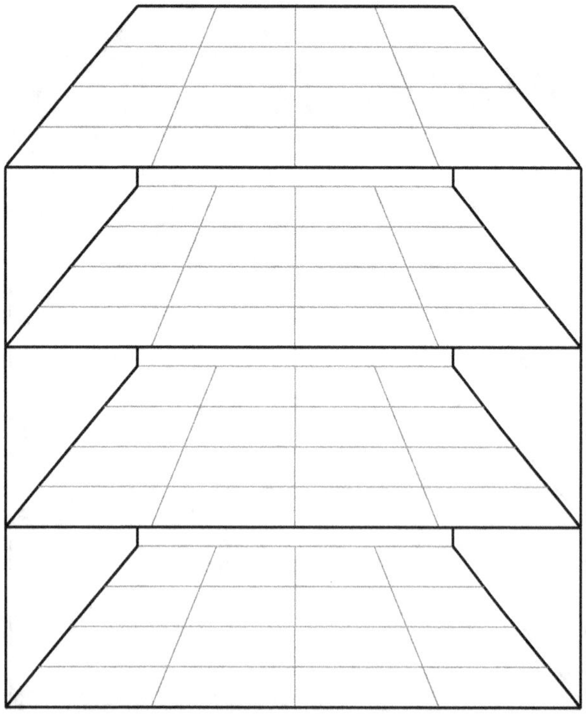
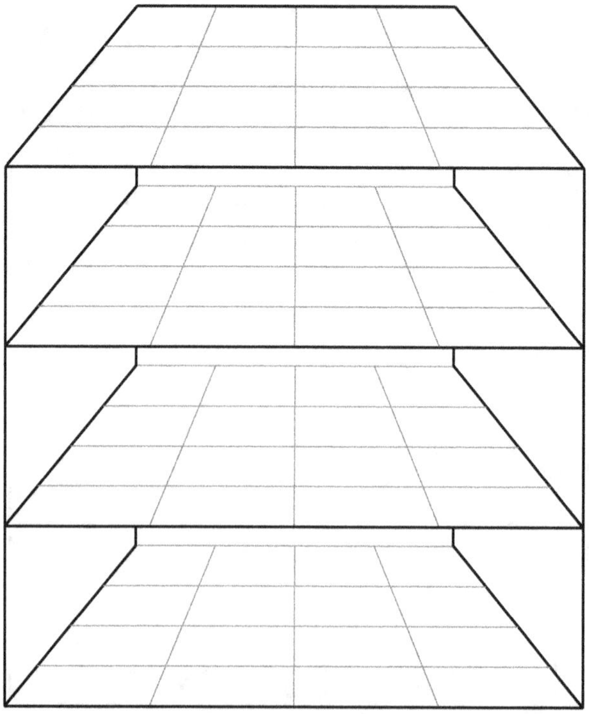

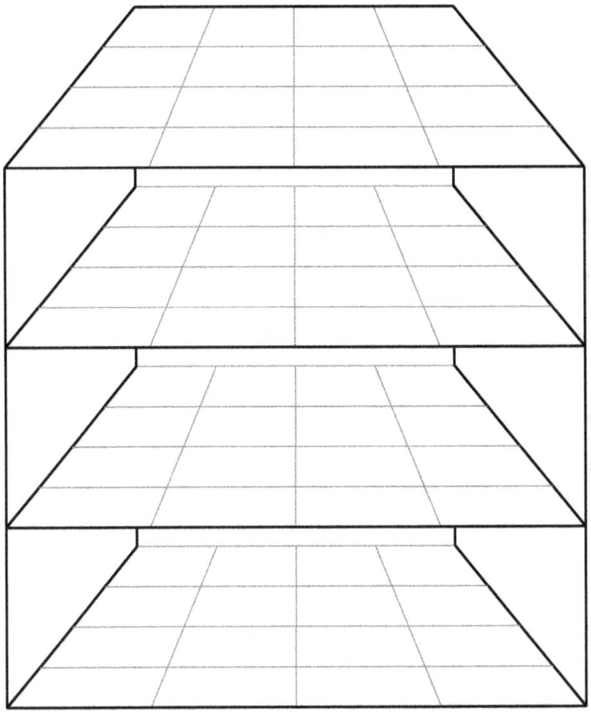
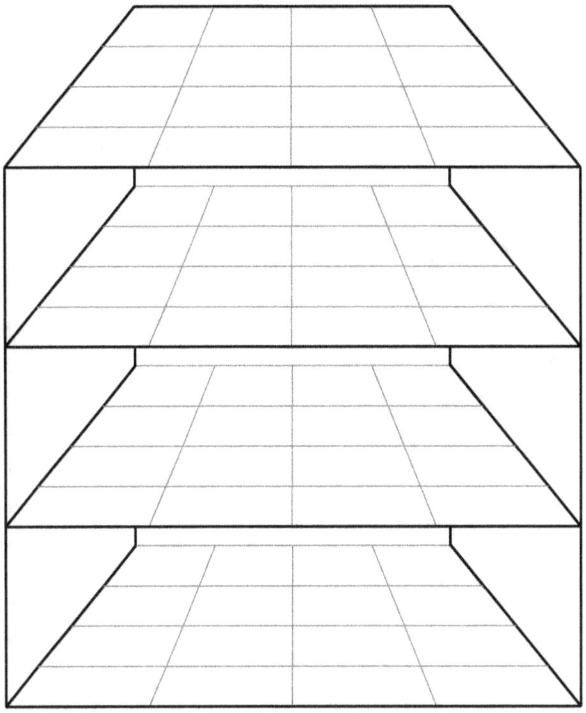
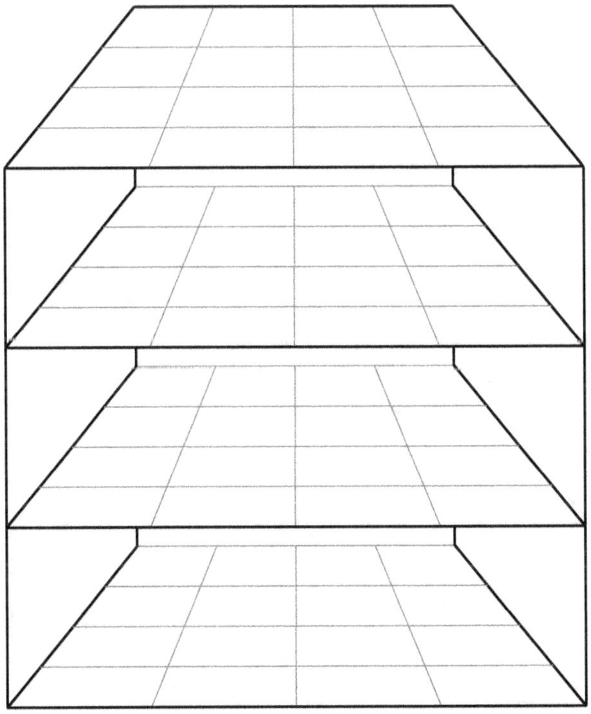
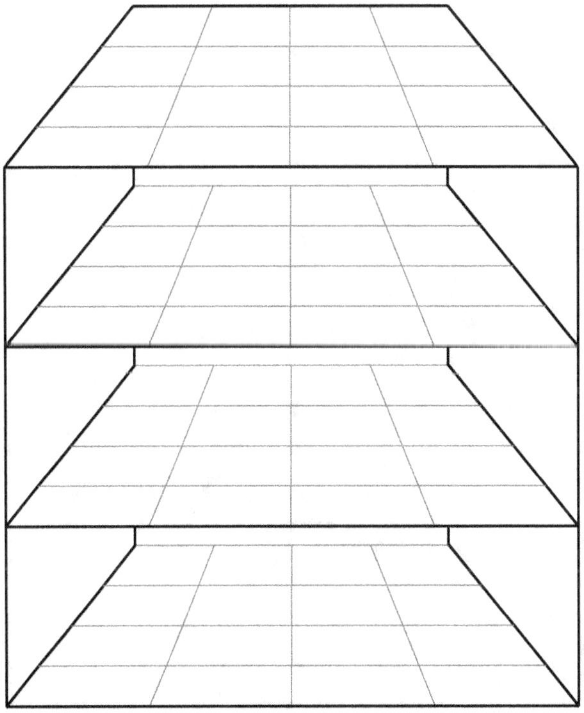

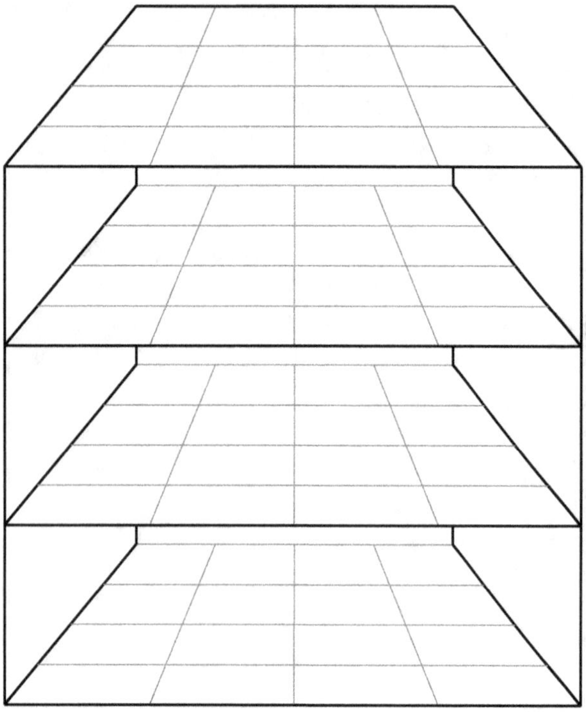
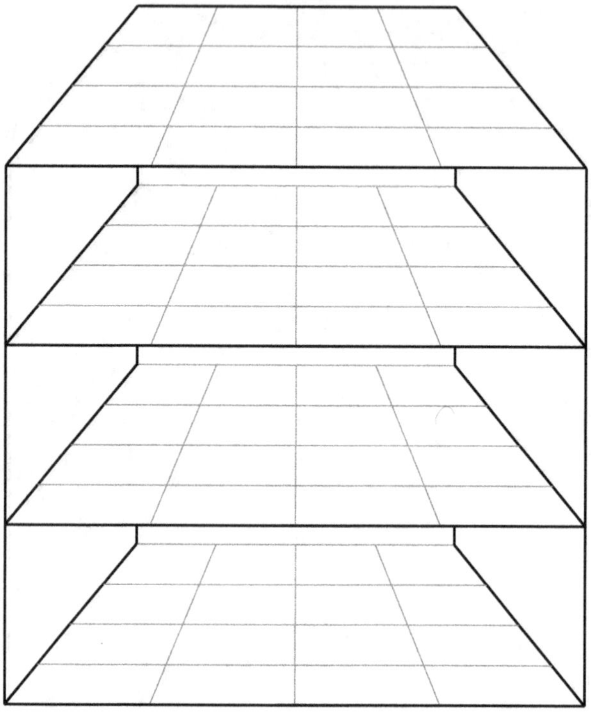
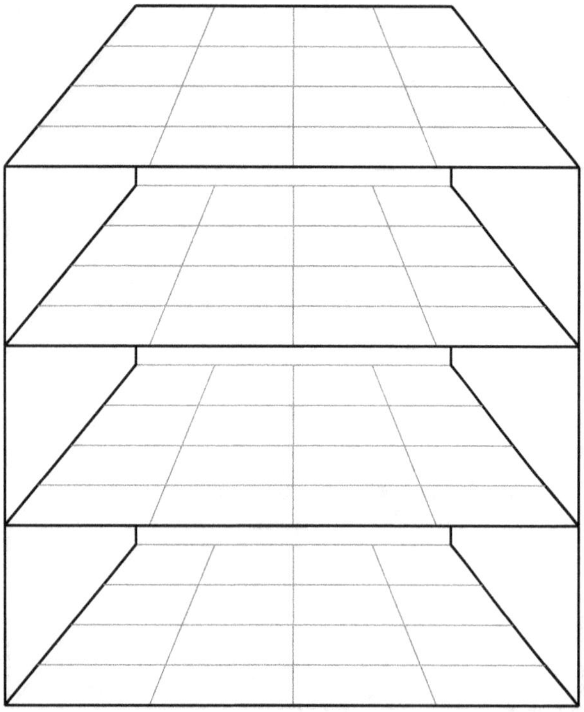
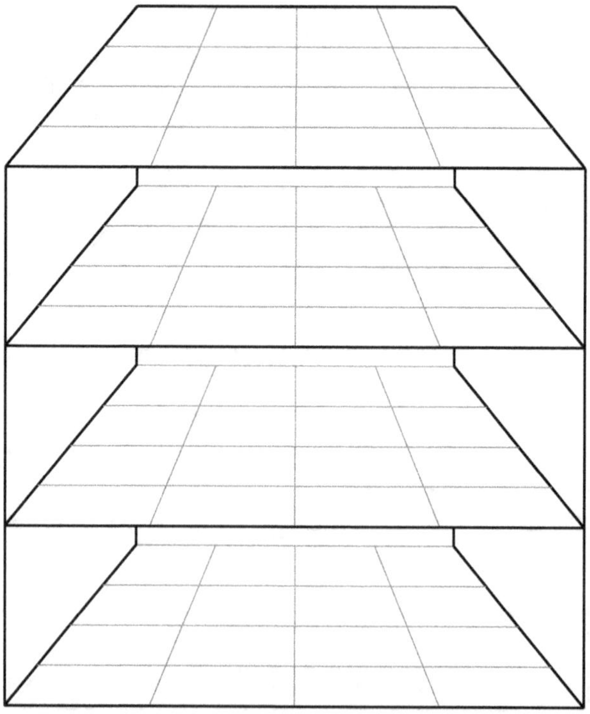

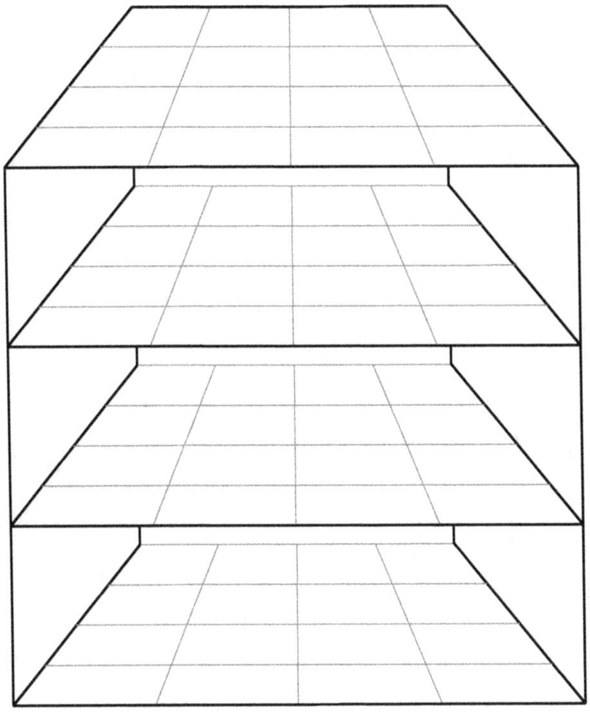
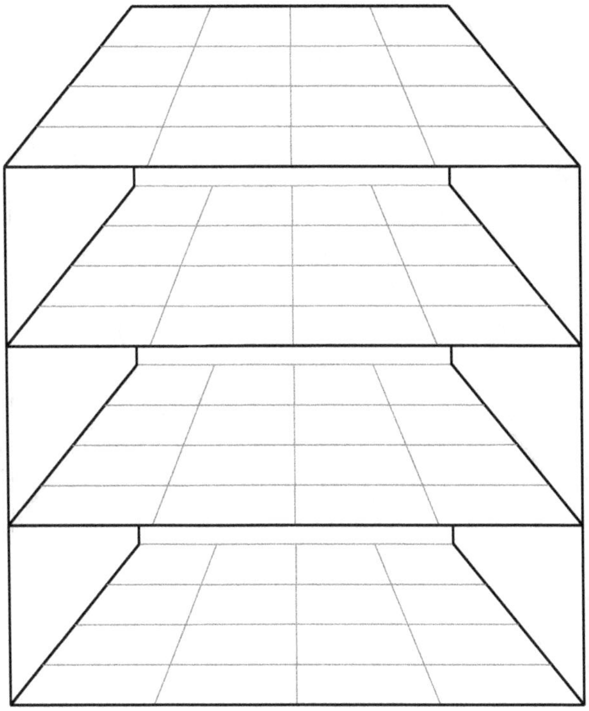
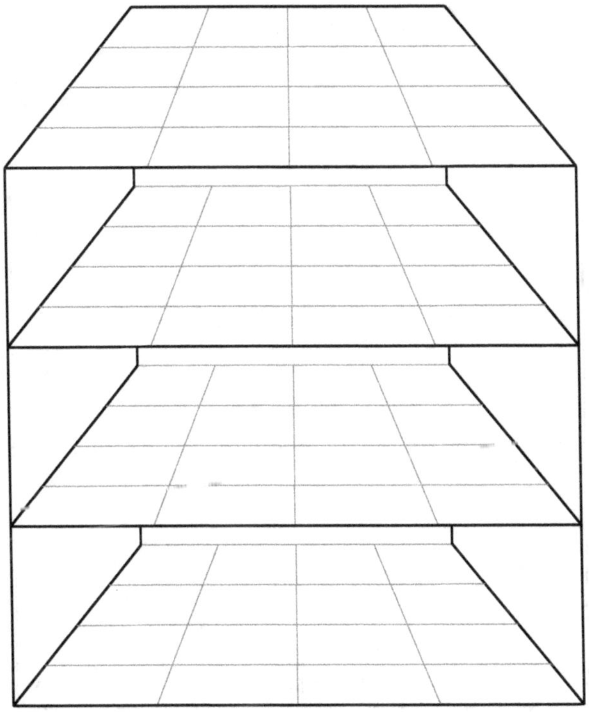
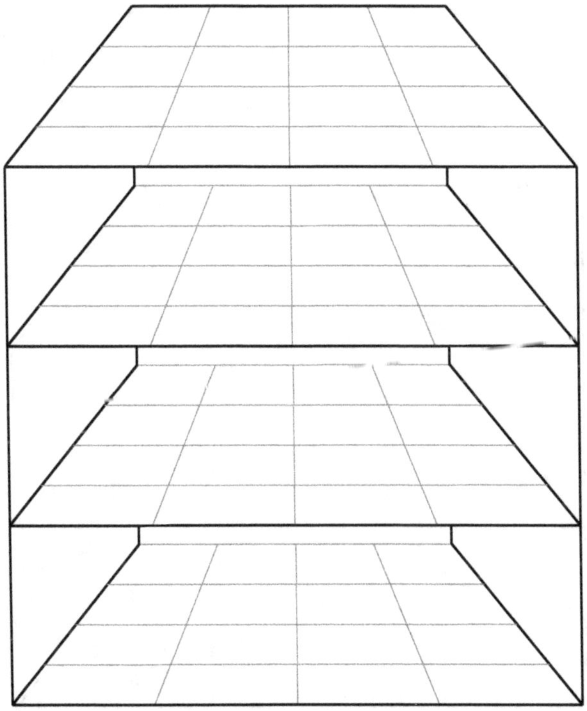

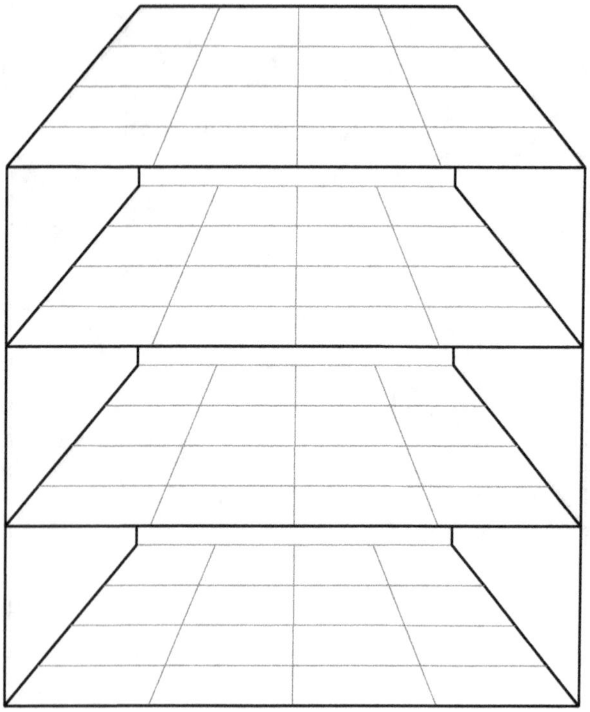
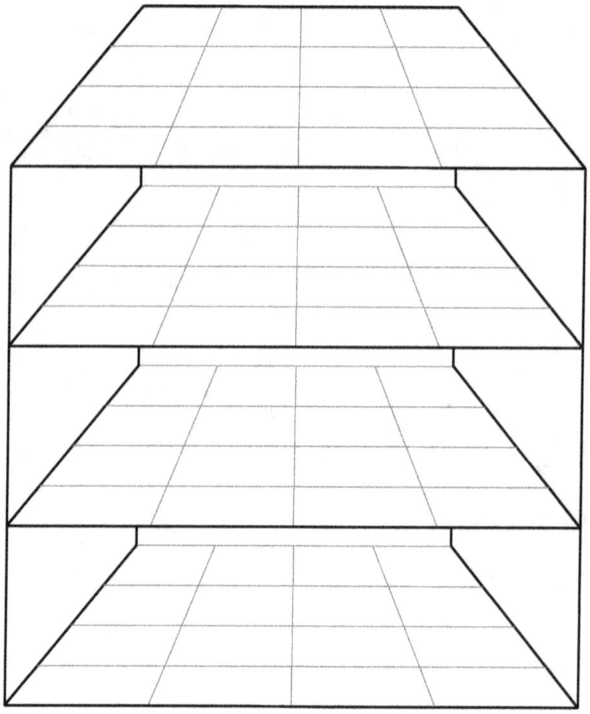
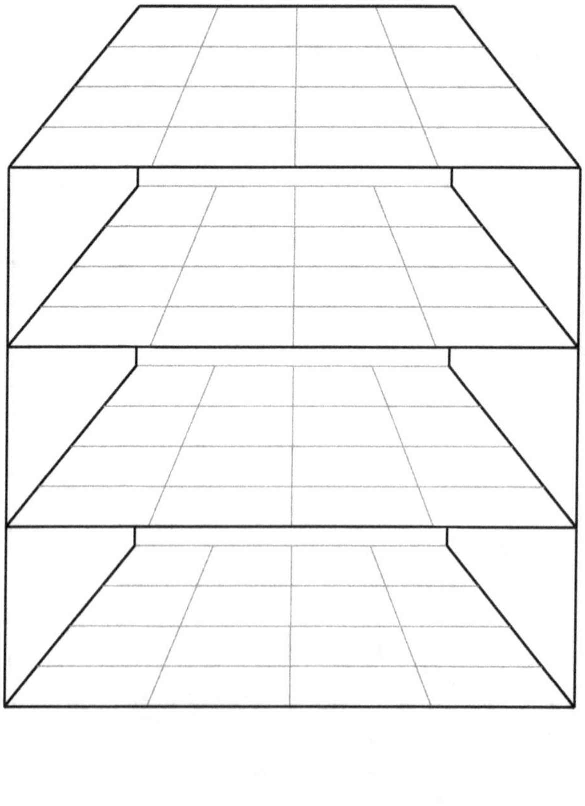
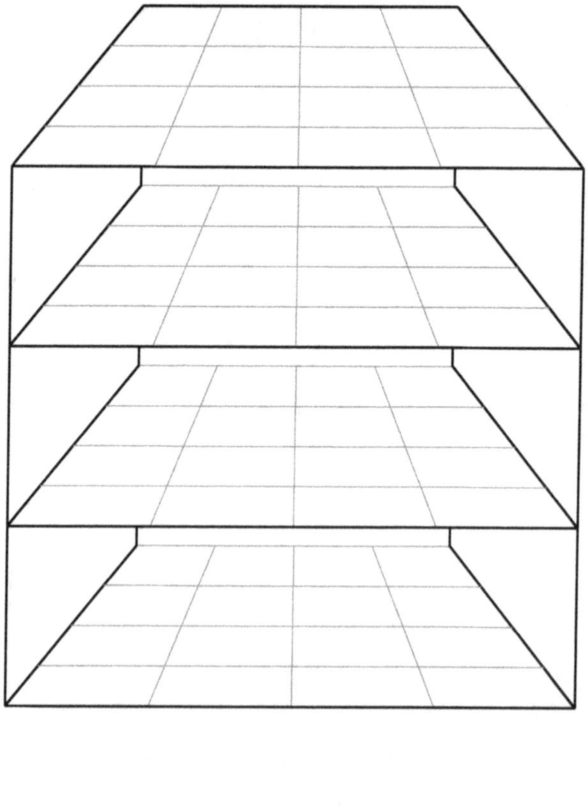

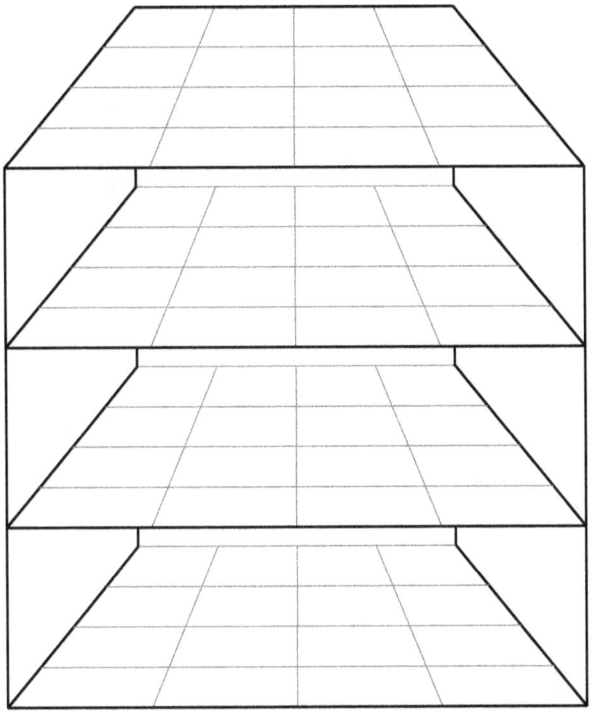

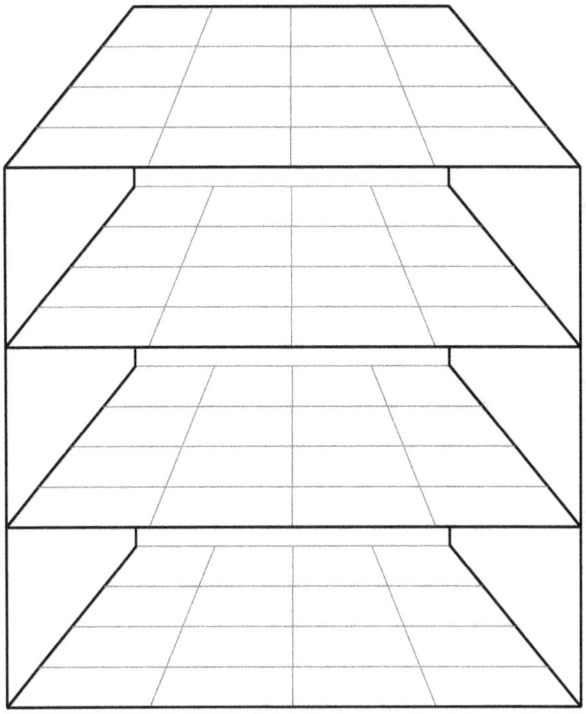

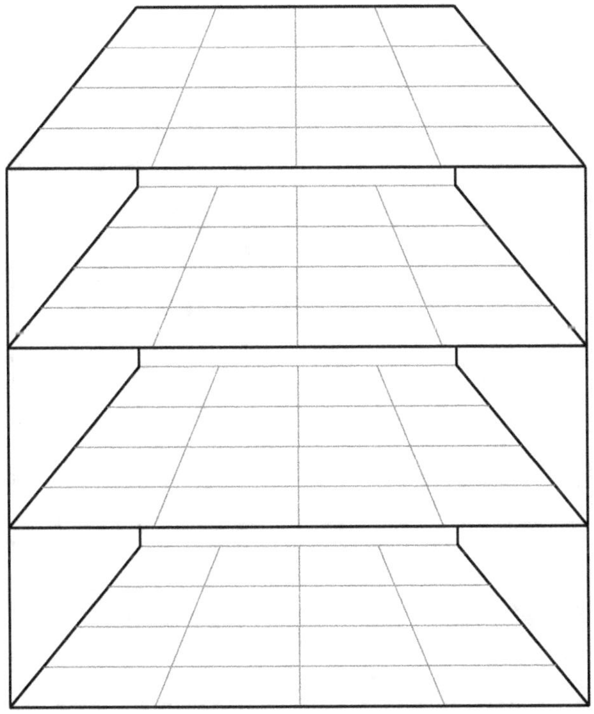

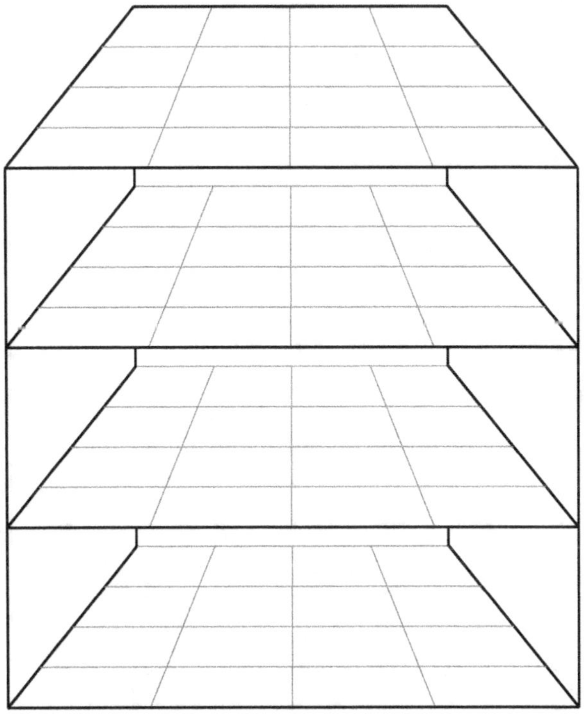

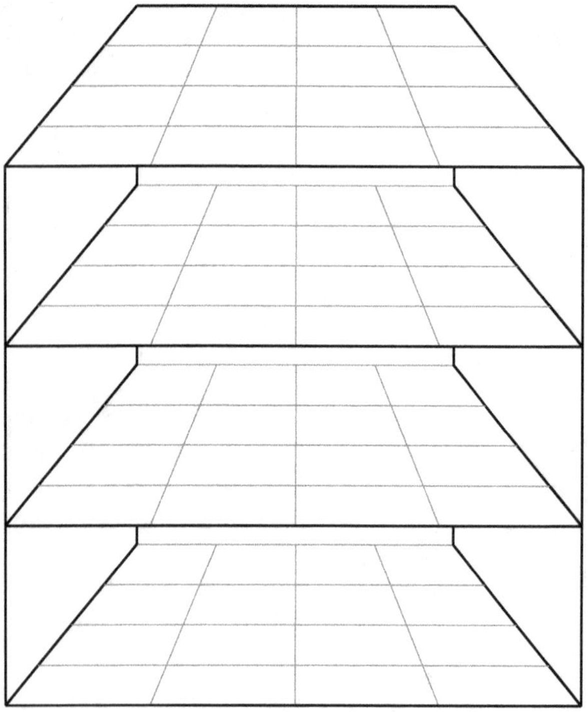
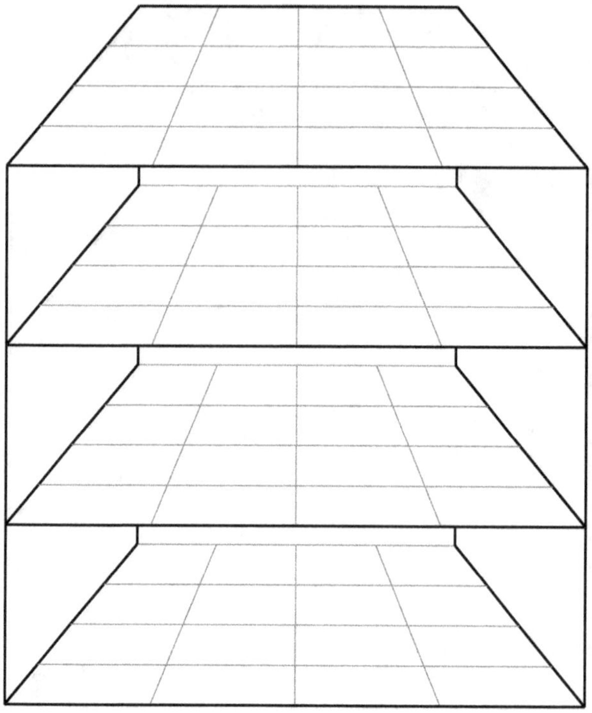
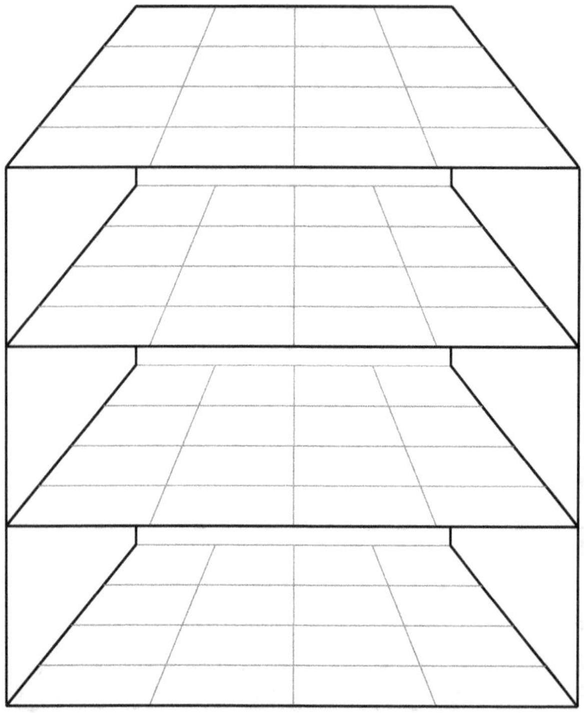
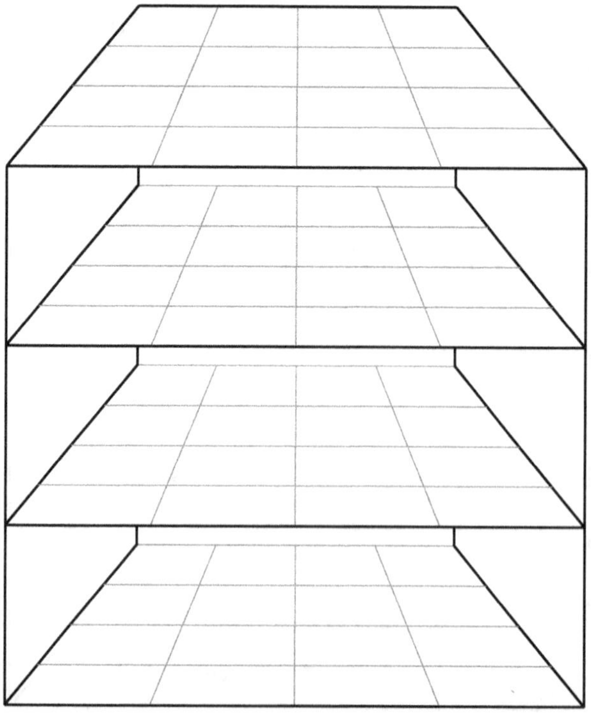

www.ingramcontent.com/pod-product-compliance
Lightning Source LLC
Chambersburg PA
CBHW080549220526
45466CB00010B/3094
* 9 7 8 1 7 0 1 2 0 5 7 8 9 *